베이킹은 과학이다

츠지제과전문학교 교수들이 알려주는
기본 반죽과 재료에 대한 Q&A 231

감수

츠지제과전문학교(辻製菓專門学校)

공저

나카야마 히로노리(中山弘典)

기무라 마키코(木村 万紀子)

옮긴이 / 황세정

감수 / 임태언

베이킹은 과학이다

2017년 11월 1일 초판 1쇄 인쇄
2026년 1월 10일 초판 10쇄 발행

지은이 나카야마 히로노리, 기무라 마키코
옮긴이 황세정
감 수 임태언

펴낸이 정상석
책임 편집 엄진영
마케팅 이병진
본문편집 이경숙
표지디자인 이지선
펴낸 곳 터닝포인트(www.diytp.com)
등록번호 제2005-000285호

주소 (12284) 경기도 남양주시 경춘로 490 힐스테이트 지금디포레 8056호(다산동 6192-1)
대표 전화 (031)567-7646
팩스 (031)565-7646
ISBN 979-11-6134-009-8 (13590)

정가 23,000원

내용 및 집필 문의 diamat@naver.com
터닝포인트는 삶에 긍정적 변화를 가져오는 좋은 원고를 환영합니다.

이 도서의 국립중앙도서관 출판예정도서목록(CIP)은 서지정보유통지원시스템 홈페이지(http://seoji.nl.go.kr)와 국가자료
공동목록시스템(http://www.nl.go.kr/kolisnet)에서 이용하실 수 있습니다.
(CIP제어번호: CIP2017025466)

| 머리말 |

지켜보고 느끼고 궁금해 하고 그리고 그 궁금증을 풀기 위해

과학적으로 접근해 보는 것이

베이킹을 마스터하는 비결이다.

달걀, 설탕, 밀가루, 버터. 이 네 가지 재료만 있으면 맛있는 과자와 빵이 만들어진다.

베이킹의 가장 큰 묘미는 이들 재료를 이용해 본래의 모습과는 전혀 다른 새로운 맛과 형태를 만들어 낸다는 점이다.

슈 반죽이나 스펀지케이크 반죽을 오븐에 넣고 가만히 들여다보고 있으면 서서히 부풀어 오르기 시작한다. 그 모습을 보고 있으면 누구나 기대감에 가슴이 두근거릴 것이다.

그러나 이러한 기대감이 알 수 없는 이유로 한순간에 악몽으로 바뀔 때가 있다. 간혹 사람들이 "스펀지케이크가 제대로 부풀지 않고 딱딱해져요."라고 말을 할 때가 있다. 케이크를 만들 때 어떤 과정을 거쳤냐고 물으면 대개 "책에 쓰여 있는 대로 만들었는데……"라고 대답한다.

그래서 다시 이야기를 차근차근 들어보면 순서는 제대로 지킨 듯하다. 하지만 아무리 책에 나와 있는 순서대로 만들었다고 하더라도 거품을 내거나 재료를 섞는 과정을 거칠 때마다 나타나는 반죽의 상태는 사람마다 확연히 다르기 마련이다.

대부분의 잘못된 원인은 달걀을 기품 내는 방법이 잘못되었다거나 재료를 너무 오래 섞었다거나 혹은 오븐에 너무 오래 구웠다거나 하는 것들이다. 이 책은 참고 배합 사례를 바탕으로 반죽을 최상의 상태로 만드는 결정적 포인트와 이를 위한 다양한 요령을 중점적으로 설명하며 여러분을 성공의 길로 이끌 것이다. 자신이 목표로 해야 할 지점이 어디인지 알고, 그곳까지 다다르기 위해 어떠한 과정을 거쳐야 하는지를 분명히 이해하고 나면 실패하지 않을 수 있다.

베이킹에서 중요한 점은 재료를 배합해 반죽을 만드는 순간에나 반죽을 오븐에 넣어 굽는 동안에나 늘 반죽의 변화를 제대로 '지켜보는 것'이다. 단순히 '보는 것'이 아니라, 굳이 '지켜보는 것'이라 말한 이유는 그저 모습을 바라보는 것이 아니라 제대로 관찰하는 것이 얼마나 중요한지를 말하고 싶어서이다. 오감을 모두 동원해서 반죽이 여러분에게 전하고 있는 정보를 파악해야 한다.

그리고 왜 이런 순서로 재료를 섞는지, 왜 하필 이때 반죽을 따뜻하게 하는지 등 늘 '왜 이렇게 하는 거지?'라는 의문을 품는 것이 중요하다. 더 나아가 어떤 원리로 반죽이 부풀어 오르는지 등 모든 현상에 대해 '왜 저렇게 되는 거지?'라고 고민해 보고 그 답을 찾아 이해하는 것이 베이킹을 마스터하는 가장 큰 비결이다.

이 책은 그러한 의문을 Q&A 형식으로 기술하고, 기무라 마키코 씨에게 과학적인 검증을 받았다. 대대로 전해 내려온 베이킹 기술은 많은 사람들이 실패와 성공을 거듭하면서 자연스럽게 확립된 것이지만, 이제 시간이 흘러 '어째서 그렇게 해 온 것인지'에 대한 이유를 과학적으로 입증할 수 있게 되었고, 그 결과 그러한 기술들을 더욱 잘 이해할 수 있게 되었다.

또한 이 책은 반죽의 배합 사례를 소개하면서 어떤 법칙에 따라 이러한 반죽 배합이 결정된 것인지, 밀가루나 설탕을 다른 종류로 바꾸었을 때는 결과물에 어떤 차이가 있는지 등을 세세히 설명하고 있으므로 자신만의 독자적인 레시피를 만들 때에 도움이 될 것이라 생각한다.

베이킹에서는 기술적인 측면뿐만이 아니라 각 재료가 지닌 성질을 제대로 이해하는 것 또한 중요하다. 독자 여러분이 쉽게 활용할 수 있도록 빵과 과자를 만드는 사람의 입장에서 베이킹에 필요한 기초 지식을 한 권의 책으로 정리해 보았다.

마지막으로, 어떤 분야든 기술을 마스터하는 가장 큰 비결은 실패를 두려워하지 않는 용기와 성공을 향한 노력이라는 점을 덧붙이고 싶다.

이 책이 부디 여러분의 베이킹 기술을 향상시키는 데 큰 도움이 되기를 바란다.

2009년 3월

나카야마 히로노리

베이킹을 시작하기 전에

베이킹 과정에서의 Q&A

CHAPTER 1

공립법으로 만드는 스펀지케이크 반죽

**공립법으로 만드는
스펀지케이크 반죽 Q&A**

CHAPTER 2

별립법으로 만드는 스펀지케이크 반죽

CHAPTER 5

파이 반죽

CHAPTER 6

슈 반죽

CHAPTER 7

초콜릿

CHAPTER 8

크림

샹티이 크림

커스터드 크림

CHAPTER 4

우유 · 생크림

- '베이킹 과정에서의 Q&A'의 54~226쪽의 ⓠ에 붙은 ★는 기술 난이도를 나타내는 것으로, ★이 늘어날수록 더 어려운 기술에 대한 설명이라는 뜻입니다. ★는 1개부터 3개까지입니다.

- →○쪽 또는 (마크는 CHAPTER별로 다름) 표시 뒤에 페이지수를 표기한 것은 ○쪽을 참조하라는 뜻입니다.

- **STEP UP** 에서는 각 ⓐ에 대해 더욱 자세히 설명합니다.

- 이 책에 나오는 반죽이나 크림 등의 상태 비교는 각 CHAPTER의 앞부분에 설명한 참고 배합 사례를 기준으로 비교한 것입니다.

- 본문에서 설탕이라고 표기한 부분은 특별히 언급하지 않은 이상 그래뉴러당을 사용한 경우를 말합니다.

- 인용된 그래프나 표의 출처는 책의 맨 뒷부분에 나오는 인용문헌과 참고문헌에 정리해 두었습니다.

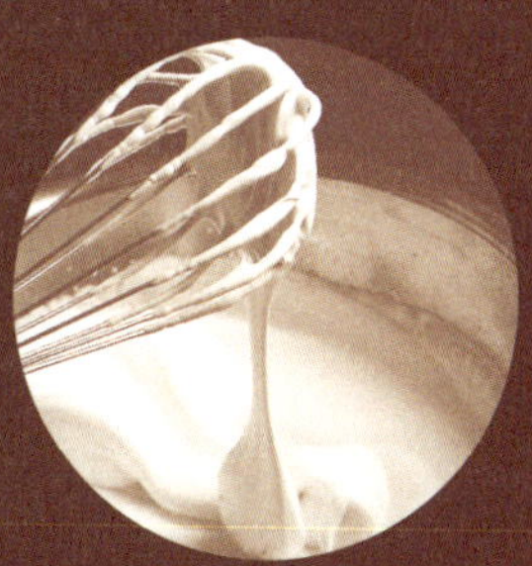

베이킹을 시작하기 전에

미처 알지 못했던 베이킹 이야기 Q&A

 **생일 케이크를 먹는 풍습은 언제 어디서 생겨난 것인가요?**

 **그리스에서 신의 탄생을 축하하는 의미로 바친 것에서 비롯되었습니다.**

생일에는 케이크가 빠질 수 없지요. 다함께 둘러앉아 생일 케이크에 촛불을 켜고 생일을 맞은 사람을 축하해 주면, 그날의 주인공은 소원을 빌며 촛불을 끕니다. 누구에게나 정말 행복한 순간입니다.

이처럼 생일을 축하하는 의미로 케이크를 먹는 풍습은 그리스에서 신의 탄생을 축하하기 위해 음식을 바친 풍습에서 비롯되었습니다. 그러다가 중세 유럽에서부터 신이 아닌 인간들의 생일에도 케이크를 만들게 되었습니다. 케이크에 초를 꽂는 것은 그리스 신화에 등장하는 아르테미스와 관련이 있습니다. 아르테미스는 달과 사냥의 여신으로, 그녀의 생일에 음식을 바칠 때 여신의 상징인 달빛을 표현하기 위해 초를 장식한 것이 오늘날까지 전해지고 있는 것입니다.

지금과 같은 형태의 생일 파티는 13세기 무렵 독일에서 시작된 '킨더페스테(Kinderfeste)'라는 풍습에서 비롯된 것으로 알려져 있습니다. 생일 아침이 되면 아이들은 눈을 뜨자마자 자신의 나이에 해당하는 개수의 초에다가 '생명의 등불'이라는 의미로 한 개의 초를 더해 케이크에 꽂고 불을 붙인 후 소원을 빈 다음 촛불을 입으로 불어서 껐다고 합니다.

 **일본에서는 언제부터 크리스마스 케이크를 먹게 되었나요?**

 **1910년 무렵에 시작되었으며, 대중화가 된 것은 1950년대로 알려져 있습니다.**

1910년 무렵부터 판매되기 시작한 플럼 케이크에 장식을 한 것이 일본 크리스마스 케이크의 시초라 할 수 있습니다. 1922년 무렵에 들어서 버터 크림으로 장식한 크리스마스 케이크가 등장했고, 크리스마스에 대해 알지 못하는 사람들에게도 날개 돋친 듯이 팔려나갔다는 이야기가 전해집니다.

크리스마스 케이크를 먹는 풍습이 일반 가정에 정착된 것은 1950년대 중반 무렵으로, 그 후 냉장고가 보급되면서 버터 크림 케이크에서 오늘날과 같은 생크림 케이크로 바뀌게 되었습니다. 한때 아이스크림 케이크가 유행했던 시절도 있습니다.

오늘날 일본에서는 프랑스의 부쉬 드 노엘(Buche de Noel), 독일의 슈톨렌(Stollen), 영국의 크리스마스 푸딩(Christmas pudding), 이탈리아의 파네토네(Panetone)와 판도로(Pan Doro) 등 다양한 나라의 크리스마스 케이크를 만들고 있습니다. 우리나라에서는 구한말 선교사들에 의해 케이크와 빵이 소개되었습니다.

Q 원형 케이크의 사이즈는 '호(号)'로 표시되어 있는데, '호'라는 단위는 어느 정도의 크기를 말하는 것인가요?

A 1호는 지름 3cm를 가리킵니다. 지름이 3cm 늘어날 때마다 호수가 증가합니다.

원형 케이크를 사러 가면 케이크에 '호'라고 표시되어 있는 것을 볼 수 있습니다. '호'는 케이크의 크기를 나타내는 단위로, 숫자가 커질수록 케이크의 크기도 커집니다. 1호는 지름 3cm를 가리키며, 호수가 커질수록 케이크 지름이 3cm씩 증가합니다. 3cm는 옛날에 사용한 척관법에서 온 것입니다. 일반적인 케이크의 크기는 5호(15cm), 6호(18cm)입니다. 우리나라에서는 일반적인 크기인 15cm의 케이크를 1호로 정하고 있습니다.

케이크 틀이나 케이크를 담는 상자도 이와 마찬가지로 호수가 표시되어 있습니다. 예를 들어 5호 틀로 구운 케이크를 담을 때는 마찬가지로 5호로 표시된 상자를 사용하고, 상자를 담는 종이봉투 역시 동일한 5호 사이즈를 선택하도록 되어 있습니다.

이처럼 옛날부터 사용해 온 단위를 그대로 사용하는 경우가 이밖에도 더 있습니다. 이를테면 옛날에는 베이킹 재료를 적을 때 중량은 '간(貫, 관)'이나 '긴(斤, 근)', 부피는 '고(合, 홉)'로 표시했습니다. 일본에서 지금도 식빵을 셀 때 '긴(斤)'을 사용하는 것에서 옛 도량형의 흔적을 찾아볼 수 있습니다. 참고로 일본에서는 식빵 한 통의 중량이 350~400g 정도이며, 공정거래위원회에서는 340g 이상으로 규정하고 있습니다. 오늘날에는 척관법을 사용하지 않지만, 쌀이나 술을 셀 때 '고(合)'나 '쇼(升, 되)'를 사용하듯이 베이킹 분야에는 여전히 '호'라는 단위가 남아 있는 것입니다.

Q 롤 케이크를 만들 때 스펀지케이크가 자꾸 갈라져서 제대로 말리지 않는데, 그 이유가 무엇인가요?

A 스펀지케이크가 건조해졌기 때문입니다.

롤 케이크를 만들 때, 스펀지케이크를 마는 순간 갈라져 버렸다는 말을 종종 듣습니다. 이는 스펀지케이크를 굽거나 식힐 때 케이크가 너무 건조해진 탓이라 볼 수 있습니다.

1. 고온에서 단시간에 굽는다

롤 케이크를 만들 때 사용하는 스펀지케이크 반죽은 사각 오븐팬에 반죽을 부어 얇은 사각형 형태로 구워 냅니다. 높이가 있는 틀에 구울 때보다 표면적이 넓기 때문에 굽는 동안 반죽에서 수분이 증발하기 쉽습니다. 따라서 고온에서 빠르게 구워야 합니다. 굽는 온도가 낮아서 익는 데 시간이 오래 걸리거나 자칫 너무 오랜 시간 구우면 스펀지케이크가 말라 버려 케이크를 마는 순간 갈라져 버립니다.

2. 스펀지케이크를 식힐 때 오븐 페이퍼를 덮어 놓는다

오븐팬에 얇게 구워 낸 스펀지케이크는 표면적이 넓으므로 오븐에서 꺼내 식히는 동안 표면에서 수분이 증발해 건조해지기 쉽습니다. 그러므로 스펀지케이크를 오븐팬에서 꺼내 식힐 때는 그 위에 오븐 페이퍼를 덮어 두는 것이 좋습니다.

특히 롤 케이크를 만들 때 온기가 남아 있는 상태의 스펀지케이크를 비닐봉지에 넣으면 케이크가 촉촉해져서 말기 쉬워집니다.

스펀지케이크를 말 때 도움이 될 만한 팁을 한 가지 더 소개합니다. 오븐페이퍼를 스펀지케이크보다 넉넉한 크기로 자른 다음 그 위에 스펀지케이크를 올립니다. 말아 올리려는 쪽의 오븐페이퍼 밑에 긴 자를 대고, 자로 오븐페이퍼와 스펀지케이크를 동시에 들어 올린 다음 대발로 김밥을 말듯이 스펀지케이크를 말면 보기 좋게 말립니다.

케이크에 올리는 장식용 과일이 싱싱해 보이려면 어떻게 하는 것이 좋을까요?

젤라틴액이나 한천액, 잼이나 나파주(Nappage, 과일잼 등을 이용해 만든 액체 젤리로, 케이크 장식용 과일이나 과자에 광택제로 사용한다)**를 바르는 것이 좋습니다.**

케이크에 올리는 장식용 과일이 싱싱해 보이도록 윤기를 더하고 싶다면 젤라틴액(물, 설탕, 젤라틴으로 만든다)이나 한천액(물, 설탕, 한천으로 만든다), 살구잼, 나파주 등을 바릅니다.

광택을 내고 싶을 때는 나파주가 편리합니다. 버터케이크 위에나 과일에 바르거나 무스 표면에 뿌릴 때 사용할 수 있습니다.

나파주는 살구맛(색상 때문에 나파주 블롱-Nappage blond-이라 불린다)이나 베리맛(붉은 색을 띠므로 나파주 루쥐-Nappage rouge-라 불린다), 무색투명에 무미인 것(나파주 누트르-Nappage neutre) 등이 있습니다.

또 가열을 해야 하는 것과 가열을 하지 않고 쓸 수 있는 것으로 나뉩니다. 이밖에도 물이나 과즙을 첨가해 사용하는 것과 그대로 쓸 수 있는 것이 있습니다.

가열할 필요가 없는 나파주는 그 특징을 살려 주로 열에 약한 재료나 케이크 등에 사용합니다. 생과일의 표면에 발라도 열로 인해 과일의 상태가 변하는 일이 없고, 무스 등의 표면을 코팅할 때 사용해도 열로 인해 무스의 표면이 녹는 일이 없으므로 다루기가 쉽습니다.

반면 가열해서 사용하는 나파주는 열에 약한 과자나 케이크에는 사용할 수 없지만, 가열하지 않고 쓰는 나파주에 비해 단단하게 굳는 성질이 있습니다. 따라서 버터케이크나 타르트 같은 구운 과자의 표면에 요리붓으로 얇게 바르면 먹음직스러운 광택을 더하는 동시에 그 자체가 막을 형성해 과자가 건조해지는 것을 막습니다.

 레시피에 나온 농도(유지방 함량)의 생크림을 구할 수 없을 때는 어떻게 하는 것이 좋을까요?

 농도(유지방 함량)가 다른 두 종류의 생크림을 섞어서 원하는 농도(유지방 함량)를 만들 수 있습니다.

필요한 농도의 생크림을 항상 구할 수 있는 것은 아닙니다. 이럴 때는 농도가 높은 생크림과 농도가 낮은 생크림을 섞어서 원하는 농도의 생크림을 만들 수 있습니다.

40%인 생크림이 1000ml(g) 필요한 경우를 예로 들어 봅시다. 당장 구할 수 있는 생크림이 48%와 35%라면 피어슨 사각법(Pearson's square method)을 이용해 48%와 35%의 생크림을 어떤 비율로 섞어야 하는지 계산할 수 있습니다. 이 방법은 A%(고농도의 생크림)와 B%(저농도의 생크림)를 섞어서 C%(필요한 농도의 생크림)를 필요량만큼 만들 때, A%와 B%를 얼마만큼 섞어야 하는지를 구하는 방법입니다.

A%의 배합비율을 D, B%의 배합비율을 E로 놓고 계산할 수 있습니다.

$$E = A - C$$
$$D = -(B - C)$$

C%의 필요량을 F라 하면

A%의 분량 $= F \times \dfrac{D}{D+E}$

B%의 분량 $= F \times \dfrac{E}{D+E}$

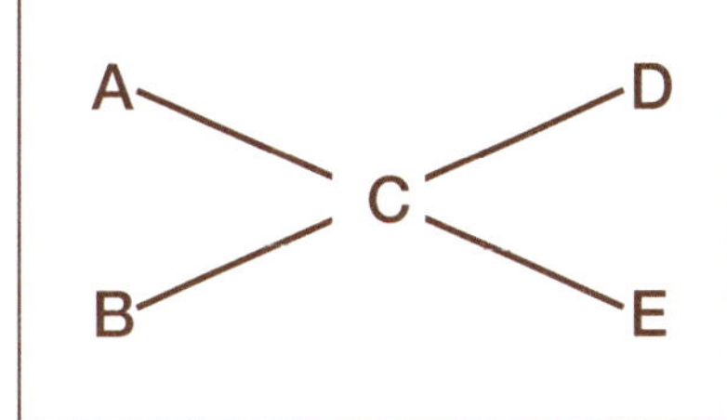

가 됩니다. 실제 사례로 든 생크림의 농도와 양을 넣어 생각해 봅시다.

A% (48) – C% (40) = E (8)
– (B% (35) – C% (40)) = D (5)

C의 40%가 1000ml 필요한 경우에는 A의 48%와 B의 35% 생크림을 각각 아래와 같이 넣으면 된 다는 계산이 나옵니다.

$$A\ (48\%)는\ \ 1000 \times \frac{5}{8+5} = 384.61 \cdots$$

$$B\ (35\%)는\ \ 1000 \times \frac{8}{8+5} = 615.38 \cdots$$

이 계산에 따라 48%의 생크림 385ml와 35%의 생크림 615ml를 섞으면 40%짜리 생크림 1000ml 가 나온다는 것을 알 수 있습니다.

시폰 케이크를 만들 때는 틀에 유지류를 바르거나 오븐페이퍼를 깔지 않고 굽는데, 반죽이 틀에 달라붙어도 괜찮은 이유가 무엇인가요?

밀가루가 상대적으로 적게 들어가므로 반죽이 가라앉기 쉬운데, 반죽이 틀에 달라붙으면 구 워질 때 반죽이 가라앉지 않도록 지탱시켜 주는 역할을 하기 때문입니다.

시폰 케이크는 반죽에 수분이 많이 함유되어 케이크가 촉촉하고 부드러우며 폭신폭신한 것이 특징 입니다. 달걀을 많이 넣는 대신 밀가루를 상대적으로 적게 넣고, 반죽을 할 때 머랭(달걀흰자로 만든 단단 한 거품)을 넣기 때문에 이처럼 가벼운 케이크가 만들어지는 것입니다.

일반적으로 틀에 넣어 굽는 케이크는 구운 후에 틀에서 쉽게 꺼낼 수 있도록 미리 틀에 버터를 바른 후 밀가루를 뿌리거나 오븐페이퍼를 깔아 두는데, 시폰 케이크는 오히려 틀에 반죽이 잘 달라붙도록 틀 에 아무것도 하지 않고 바로 반죽을 부어서 굽습니다.

일부러 반죽이 틀에 달라붙게 굽는 데에는 이유가 있습니다. 시폰 케이크의 반죽은 머랭을 넣어 폭 신폭신하게 부풀어 오르지만, 그 폭신폭신함을 유지시켜 줄 밀가루가 상대적으로 적으므로 오븐에 굽 는 동안 부풀어 오른다 하더라도 오븐에서 꺼내는 순간 가라앉기 쉽습니다. 하지만 반죽이 틀에 달라붙 게 해 두면 이것이 반죽을 지탱시키는 효과를 내서 케이크가 구워지는 동안 부풀어 오른 모양을 그대로 유지해 줍니다.

케이크를 오븐에서 꺼내어 식힐 때에도 케이크의 무게와 중력의 영향으로 케이크가 가라앉지 않도 록 틀에 담긴 케이크를 뒤집어 놓습니다. 이때 그냥 뒤집으면 틀보다 높이 부풀어 오른 케이크가 뭉개 져 버리므로 시폰 케이크를 식힐 때는 틀에 뚫린 구멍을 병에 끼워 틀을 바닥에서 띄운 상태로 식히는 독특한 방법을 사용합니다. 완전히 식으면 전용 나이프를 이용해 틀에서 케이크를 조심스럽게 분리해 꺼냅니다. 시폰 케이크 틀이 고리 모양으로 생긴 것도 반죽을 지탱시켜 케이크가 가라앉지 않도록 하는 데에 도움을 줍니다.

 **마들렌의 가운데 부분이 볼록 튀어나오고 갈라지는 이유는 무엇인가요?**

 **반죽 속에 들어 있는 수분이 최종적으로 빠져나가는 곳이 가운데 부분이기 때문입니다.**

잘 구운 마들렌은 가운데 부분이 혹처럼 볼록 튀어나오고 갈라집니다.

마들렌을 오븐에 넣으면 반죽 속에 들어 있는 수분이 가열되면서 수증기로 변합니다. 물보다 수증기가 더 부피가 크므로 자연히 반죽 전체가 부풀어 오릅니다. 이때 열이 반죽 주위에서 중심부로 전달되므로 가운데 부분은 가장 나중에 익습니다. 반죽이 익으면서 그 속에 들어 있던 수분이 수증기가 되어 가운데 부분을 통해 빠져나가게 되는데, 이미 익어서 굳어 버린 반죽 표면을 수증기가 밀어 올리기 때문에 결국 표면이 갈라지게 됩니다. 게다가 마들렌을 만들 때 베이킹파우더를 넣기 때문에 그로 인해 발생한 가스의 영향으로 가운데 부분이 더 심하게 갈라집니다.

이는 버터 반죽을 파운드 틀에 넣어 구웠을 때 가운데 부분이 갈라지는 것과 비슷합니다. 마들렌도 버터 반죽의 일종이며 가운데 부분이 두툼하기 때문에 비슷한 현상이 일어나는 것입니다.

 … 122쪽/307쪽

 **타르트에 과일 설탕 절임을 얹어 구우면 반죽 일부가 눅눅해지거나 타서 틀에 달라붙어 버리는데 그 이유가 무엇인가요?**

 **과일 설탕 절임과 타르트 반죽이 접촉했기 때문입니다.**

서양배 타르트 등 과일 설탕 절임을 올려 구운 타르트는 타르트 반죽을 틀에 깔고 필링(속)으로 아몬드 크림 등을 짠 다음 그 위에 과일을 얹어 오븐에 굽습니다. 이런 종류의 타르트는 다 구웠을 때 간혹 타르트 반죽의 일부분이 눅눅해지거나 테두리 부분이 검게 타서 틀에 달라붙어 버릴 때가 있습니다.

이러한 현상은 과일이 타르트 반죽과 바로 접촉했을 때 나타납니다. 그러면 오븐에서 굽는 동안 과일에서 당분이 머금고 있던 수분이 빠져 나와 타르트 반죽에 흡수되므로 타르트 반죽이 눅눅해지거나 당분의 영향으로 타 버리는 것입니다.

따라서 과일을 얹을 때는 반죽과 어느 정도 간격을 벌리는 것이 좋습니다.

 **마카롱의 표면이 매끄럽고, 피에**(pied, 마카롱 측면의 살짝 튀어나온 부분)**가 생기는 이유는 무엇인가요?**

 **표면을 건조시킨 뒤에 구우므로 바닥 가장자리의 부드러운 반죽이 튀어나와 생깁니다.**

프랑스에는 지방마다 유명한 마카롱이 있습니다. 표면이 매끄러운 마카롱은 마카롱 파리지엥(Macaron parisien) 혹은 마카롱 리스(Macaron lisse, 'lisse'는 매끄럽다는 뜻)라 불립니다.

이 마카롱은 달걀흰자에 설탕을 넣어 머랭을 만든 다음, 여기에 탕푸르탕(Tant pour tant)※과 슈가파우더(분당)를 섞어 둥글게 짜낸 후 오븐에 구워 만듭니다. 반죽을 구우면 바닥이 납작한 돔 모양으로 부풀어 오르는데, 이렇게 완성된 마카롱 코크(coque, 껍질)의 납작한 바닥에 잼이나 버터 크림 등을 바른 다음 다른 마카롱 코크 하나를 올리면 도톰한 마카롱 하나가 완성됩니다. 마카롱은 씹는 순간 표면의 얇은 막이 바삭하고 부스러지면서 그 아래의 촉촉한 반죽에서 나온 아몬드향이 입 안 가득 퍼지는 대조적인 맛을 느낄 수 있는 과자입니다.

잘 구워진 마카롱은 표면이 광택이 날 만큼 매끄럽고, 마카롱 코크의 바닥 가장자리가 살짝 튀어나와야 합니다. 참고로 이렇게 올라온 부분을 피에라고 합니다. 어떻게 해야 이렇게 피에가 올라온 매끄러운 마카롱을 구울 수 있을까요?

마카롱 표면에 얇은 막이 형성되는 것은 바로 마카롱 반죽에 들어간 다량의 설탕이 마카롱을 굽는 동안 과포화 상태에 이르러 표면으로 분리되어 나오기 때문입니다(→88쪽).

이러한 막을 매끄러운 상태로 만들기 위해서는 머랭과 탕푸르탕, 분당(슈가파우더)을 섞은 뒤 반죽을 스크레이퍼 등으로 펴서 머랭의 기포를 적당히 빼서 반죽이 부드럽게 흐르고 윤기가 나게 해야 합니다. 이러한 작업을 마카로나주(macaronage)라고 합니다. 반죽을 할수록 거품이 꺼지면서 머랭이 묽어지므로 마카로나주를 얼마나 하느냐가 매우 중요합니다.

짤주머니를 이용해 반죽을 여러 개 짤 때는 그 사이에 생긴 반죽 꼭지가 사라지고, 바로 짰을 때보다 반죽이 살짝 퍼지는 정도가 적당합니다. 그렇게 짠 반죽은 손으로 만졌을 때 달라붙지 않을 정도까지 건조시킨 다음 오븐에 넣어 표면이 완전히 마르게 굽습니다. 구우면 반죽이 어느 정도 부풀어 오른 후 표면이 굳어져 위로 더 부풀려고 해도 부풀지 못합니다. 그러면 바닥 가장자리의 부분이 옆으로 튀어나오게 되는데, 이렇게 튀어나온 부분이 바로 피에입니다.

피에가 예쁘게 올라오려면 반죽을 섞는 방법뿐만 아니라 반죽을 굽는 방법에도 신경을 써야 합니다. 반죽을 건조한 뒤 200℃의 오븐에서 표면을 약 2~3분간 살짝 구운 뒤 곧바로 150~160℃의 오븐으로 옮겨 다시 7~10분 정도 구워야 합니다.

※ 탕푸르탕: 같은 양의 아몬드와 설탕을 섞어 간 것. 혹은 아몬드파우더와 슈가파우더를 같은 양으로 섞어 대신 사용할 수 있다.

프랑스빵의 레시피를 보면 밀가루에 Type 45라고 표시된 경우가 있는데, 이게 무엇인가요? 일본(한국)산 밀가루를 사용할 때는 어떻게 해야 하나요?

프랑스의 밀가루 분류 기준입니다. Type 45는 박력분으로 바꿔 사용할 수 있습니다.

프랑스에서는 빵을 구울 때 일반적으로 Type 45 혹은 Type 55 밀가루를 사용합니다. 이는 회분 함량에 따른 분류로, Type 45는 회분 함량 0.5% 이하, 단백질 함량 11.0% 이상의 밀가루를 말하며, Type 55는 회분 함량 0.5~0.6%, 단백질 함량 11.5% 이상의 밀가루를 가리킵니다.

일본(한국)에서는 밀가루를 단백질 함량에 따라 박력분, 중력분, 준강력분, 강력분으로 분류하며 외피의 혼합비율에 따라 1등급, 2등급으로 등급을 나눕니다. 등급이 낮아질수록 외피의 혼합비율이 커지고 회분의 수치가 높아지는데, 이러한 구분 방법은 프랑스와 차이가 납니다.

Type 45, 55는 일본의 밀가루에 비해 회분이 많으므로 일본산 밀가루의 2등급에 해당합니다. 그렇다고 해서 이들 밀가루가 특등급이나 1등급 밀가루에 비해 질적으로 떨어지는 것은 아닙니다. 단지 밀가루에 대한 생각이나 추구하는 맛이 다를 뿐입니다. 또한 밀가루는 품종이나 재배 환경, 입자의 굵기 등에서도 많은 차이가 나므로 단지 성분만으로 밀가루의 성질을 따질 수는 없습니다.

그렇지만 프랑스에서 만들어진 레시피를 이용해 빵을 만들 경우에는 부득이하게 국내산 밀가루로 대체할 수밖에 없습니다. 이런 경우 Type 45는 박력분, Type 55는 중력분, Type 65나 80은 준강력분 혹은 강력분에 가깝다고 생각하기 바랍니다.

크렘 브륄레에 많이 사용하는 카소나드(cassonade)는 무엇인가요?

정제도가 낮고 붉은 기가 도는 설탕으로, 프랑스에서 많이 쓰입니다.

크렘 브륄레는 표면의 향긋한 캐러멜 층을 톡 깨뜨려 안에 든 부드러운 크림과 함께 먹는 디저트입니다.

이 캐러멜 층을 만들 때 빠질 수 없는 재료가 바로 카소나드입니다. 크렘 브륄레의 크림 표면에 카소나드를 뿌리고, 토치로 가열해 캐러멜화하는 것입니다.

카소나드는 사탕수수를 압착한 즙을 졸여 결정화한 조당(粗糖)으로, 프랑스의 수크레 루(sucre roux, 적갈색 설탕)로 분류됩니다. 정제도가 낮아 독특한 단맛과 풍미를 내는 것이 특징입니다. 프랑스에서 많이 쓰이는 설탕으로, 이처럼 그래뉼러당이 아닌 당을 사용해 빵이나 과자에 개성을 불어넣을 수도 있습니다.

 **노란색과 갈색 몽블랑은 무슨 차이가 있는 건가요?**

 **사용하는 밤의 차이입니다. 노란색은 일본에서 만든 밤 감로자, 갈색은 프랑스산 밤의 색입니다.**

노란색 몽블랑과 갈색 몽블랑이 있는데, 이처럼 색이 차이 나는 이유는 원료로 사용하는 밤이 다르기 때문입니다.

프랑스산 밤을 사용한 몽블랑은 갈색을 띱니다. 하지만 일본에서 몽블랑을 처음 판매하기 시작했을 당시에는 노란색을 띠었습니다. 이는 치자로 색을 입힌 밤 감로자를 사용했기 때문입니다.

오늘날에는 프랑스산 밤을 페이스트나 크림으로 만든 제품을 사용하는 빵집이 늘어나면서 노란색과 갈색 몽블랑을 모두 볼 수 있게 되었습니다.

프랑스산 밤은 타닌 성분이 많아 가공하면 갈색으로 변합니다. 또 프랑스에서는 밤을 가공할 때 속껍질을 함께 넣는 경우가 많으므로 그 영향으로 갈색을 띠기도 합니다.

 **소금맛 캐러멜이나 사블레를 팔던데, 이러한 소금맛 과자는 옛날부터 있던 것인가요?**

 **프랑스 특정 지방의 과자로 보입니다. 소금 산지에서 생산된 버터에는 염분이 많이 함유되어 있는데, 이러한 버터로 구운 과자는 소금맛이 납니다.**

과자나 빵에는 주로 단맛을 내는 재료를 많이 사용하는데, 여기에 소금을 첨가하면 단맛이 더욱 강조되어 맛이 살아나므로 간혹 소금을 살짝 첨가할 때가 있습니다.

이 책에서는 타르트 반죽, 파이 반죽, 슈 반죽을 만들 때 소금맛이 느껴지지 않을 정도로 소금을 살짝 첨가한 레시피를 소개하고 있습니다. 또한 파이 반죽이나 발효 반죽 등에 소금을 첨가해 반죽을 탄력 있게 하는 등 소금은 보이지 않는 곳에서 많은 도움을 줍니다.

이처럼 빵이나 과자에 소금을 약간 첨가하는 경우가 있지만, 그와는 별개로 소금맛이 나는 캐러멜이나 사블레가 존재합니다. 이러한 제품은 프랑스 부르타뉴 지방에서 예로부터 사랑받아 온 그 지방의 과자로, 특히 소금맛 사블레는 부르타뉴의 이름을 따서 갈레트 브르통(Galette bretonne-브르타뉴풍 갈레트)이라 불릴 만큼 이 지방을 대표하는 과자입니다.

이밖에도 버터향이 풍부한 발효 과자인 퀴니 아망(Kouign amann)이 유명합니다. 부르고뉴 지방 사투리로 퀴니는 과자, 아망은 버터를 뜻합니다.

이들 과자에 소금기가 있는 이유는 이 지방에서 생산된 버터 자체에 염분이 많이 함유되어 있기 때문입니다. 프랑스에서는 빵이나 과자를 만들 때 주로 무염 버터를 사용하는데, 그런 상황에서 이곳 버터에 염분이 함유된 것은 바로 부르타뉴의 게랑드(Guérande) 지방이 세계적으로 유명한 소금 산지이기 때문입니다. 특산품인 소금을 버터에 첨가하면 버터의 풍미 또한 한층 살아나므로 이러한 시도는 매우 자연스럽게 일어났을 것입니다.

염분이 가장 많이 함유되어 있는 버터는 소금맛 버터라는 이름이 붙은 뵈르 살레(Beurre salé)로, 염분이 무려 3% 이상 들어 있습니다. 이보다 염분이 적게 든 버터는 뵈르 데미 셀(beurre demi-sel)로, 염분 함유량은 0.5~3% 정도입니다. 일반 가염 버터의 염분 함유율(1.5% 전후)과 비교해 보면 염분이 상당히 많이 들었다는 것을 알 수 있습니다. 그렇기에 이러한 버터를 사용해 구운 빵이나 과자에서는 자연히 소금맛이 나는 것입니다.

빵집에서 상품을 개발할 때는 이러한 프랑스 각 지방의 과자나 특산품 혹은 고전 서적 등에서 힌트를 얻기도 하며, 이를 시대에 맞게 변형시킵니다. 그런 과정에서 탄생한 새로운 소금맛 과자도 있습니다.

 **콩피튀르(Confiture)와 줄레(Gelée)의 차이는 무엇인가요?**

 **콩피튀르는 잼, 줄레는 젤리입니다.**

콩피튀르란 프랑스어로 잼류를 가리키는 말로, 과일이나 채소 등을 젤리 같은 상태가 될 때까지 졸인 것입니다. 줄레는 젤리를 가리키는 말로, 과육이 들어 있지 않고 투명감이 있습니다.

일본에서는 단맛을 많이 줄인 저당도의 잼이 인기를 끌고 있어 당분이 40% 이상인 제품에 잼이라는 명칭을 붙이지만, 유럽에서는 60% 이상, 미국에서는 65% 이상인 제품을 잼이라고 부른다는 차이점이 있습니다.

 **기모브(Guimauve)와 마시멜로(Marshmallow)는 같은 것인가요?**

 **같습니다. 식물에서 딴 명칭으로 기모브는 프랑스어, 마시멜로는 영어입니다.**

마시멜로는 영어이며, 프랑스어에서는 이를 기모브라고 합니다. 프랑스에서는 빵집에서도 기모브를 판매하고 있습니다.

마시멜로와 기모브 모두 마시멜로(학명 Athaea officinalis)라는 식물의 이름입니다. 이 식물의 뿌리는 점액을 다량 함유하고 있어 졸이면 끈끈한 페이스트 상태가 됩니다. 이것이 마시멜로를 만들기 위한 오리지널 성분이라고 합니다. 또한 당도 함유되어 있어 단맛이 납니다.

마시멜로는 고대 로마시대부터 약용 식물로 알려졌으며, 19세기 중반 프랑스에서는 여기에 달걀흰자와 설탕을 첨가하여 오늘날 마시멜로의 원형이라 할 수 있는 부드러운 마시멜로가 만들어졌습니다.

당시의 마시멜로는 기침을 멎게 하고 목의 통증을 완화하는 약용 식품으로 사용되었지만, 오늘날 마시멜로에는 이러한 약용성분이 들어가지 않습니다. 뜨거운 시럽을 섞어가며 달걀흰자를 거품 낸 다음, 여기에 젤라틴을 넣고, 과일 퓌레나 향료를 첨가해 만듭니다.

베이킹 도구 Q&A

 **가정에서 베이킹을 시작하려면 기본적으로 어떤 도구를 준비해야 할까요?**

 **계량에 필요한 저울, 재료를 섞을 때 필요한 볼과 거품기, 실리콘 주걱, 스크레이퍼 그리고 빵이나 과자를 구울 때 필요한 틀과 오븐만 있으면 충분합니다.**

베이킹에 필요한 도구는 여러분이 생각하는 것보다 훨씬 적습니다.

지름 21cm와 24cm 정도의 스테인리스 볼 2개, 볼 지름의 1~1.5배 길이의 거품기, 실리콘 주걱, 스크레이퍼, 틀 그리고 저울과 오븐만 있으면 웬만한 빵과 과자는 만들 수 있습니다.

볼을 준비할 때는 '큰 볼이 작은 볼을 겸할 수는 없다'라는 점에 주의합니다. 재료의 양에 비해 볼이 너무 크면 거품을 내거나 반죽을 하기가 어렵습니다. 또 시폰케이크 틀을 사용할 때 오븐 천장에 거의 닿을 만큼 높은 것을 준비하면 케이크 모양이 보기 좋게 나오지 않습니다.

볼이나 틀은 재료의 양이나 오븐의 크기에 맞춰 구입하도록 합니다.

 참고 … 237~238쪽

 갖고 있는 케이크 틀의 크기가 레시피에 나온 틀의 크기와 다를 때 분량을 계산하는 방법을 가르쳐 주세요.

 **원형 틀은 반지름, 그 밖의 틀은 부피를 따져서 계산합니다.**

자신이 사용하고 싶은 케이크 틀의 크기가 레시피에 나와 있는 크기와 다를 때는 사용하고 싶은 틀에 맞춰 분량을 계산해 직접 만들어야 합니다.

1. 사용하려는 틀과 레시피에 나온 틀이 모두 원형일 경우

가정에서 많이 쓰는 크기의 스펀지케이크용 원형 틀은 대부분 높이가 거의 같습니다. 이런 경우에는 틀의 반지름을 대략적인 기준으로 삼아 재료의 분량을 계산할 수 있습니다.

X = (사용하려는 틀의 반지름)^2 ÷ (레시피에 나온 틀의 반지름)^2

레시피에 나와 있는 분량에 X를 곱하면 사용하려는 틀로 빵이나 과자를 만들 때 필요한 재료의 분량을 쉽게 구할 수 있습니다.

2. 그 밖의 경우

틀은 원형, 사각형 이외에도 다양한 형태의 장식 틀이 있습니다. 원형 틀이 아닌 경우에는 각 틀의 부피(아래 ①~③의 방법으로 계산)를 구해 X를 계산해냅니다. 그런 다음 레시피에 나와 있는 분량에 X를 곱해 사용하려는 틀에 필요한 재료의 분량을 구합니다.

① 원형 틀 : 반지름×반지름×3.14(원주율)×높이
② 사각형 틀 : 가로×세로×높이
③ 장식 틀 : 틀에 물을 부은 후 그 물의 중량을 측정한다. 물은 1g=1cm^{3}이므로 부피로 환산한다.

X = 사용하려는 틀의 부피÷레시피에 나온 틀의 부피

 **어떤 재질의 틀을 선택하는 것이 좋은가요?**

 **열전도율, 내구성, 관리 방법, 중량 등을 고려해서 선택하는 것이 좋습니다.**

베이킹 틀에는 양철, 알루미늄, 스테인리스, 알루미늄 도금 강판, 실리콘 등 여러 소재가 사용됩니다. 또 틀에 반죽이 잘 들러붙지 않도록 불소수지 코팅 처리를 한 제품도 있습니다.

틀의 재질에 따라 반죽에 열이 전해지는 방법(열전도)이 차이 나는데, 열전도율이 좋은 제품을 사용할수록 반죽이 더 노릇노릇하게 잘 구워집니다.

그렇다고 무조건 열전도율이 좋은 재질의 틀을 선택하는 것이 좋다고는 말할 수 없습니다. 가정에서 사용할 베이킹 도구는 관리 방법 등을 함께 고려하는 것이 중요하기 때문입니다.

예를 들어 양철 틀은 열전도율이 좋아 반죽이 잘 구워지기는 하지만, 가정에서 사용하기에는 관리 방법이 상당히 까다로운 편입니다. 새로 구입한 양철 틀은 사용하기 전에 미리 빈 상태로 오븐에 한 번 구워 두어야만 반죽이 틀에 달라붙거나 내구성이 떨어지는 일을 막을 수 있습니다. 또 장기간 사용하지 않을 경우에는 세척 후 빈 상태로 오븐에 한 번 구워 완전히 건조시킨 다음 기름을 발라 보관해야 녹이 스는 것을 방지할 수 있습니다.

빵 가게처럼 양철 틀에 매일 똑같은 빵을 구울 경우에는 물로 세척하지 않고 깨끗이 닦기만 해도 충분하지만, 한동안 사용하지 않을 경우에는 꼼꼼한 관리가 필요합니다.

그런 점에서 스테인리스는 녹이 잘 슬지 않아 관리가 쉽지만, 양철만큼 열전도율이 좋지는 않습니다.

열전도율, 내구성, 관리법, 틀의 무게(예를 들어 알루미늄 틀은 매우 가볍습니다) 등 여러 조건 중에 가장 중시하는 점이 무엇이냐에 따라 선택하는 틀의 소재가 달라집니다.

가정에서 사용할 경우에는 여러 조건을 종합적으로 고려해 쓰기 편할 것 같은 제품을 선택하는 것이 좋습니다. 또 만들려는 빵의 종류에 따라 틀의 재질을 바꿀 때도 있습니다.

여러 소재 가운데 유일하게 비금속 재질인 실리콘은 재질의 특성을 살려 다양하게 활용할 수 있으므로 잠시 짚고 넘어가도록 하겠습니다. 실리콘 틀은 부드러워 반죽을 틀에서 빼내기 쉽다는 장점이 있습니다. 또 약 20~240℃ 범위(제품에 따라 다소 차이 날 수 있습니다) 내에서 사용 가능하며 내열성 및 내동성이 뛰어납니다.

틀에 반죽을 담아 오븐에 굽는 일반적인 경우 이외에도 틀에 크림을 채워 얼릴 때 사용할 수 있습니다. 완성된 형태 그대로 틀에서 깔끔하게 꺼낼 수 있어 무스를 만들 때에도 많이 사용합니다.

 오븐을 예열하는 이유는 무엇인가요? 또 예열 온도는 어느 정도가 적당한가요?

 낮은 온도에서 굽기 시작하면 반죽이 노릇노릇하게 구워지지 않거나 촉촉함을 잃기 때문입니다.

오븐에 빵이나 과자를 구울 때는 오븐을 미리 굽는 온도까지 달구어 두는 '예열' 과정이 필요합니다.

예열을 충분히 하지 않고 조금 낮은 온도에서 반죽을 굽기 시작하면, 반죽이 노릇노릇하게 구워지지 않거나 온도가 낮은 만큼 굽는 시간이 길어져 빵이나 과자가 촉촉함을 잃어버립니다.

예열 온도는 반죽을 오븐에 넣는 순간 오븐 안의 온도가 떨어지는 것을 고려해서 설정해야 합니다.

예열한 오븐 문을 열면 오븐 안에 가득 차 있던 뜨거운 공기가 순식간에 빠져나가면서 온도가 떨어집니다. 게다가 오븐 안에 들어간 상온의 반죽이 열을 빼앗으면서 온도가 더욱 낮아집니다. 그래서 반죽을 넣은 후 오븐 안의 온도가 대폭 감소했을 경우에는 오븐의 온도를 정해진 온도보다 높게 설정하는 방법 등을 이용해 서둘러 온도를 높여야 합니다. 하지만 오븐 온도를 급격히 올리면 히터에서 원래 정해진 온도보다 뜨거운 열을 방출합니다. 그러면 고온의 열이 직접 반죽에 닿아 빵이나 과자의 색이 너무 짙어지거나 반죽 표면이 너무 빨리 익어 반죽이 제대로 부풀지 않을 수 있습니다.

그렇기 때문에 반죽을 오븐에 넣고 문을 닫은 시점에서 오븐이 굽는 온도에 도달할 수 있도록 예열 온도를 실제로 반죽을 굽는 온도보다 10~20℃ 높게 설정한 후, 반죽을 오븐에 넣은 뒤 다시 원래 굽는 온도로 설정해 굽도록 하고 있습니다. 업소용 대형 오븐은 굽는 반죽의 판수가 많아질수록 그만큼 예열 온도를 조금 높게 설정해야 합니다. 또한 가정용 오븐 중에 내부가 좁은 오븐은 스펀지케이크 반죽 한 판을 구울 때도 큰 오븐에 비해 온도가 더 떨어지기 쉬우므로 예열 온도를 조금 높게 설정합니다. 이밖에도 파이 반죽처럼 차가운 반죽을 구울 경우에는 오븐 안의 온도가 떨어지기 쉬우므로 이러한 점을 고려하여 예열 온도를 설정해야 합니다.

 오븐이 예열 온도에 도달한 직후에 바로 반죽을 넣지 않는 것이 좋다고 하던데 왜 그런가요?

 예열 온도에 도달한 직후에는 아직 오븐 안이 충분히 달구어지지 않은 상태이기 때문입니다.

오븐은 가열 구조상, 히터에서 방출되는 열이 전체의 70%, 달구어진 오븐 내부 벽면에서 방출되는 열이 전체의 30% 정도라고 합니다. 예열 온도에 도달한 직후에는 히터의 열로 온도가 올라갔을 뿐, 오븐의 내부 벽면까지는 아직 충분히 달구어지지 않은 상태입니다. 따라서 예열 온도에 도달했다 하더라도 한동안은 예열을 계속해서 그 온도를 유지한 후 반죽을 넣는 것이 좋습니다.

이처럼 예열을 충분히 해야 오븐 문을 열어도 온도가 잘 떨어지지 않고, 굽는 온도에서 열이 골고루 전달되어 반죽이 잘 구워집니다.

 **같은 판에 나란히 놓은 반죽이 일정한 색으로 균일하게 구워지지 않는 이유는 무엇인가요?**

 **히터와 가까운 쪽은 강한 열을 받기 때문입니다.**

과자 반죽을 같은 오븐 팬에서 굽더라도 반죽의 위치에 따라 색이 다르게 구워질 때가 있습니다. 보통 히터에 가까운 오븐 안쪽에서 구운 반죽이 다른 곳에 비해 짙은 색을 띠고, 오븐 앞쪽에 놓은 반죽은 옅은 색을 띠는 경향이 있습니다. 또 좌우에 따라 차이가 나기도 합니다. 이렇게 색이 고르지 않은 점이 신경 쓰일 때는 반죽이 거의 다 익었을 때쯤, 반죽의 위치를 전후, 좌우로 바꾸어 균일한 색을 띠게 조정하면 됩니다.

단, 슈 반죽을 구울 때는 반죽이 부풀어 오르는 도중에 오븐을 열면 온도가 떨어지면서 반죽이 가라앉을 수 있으므로, 반죽이 충분히 부풀어 오른 후 갈라진 틈이 노릇노릇하게 익을 때쯤 오븐을 열어 위치를 바꾸어 주는 것이 좋습니다. 스펀지케이크 반죽은 케이크 틀에 구울 때나 오븐팬에 얇게 구울 때나 모두 표면이 살짝 노릇노릇해질 때쯤 위치를 바꾸어 주는 것이 좋습니다. 파이 반죽도 마찬가지로 부풀어 오르는 것이 중요하므로 거의 다 구워진 상태에서 위치를 바꾸는 것이 좋습니다. 반죽이 부풀지 않는 타르트나 쿠키는 반죽이 어느 정도 구워진 후, 색에 차이가 나타날 때쯤 위치를 바꾸어 줍니다.

 **컨벡션 오븐이란 게 뭔가요?**

 **오븐 내에 뜨거운 공기를 대량으로 방출하여 온도를 올리고, 전동 팬을 회전시켜 그 열을 강제적으로 대류시키는 기능을 지닌 오븐을 말합니다.**

일반 오븐은 오븐팬을 2단이나 3단으로 쌓아서 구우면 아래쪽 오븐팬에 열이 제대로 전달되지 않지만, 컨벡션 오븐은 열풍이 오븐팬 사이를 지나가면서 반죽을 골고루 익혀 균일한 색을 내는 특징이 있습니다. 업소용 컨벡션 오븐의 경우, 오븐팬을 여러 개 겹쳐 구울 수 있어 같은 빵이나 과자를 한 번에 대량으로 구울 수 있는 동시에 공간도 많이 차지하지 않아 편리합니다.

많은 양의 빵이나 과자를 균일하게 구울 수 있다는 컨벡션 오븐의 특징은 장점으로 작용할 때가 많지만, 굽는 정도를 달리하여 시각적인 대비 효과를 내고 싶을 때는 이러한 특징이 단점으로 작용하기도 합니다. 한편 컨벡션 오븐은 뜨거운 바람이 대류(對流, 액체나 기체가 부분적으로 가열될 때 데워진 것이 위로 올라가고 차가운 것이 아래로 내려오면서 전체적으로 데워지는 현상)하므로 반죽이 건조해지기 쉬운데, 크루아상처럼 바삭바삭한 식감의 빵이나 파이, 쿠키, 구운 머랭 등을 만들 때는 이러한 특징이 효과적으로 작용합니다. 하지만 반대로 스펀지케이크처럼 촉촉한 식감의 빵을 구울 때는 반죽이 얇을수록 건조해지기 쉬우므로 컨벡션 오븐을 사용하지 않는 것이 좋습니다.

슈 반죽은 반죽의 표면이 너무 빨리 마르면 반죽이 잘 부풀어 오르지 않습니다. 또 부셰처럼 높이 부풀어야 하는 파이의 경우, 뜨거운 바람이 대류하는 과정에서 발생하는 바람을 맞아 반죽이 위로 곧게 부풀지 않는 경우가 있습니다. 하지만 컨벡션 오븐 중에는 풍량 조절이 가능한 기종도 있으므로 반죽의 모양을 살펴 가며 풍량을 조절하는 것이 좋습니다.

오븐팬에 스펀지케이크 반죽을 구울 때, 바닥에 들러붙지 않게 하려면 어떻게 해야 하나요?

종이나 반죽을 깔고 그 위에 반죽을 부으면 됩니다.

오븐팬에 직접 반죽을 부어 구울 때는 바닥에 들러붙지 않도록 종이나 시트를 깝니다.

가장 손쉽게 구할 수 있는 것은 내열성이 있는 종이인 쿠킹 페이퍼입니다.

또 유리섬유에 테프론 코팅을 한 베이킹 시트와 같이 종이처럼 얇은 내열성 시트도 있습니다. 베이킹 시트는 오븐팬의 크기에 맞춰 잘라 사용할 수 있고, 세척하여 재사용할 수 있다는 장점이 있습니다.

이밖에도 유리섬유와 실리콘 수지로 만든 내열 매트 실팻(Silpat)도 여러 번 사용할 수 있어 편리합니다. 반죽이 잘 달라붙지 않고 종이에 비해 두툼하고 튼튼해 비스퀴 반죽 등을 매트 위에 먼저 짠 다음 매트의 양쪽 끝을 잡고 오븐팬으로 옮길 수도 있습니다. 또한 두께감이 있어 베이킹 시트에 비해 아랫불이 비교적 천천히 전달됩니다.

케이크용 나이프로는 어떤 것을 선택해야 하나요?

칼날이 얇고 긴 나이프를 준비하면 됩니다.

케이크 단면을 깔끔하게 자르려면 케이크용 나이프가 필요합니다. 일반적으로 칼날이 얇은 스테인리스 재질의 나이프를 사용합니다. 가정에서는 칼날의 길이가 30~35cm 정도인 것을 사용하는 것이 좋습니다. 나이프의 칼날에는 직선형과 물결형이 있습니다.

스펀지케이크 등 폭신폭신하고 부드러운 케이크를 자를 때는 직선형 나이프를 앞뒤로 크게 움직여 잘라야 단면이 깔끔합니다. 반면에 파이처럼 부서지기 쉬운 빵은 손에 힘을 뺀 상태에서 칼날이 톱날처럼 생긴 물결형 나이프를 앞뒤로 잘게 움직여 자릅니다.

 **스펀지케이크를 일정한 두께로 얇게 자를 때 특별한 요령이 있나요?**

 **금속봉 등을 대고 자르면 쉽습니다.**

스펀지케이크를 얇게 자르고 그 사이에 크림이나 과일을 채울 경우에는 스펀지케이크의 두께가 일정해야 하는데, 케이크를 일정한 두께로 자르는 것에 익숙해지기까지 시간이 걸릴 수 있습니다.

그럴 때는 자르고 싶은 두께와 비슷한 두께의 금속봉 두 개를 준비한 다음, 스펀지케이크의 앞쪽과 뒤쪽에 대어 평행 상태를 이루게 합니다. 그런 다음 칼날을 눕혀 금속봉 위에 걸친 상태로 케이크를 자르면 일정한 두께로 자를 수 있습니다.

 **크림으로 장식한 케이크를 깔끔하게 자르려면 어떻게 하는 것이 좋을까요?**

 **나이프를 뜨거운 물로 덥힌 후에 자르는 것이 좋습니다.**

크림을 바른 케이크를 자를 때는 나이프를 뜨거운 물에 담가 덥힌 후 젖은 행주로 물기를 닦아낸 다음 사용하는 것이 좋습니다. 그러면 따뜻한 칼날에 닿은 크림이 살짝 녹기 때문에 나이프에 크림을 묻히지 않고 깔끔하게 자를 수 있습니다. 케이크를 한 쪽 자를 때마다 같은 과정을 반복합니다.

누구나 케이크를 자를 때면 모든 조각을 일정한 크기로 반듯하게 자르고 싶은 법입니다. 이럴 때는 케이크를 자르기 전에 미리 자를 위치를 어림잡아 나이프로 표시한 후 자르는 것이 좋습니다.

원형 케이크의 경우, 자를 위치를 정확히 표시할 수 있는 전용 등분기(8, 10, 12, 14등분 등)가 있습니다. 크림을 덮은 케이크 위에 등분기를 가볍게 얹으면 방사상(중앙의 한 점에서 사방으로 거미줄처럼 뻗어 나간 모양)의 선이 표시됩니다.

베이킹 과정에서의 Q&A

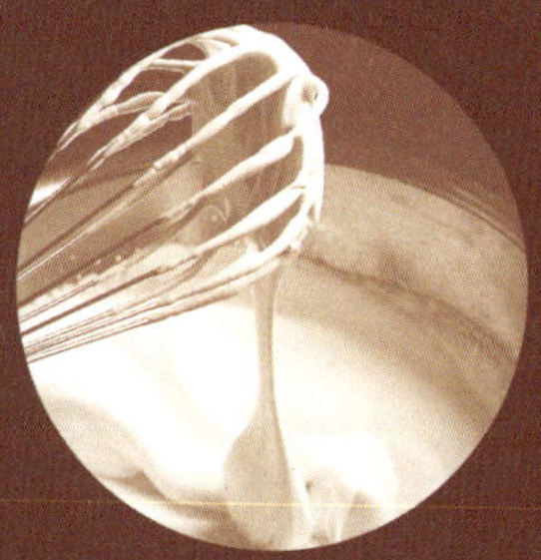

과자 도감

※ 일본에서는 케이크도 과자라 칭함

이 책에서 소개하는 반죽과 크림을 조합하면 다양한 과자를 만들 수 있습니다. 무한한 조합이 가능하지만, 이 책에서는 오랫동안 사랑받아 온 대표적인 케이크와 빵을 소개합니다.

여기에 나오는 반죽과 크림에 다른 식재료를 가미하면 다양한 응용이 가능합니다. 이 책에서 소개하는 케이크나 빵은 어디까지나 일례에 불과하므로 여러분의 창의력을 발휘해 새로운 케이크나 빵을 만들어보기 바랍니다.

반죽과 크림의 구체적인 배합과 만드는 방법은 53쪽 이후에 나오는 각 장을 참조하기 바랍니다.

●공립법으로 만드는 스펀지케이크 반죽과 샹티이 크림을 이용해 만드는 케이크

딸기 쇼트케이크
가토 오 프레즈
Gâteau aux fraises

공립법(→53쪽)으로 만드는 스펀지케이크 반죽 + 샹티이 크림

딸기 쇼트케이크는 일본에서 만들어진 대표적인 케이크로, 프랑스에서는 흔히 볼 수 없습니다. 일반적으로 공립법으로 만든 스펀지케이크 반죽에 샹티이 크림과 딸기를 조합해 만들지만, 딸기 이외에도 여러 과일을 사용할 수 있어 다양하게 응용하기 쉬운 케이크입니다.

공립법으로 만드는 스펀지케이크 반죽/파트 아 제누아즈(Pâte à génoise)

전란(全卵, 껍데기를 제외한 달걀 전체) 즉, 달걀흰자와 노른자를 함께 넣고 거품을 내어 만드는 스펀지케이크입니다. 딸기 쇼트케이크는 대부분 원형으로 만들지만, 롤 케이크 등을 만들 때는 오븐팬에 얇게 구울 수도 있습니다. 또한 반죽에 코코아, 커피 등 다양한 풍미를 가미할 때도 있습니다.

샹티이 크림/크렘 샹티이(Crème chantilly)

생크림에 설탕을 넣어 거품을 낸 것입니다.

● 별립법으로 만드는 스펀지케이크 반죽과 바바루아로 만드는 케이크

과일 샤를로트

샤를로트 오 프뤼

Charlotte aux fruits

별립법(→93쪽)으로 만드는 스펀지케이크 반죽 + 바바루아※

※바바루아=앙글레즈 소스+크렘 푸에테+젤라틴

별립법으로 만든 스펀지케이크 반죽을 막대 모양으로 구워 둥근 케이스를 만들고, 그 안에 바바루아를 부어 굳힌 후 과일로 장식합니다. 사용하는 과일에 맞추어 바바루아의 풍미를 달리하는 등 다양한 응용이 가능한 케이크입니다.

샤를로트라는 이름은 케이크의 모양이 모자를 닮아서 프랑스어로 부인용 모자를 뜻하는 샤를로트라는 이름이 붙었다는 설과 영국 국왕 조지 3세의 왕비인 샬럿 왕비의 이름에서 유래되었다는 설이 있습니다. 지금처럼 별립법으로 만든 스펀지케이크 반죽과 바바루아를 사용한 스타일은 19세기의 천재적인 파티시에 앙토넹 카렘(→49쪽)이 고안한 것이라는 설이 있습니다.

별립법으로 만드는 스펀지케이크 반죽/파트 아 비스퀴(Pâte à biscuit)

달걀노른자와 달걀흰자를 각각 따로 거품 내어 만드는 스펀지케이크 반죽입니다. 반죽을 짜서 구운 것을 비스퀴 아 라 퀴이에르(Biscuits à la cuillère)라고 합니다. 퀴이에르란, 프랑스어로 스푼을 뜻하는데, 아직 짤주머니가 개발되지 않았던 시절에 반죽을 스푼으로 떠서 구운 것에서 이러한 이름이 붙게 되었다고 합니다. 비스퀴 아 라 퀴이에르는 반죽을 작게 짠 다음 분당(슈가파우더)을 뿌려 구운 뒤 크림을 샌드하고 과일로 장식하거나 오븐팬에 짜서 크게 구운 뒤 샹티이 크림이나 크렘 디플로마트를 발라 롤 케이크처럼 둥글게 말 수도 있습니다.

이밖에도 코코아를 섞은 반죽과 기본 반죽을 한 줄씩 짜거나 다진 견과류나 피스타치오 페이스트를 첨가하는 방법도 있습니다.

바바루아, 크렘 바바루아(Bavarois, Crème bavaroise)

바바루아는 앙글레즈 소스(크렘 앙글레즈 Crème anglaise)에 젤라틴을 첨가한 후 크렘 푸에테(Crème fouettée, 설탕을 넣지 않고 거품 낸 생크림)를 섞어 차갑게 굳힌 것입니다.

●비스퀴 조콩드(별립법으로 만드는 스펀지케이크 반죽을 응용한 것)와 버터 크림, 가나슈로 만드는 케이크

가토 오페라
Gâteau opéra

비스퀴 조콩드 + 버터 크림 + 가나슈

얇게 구운 비스퀴 조콩드에 커피시럽를 뿌리고 가나슈와 커피향을 넣은 버터 크림을 발라 샌드한 뒤, 초콜릿으로 코팅한 케이크입니다. 1890년경에 프랑스의 유명 제과점 '달로와요(Dalloyau)'에서 처음 만들었다고 합니다. 케이크 위에 장식한 금박이 마치 파리 오페라 극장의 돔 위에 세워져 있는 아폴론 동상이 들고 있는 황금 하프의 빛나는 모습과 닮았다고 하여 오페라라는 이름이 붙었다고 합니다.

비스퀴 조콩드(Biscuit Joconde)

별립법으로 만드는 스펀지케이크 반죽을 응용한 것으로, 아몬드파우더를 넣어 만든 아몬드 풍미의 케이크 반죽입니다.

무슨 까닭인지 레오나르도 다 빈치의 명화 모나리자의 모델이 된 여성인 조콩드의 이름이 붙게 되었습니다.

버터 크림(크렘 오 뵈르, Crème au beurre)

이 책에서는 버터에 이탈리안 머랭을 섞은 버터 크림을 소개합니다. 가토 오페라의 경우 여기에 커피(분말 커피)를 넣어 풍미를 더한 크림을 사용합니다.

가나슈(Ganache)

초콜릿과 생크림을 섞어 만드는 초콜릿 크림입니다. 봉봉 오 쇼콜라(Bonbon au chocolat)의 센터(center, 충전물)로도 사용합니다.

●버터 반죽을 이용해 만드는 케이크

프루트케이크
케이크 오 프뤼
Cake aux fruits

버터 반죽

버터 반죽에 술에 재운 건과일을 올려 굽습니다. 마무리로 졸인 살구잼을 바르고, 그 위에 건과일 등을 장식해도 좋습니다. 참고로, 나무에서 열리는 열매를 프랑스어로는 프뤼(fruit)라고 부르는데, 여기에는 과일뿐만 아니라 견과류도 포함됩니다.

버터 반죽(파트 아 케이크, Pâte à cake)

버터, 설탕, 밀가루, 달걀 등 네 가지 재료를 동일한 비율로 배합하는 것이 기본입니다. 이 반죽은 여러 이름으로 불립니다.

프랑스어에서는 카트르 카르(Quatre-quarts)라고 하는데, 카트르는 '4개의', 카르는 '4분의 1'이라는 뜻으로, 네 가지 재료를 각각 4분의 1씩 섞어 만든 케이크라는 뜻에서 이런 이름이 붙었습니다. 또 며칠 동안이나 보관할 수 있다는 점에서 여행을 뜻하는 말을 넣어 가토 드 보야주(Gâteau de voyage)라고 불리기도 합니다.

파운드케이크(Pound cake)란, 버터 반죽을 파운드 틀에 넣어 구운 것을 가리키는 영어입니다. 이러한 네 가지 재료를 각각 1파운드(pound)씩 사용해 만든 것에서 이러한 이름이 붙었다고 합니다.

●타르트 반죽과 아몬드 크림을 이용해 만든 과자

서양배 타르트
타르트 오 푸아르

Tarte aux poires

타르트 반죽 + 아몬드 크림※

※아몬드 크림 또는 크렘 프랑지판

타르트 반죽에 아몬드 크림 또는 크렘 프랑지판을 채우고, 그 위에 시럽에 절인 서양배를 올려 굽습니다. 타르트 부르달루(Tarte Bourdaloue)라고도 불리는데, 이 명칭에 대해서는 파리의 부르달루 거리에 가게를 둔 파티시에가 개발했기 때문이라는 설과 예수회 신부였던 루이 부르달루(Louis Bourdaloue)의 이름을 딴 것이라는 설이 있습니다. 그래서인지 부르달루라고 불리는 타르트는 그 위에 올린 과일이 십자 형태를 띠고 있는 경우가 많습니다.

타르트 반죽(파트 수크레, pâte sucrée)

설탕이 들어간 타르트 반죽을 파트 수크레라고 부르는데, 이 책에서는 타르트의 기본 반죽으로 소개하고 있습니다. 수크레는 프랑스어로 설탕을 뜻합니다. 파트 수크레를 만드는 방법은 두 가지가 있는데, 재료를 동일하게 배합하더라도 만드는 방법을 바꾸면 저마다 특징이 있는 타르트 반죽을 만들 수 있습니다.

아몬드 크림(크렘 다망드, Crème d'amande)

탕푸르탕(아몬드와 설탕을 동일한 비율로 섞어 가루로 만든 것)이나 아몬드파우더와 분당(슈가파우더)을 동일한 비율로 섞은 것에 달걀을 추가한 것으로, 타르트 반죽의 필링으로 많이 쓰입니다.

크렘 프랑지판(Crème frangipane)

아몬드 크림에 커스터드 크림을 섞은 것을 말합니다.

프랑지판이라는 이름은 이탈리아에서 프랑스로 시집 간 카트린 드 메디치(Catherine de Médicis) 왕비를 따라 프랑스로 건너 간 세자레 프란지파니(Cesare Frangipani)의 이름에서 유래되었습니다. 프란지파니는 비터 아몬드(Bitter almond)로 장갑에 뿌리는 향수를 만들었는데, 그 향에서 힌트를 얻은 어느 파티시에가 아몬드 크림에 프랑지판이라는 이름을 붙였다는 설이 있습니다.

●타르트 반죽과 레몬 크림을 이용해 만든 과자

레몬 타르트

타르트 오 시트론

Tarte au citron

타르트 반죽 + 레몬 크림 + 이탈리안 머랭

타르트 반죽을 한 번 구운 뒤 레몬 크림을 채운 과자로, 마무리로 이탈리안 머랭을 장식하면 좋습니다. 타르트 기법으로는 레몬 타르트처럼 구운 타르트 반죽에 크림을 채우는 방법과 서양배 타르트처럼 반죽을 틀에 넣고 크림을 채워 함께 굽는 방법 혹은 타르트 반죽을 굽다가 도중에 크림을 채워 한 번 더 굽는 방법이 있습니다.

타르트 반죽(→44쪽)

레몬 크림(크렘 오 시트론, Crème au citron)

달걀노른자와 흰자, 설탕, 레몬, 버터로 만든 크림입니다.

이탈리안 머랭(므랭그 이탈리엔느, Meringue italienne)

달걀흰자에 뜨겁게 끓인 시럽을 부어 거품을 낸 머랭입니다. 거품이 단단해서 짤주머니로 짜서 데코레이션을 할 때 사용합니다. 데코레이션을 한 뒤 토치로 살짝 그을려 새하얀 이탈리안 머랭에 변화를 주면 아름다운 과자가 완성됩니다.

이탈리안 머랭은 이처럼 케이크의 마무리 장식에 사용하기도 하고, 버터 크림이나 무스에 첨가해 산뜻한 맛을 내기도 합니다.

또 시럽에 첨가하는 물의 일부를 과즙이나 과일 퓨레로 바꾸면 과일향이 풍부한 머랭을 만들 수도 있습니다.

●파이 반죽과 크렘 디플로마트로 만드는 과자

프루트 부셰
부셰 오 프뤼

Bouchée aux fruits

파이 반죽 + 크렘 디플로마트

부셰는 프랑스어로 한입이란 뜻입니다. 파이 반죽을 모양 틀로 찍어낸 후 오븐에 구워 파이케이스를 만들고, 여기에 크렘 디플로마트를 짠 뒤 과일로 장식합니다.

파이 반죽(푀이타주, Feuilletage)

밀가루로 만든 데트랑프(Détrempe) 반죽으로 버터를 감싼 다음 밀대로 밀고 다시 접는 과정을 반복해서 만들므로 접기형 파이 반죽이라고도 불립니다. 얇은 반죽을 여러 겹으로 층층이 쌓아 굽는 것이 특징입니다.

이 반죽을 처음 만든 사람으로 17세기의 화가 클로드 로랭(Claude Lorrain), 콩데 공작이 데리고 있던 파티시에 푸예(Fouillée), 요리사 조세프 파브르(Joseph Favre) 등이 거론되어 왔으나 확실하지는 않습니다. 그전에도 이러한 반죽의 원형이라 할 수 있는 것이 존재했다고 합니다.

크렘 디플로마트(Crème diplomate)

커스터드 크림에 샹티이 크림 또는 크렘 푸에테를 섞어 만듭니다. 디플로마트는 프랑스어로 외교관을 뜻합니다.

●파이 반죽과 커스터드 크림으로 만드는 과자

밀푀유
Mille-feuille

파이 반죽 + 커스터드 크림

밀푀유는 프랑스어로 천 장의 잎이라는 뜻으로, 접기형 파이 반죽으로 만드는 대표적인 과자라 할 수 있습니다. 파이 반죽을 얇게 펴서 구움으로써 겹겹이 쌓은 반죽의 특징을 한껏 살립니다. 이 과자 역시 앙토넹 카렘(→49쪽)이 만든 것으로 알려져 있습니다.

파이 반죽(→46쪽)

커스터드 크림(크렘 파티시에르, Crème pâtissière)

직역하면 파티시에의 크림이라는 뜻으로, 과자를 만들 때 반드시 들어가는 크림 가운데 하나입니다. 달걀, 밀가루, 설탕, 우유를 섞어 끓여 걸쭉하게 만듭니다.

●슈 반죽과 커스터드 크림으로 만드는 과자

슈크림
슈 아 라 크렘
Choux à la crème

슈 반죽 + 커스터드 크림※

※커스터드 크림 또는 크렘 디플로마트

슈 반죽 안에 커스터드 크림 또는 크렘 디플로마트를 채운 대표적인 과자입니다. 일본에서는 메이지 시대 초기에 프랑스의 파티시에 사무엘 페르가 요코하마에 연 양과자점에서 처음 판매한 것으로 알려져 있습니다.

슈 반죽(파트 아 슈, Pâte à choux)

슈는 프랑스어로 양배추라는 의미로, 반죽을 구운 모양이 양배추를 닮아 그런 이름이 붙었다고 합니다. 16세기 무렵, 카트린 드 메디치가 프랑스로 시집올 때 함께 온 요리사 판테렐리(Panterelli)가 프랑스에 이 반죽을 소개했으며, 그 후 슈 반죽에 크림을 채우게 되었다고 전해집니다.

커스터드 크림(→47쪽)

크렘 디플로마트(→46쪽)

슈에 넣을 때는 입 안에서 살살 녹을 수 있도록 생크림 거품을 조금 부드럽게 내는 것이 포인트입니다.

●슈 반죽과 커스터드 크림, 퐁당으로 만드는 과자

에클레어
에클레르

Éclair

슈 반죽 + 커스터드 크림 + 퐁당

에클레어는 프랑스어로 번개라는 뜻으로, 슈에 들어간 균열이 번개처럼 생겼다는 점과 크림을 채우면 단숨에 먹어치울 만큼 맛있다는 점에서 그런 이름이 붙게 되었다는 설이 있습니다. 이 과자도 앙토넁 카렘※이 만든 것으로 알려져 있습니다. 프랑스의 제과점에서 흔히 볼 수 있는 대표적인 과자입니다.

슈 반죽(→상기 참조)

커스터드 크림(→47쪽)

사진 속 에클레어 가운데 뒤쪽에 놓인 것은 커스터드 크림에 커피(분말 커피)를, 앞쪽에 놓인 것은 커스터드 크림에 초콜릿을 섞었습니다. 이밖에도 녹차가루나 프랄린 등을 섞어 풍미를 더할 수도 있습니다.

퐁당(fondant)

설탕과 물로 만든 시럽을 끓여 재결정시킨 것입니다. 책에서는 크림의 풍미와 잘 어울리도록 커피와 초콜릿을 첨가했습니다.

※앙토넹 카렘(Antonin Carême, 1783~1833) : 프랑스의 요리사 겸 파티시에. 유럽 각지의 왕족과 귀족 밑에서 요리장 및 급사장으로 일하면서 수많은 요리와 과자를 개발했다. 그가 쌓은 경험과 지식은 수많은 서적으로 정리되어 오늘날까지 전해지고 있다.

●초콜릿을 이용해 만든 과자

초콜릿 봉봉
봉봉 오 쇼콜라
Bonbon au chocolat

가나슈 + 커버추어

초콜릿 봉봉은 트리플 초콜릿 같은 한 입 크기의 자은 초콜릿을 말합니다. 이 책에서는 가나슈에 템퍼링한 커버추어 초콜릿을 덮은 것을 소개합니다.

과자의 이름에 붙은 '봉봉(bonbon)'은 의성어로, 맛있다는 의미의 '봉(bon)'을 두 번 반복한 말입니다. 초콜릿뿐만 아니라 위스키 봉봉 같은 캔디에도 이러한 명칭이 사용되고 있습니다.

가나슈(Ganache)

초콜릿과 생크림을 섞어 만드는 초콜릿 크림입니다.

커버추어(쿠베르튀르, Couverture)

쿠베르튀르(커버추어는 쿠베르튀르의 영어식 발음입니다)는 덮는다는 뜻을 지닌 프랑스어에서 유래된 이름으로, 카카오 버터가 많이 들어간 초콜릿입니다. 초콜릿 봉봉을 만들 때는 이 초콜릿을 녹여 템퍼링이라고 하는 온도 조절 과정을 거친 다음 가나슈를 덮는 데 사용합니다.

●머랭을 이용해 만드는 과자

므랭그 세슈
Meringue sèche

므랭그 프랑세즈

므랭그 프랑세즈를 만들어 원하는 크기로 짜낸 후, 저온(100~130℃)의 오븐에 구워 건조시킵니다. 머랭에 향이나 색을 입히거나 아몬드파우더를 섞기도 하고 혹은 분당(슈가파우더)을 뿌려 굽는 방법도 있습니다. 이밖에도 머랭이 완전히 식은 뒤에 초콜릿 등으로 코팅하는 방법도 있습니다. 밀폐용기에 건조제와 함께 넣으면 장기간 보관할 수 있습니다.

므랭그 프랑세즈 사이에 샹티이 크림을 샌드한 디저트를 므랭그 샹티이(Meringue chantilly)라고 합니다. 샹티이 크림에 커피향 등을 가미할 수도 있습니다.

또 므랭그 프랑세즈가 아닌 므랭그 슈이스(Meringue suisse)(→213쪽)를 오븐에 구워 건조시키는 경우도 있습니다. 므랭그 프랑세즈로 만들면 머랭이 좀 더 부서지기 쉬운 식감을 내고, 므랭그 슈이스로 만들면 바삭바삭하게 구워집니다.

므랭그 프랑세즈(Meringue française)

흔히 머랭이라고 하면 달걀흰자에 설탕을 섞어 거품을 내어 만드는 므랭그 프랑세즈를 가리키는 것이 일반적입니다.

머랭에 대해서는 1720년에 스위스의 파티시에 가스파리니(Gasparini)가 고안했다든가, 메리닝겐(Mehrinyghen)이라는 지명에서 유래된 명칭이라든가, 스위스 마이링겐(Meiringen)의 빵집에서 팔았다든가 하는 다양한 설이 있지만, 그 어느 것도 확실하지 않습니다.

프랑스에서 처음으로 머랭이 만들어진 것은 로렌(Lorraine) 지방의 낭시(Nancy)로, 미식가로 알려진 폴란드 국왕 스타니스와프 1세에게 선보여졌다고 합니다.

이밖에도 마리 앙투아네트가 트리아농 궁전에서 머랭을 직접 만들었다는 이야기도 유명합니다.

●무스를 이용한 과자

무스

Mousse

무스는 프랑스어로 거품을 뜻합니다. 기본적인 재료에 거품 낸 생크림을 섞어 만든 과자로, 기포를 가득 머금어 산뜻하고 입안에서 살살 녹아 버리는 매력적인 식감을 지녔습니다.

무스가 하나의 요리로 등장하기 시작한 것은 여성이 연회석에 동석하기 시작한 루이 14세 시대였습니다. 여성이 남성 앞에서 입을 크게 벌리고 식사를 하는 것을 꺼려한 탓에 씹지 않고 입안에서 녹여 먹을 수 있는 무스라는 요리가 탄생한 것입니다. 훗날 이러한 요리 기법이 과자에도 사용되기에 이르렀습니다.

무스에 대한 정확한 정의는 없지만 머랭을 첨가한 산뜻한 크림이나 폭신폭신하고 가벼운 크림에 무스라는 명칭을 붙이며, 일반적으로 응고제를 사용해 굳히는 경우가 많습니다.

이 책에서 소개하고 있는 스펀지케이크 반죽이나 타르트 반죽 같은 기본 반죽에 크림이나 과일, 초콜릿 등의 재료를 조합하면 다양한 종류의 과자를 만들 수 있습니다.

표 1 무스의 대표적인 조합

기본	거품 낸 생크림	이탈리안 머랭	파트 아 봄브(Pâté à bombe) (→220쪽)	젤라틴
앙글레즈 소스(과일 앙글레즈 소스, 초콜릿 앙글레즈 소스 등)	○	임의	×	○
과일 과즙이나 과일 퓌레	○	○	임의	○
초콜릿	○	임의	임의	임의

※거품 낸 생크림 : 샹티이 크림 또는 크렘 푸에테

크림 도감

●생과자에 사용하는 크림

　　여러 반죽과 크림을 조합해 새롭게 만들 수 있는 과자의 종류는 매우 다양하지만, 기본적인 반죽과 크림의 수는 한정되어 있습니다. 새로 개발되는 레시피는 대부분 기본적인 반죽과 레시피에 어떤 재료를 추가하는 경우가 많습니다.

　　이 책에서는 과자를 만들 때 반드시 들어가는 기본적인 크림을 소개합니다. 크림은 반죽과 어우러져질 때 그 매력을 한껏 발휘할 수 있고, 반대로 반죽의 맛을 한층 끌어올리기도 합니다.

버터 ＋ 이탈리안 머랭 →

커스터드 크림 ＋ 샹티이 크림 →

커스터드 크림 ＋ 버터 →

샹티이 크림

커스터드 크림

이탈리안 머랭

버터 크림

크렘 디플로마트

크렘 무슬린

●불을 사용하는 크림　*타르트에 채워 오븐에 굽는다.

아몬드 크림

＋

커스터드 크림

→

아몬드 크림

크렘 프랑지판

Chapter 1

달걀의 기포성을 이용해

공립법으로 만드는 스펀지케이크 반죽

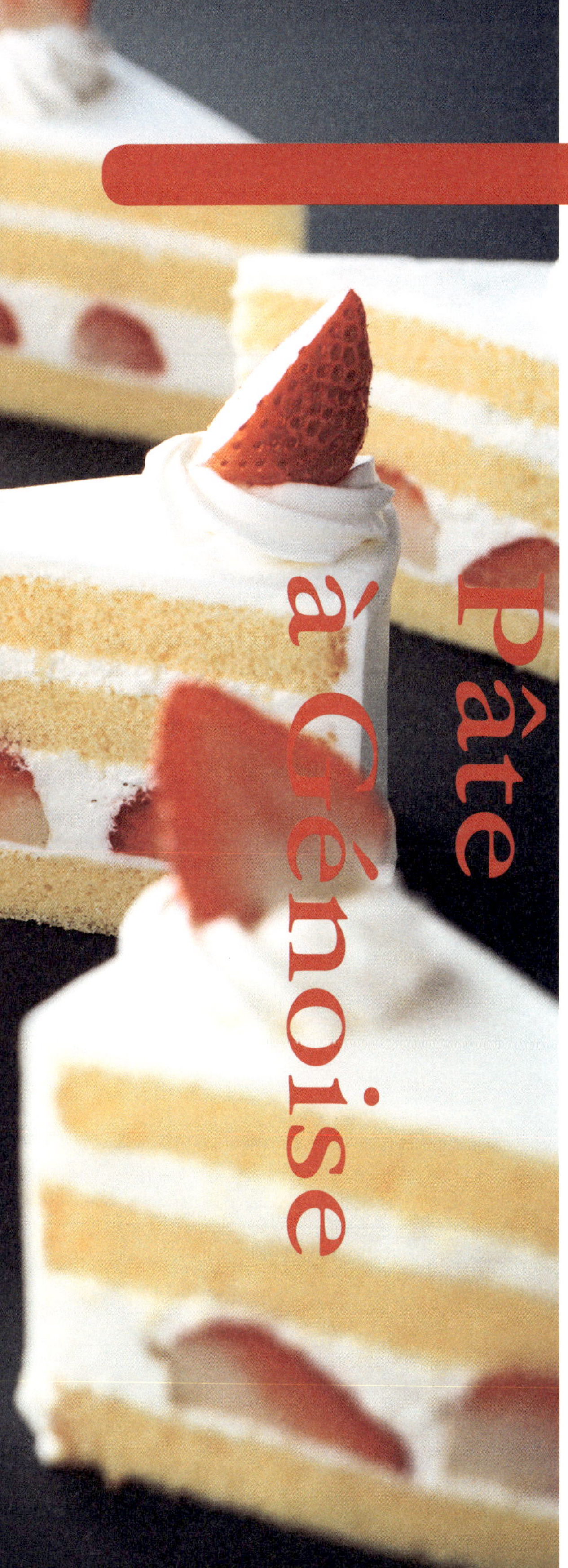

　쇼트케이크에서 많이 본 폭신하고 부드러운 스펀지케이크. 스펀지케이크를 만드는 방법에는 공립법과 별립법(→93쪽)이 있습니다. 공립법은 달걀흰자와 노른자를 함께 거품을 내어 만드는 방법이고, 별립법은 달걀흰자와 노른자를 각각 따로 거품을 내어 만드는 방법입니다. 먼저 1장에서는 공립법에 대해 이야기해 보고자 합니다.

　달걀이 지닌 거품을 내는 성질을 '기포성'이라고 하는데, 공립법으로 만드는 스펀지케이크는 이러한 성질을 이용해 반죽을 부풀립니다. 달걀노른자와 달걀흰자를 함께 거품 내어 만든 스펀지케이크 반죽은 폭신폭신하고 부드러운 식감을 내는 것이 특징입니다.

　만드는 방법에 상관없이 스펀지케이크 반죽에는 기본적으로 달걀, 설탕, 밀가루가 동일한 비율로 들어갑니다. 각 재료의 특성을 잘 이해한 후에 배합 비율에 변화를 주면 다양한 식감을 지닌 케이크를 만들 수 있습니다.

　스펀지케이크를 만드는 방법에는 베이킹의 기초적인 개념과 방법이 집약되어 있습니다. 특히 달걀을 거품 내는 방법이나 반죽을 섞는 방법은 스펀지케이크를 만드는 과정에서 매우 중요하므로 제대로 익혀 두기 바랍니다.

공립법으로 스펀지케이크를 만드는 기본적인 방법

[참고 배합 사례] 지름 18cm 원형 케이크 1개 분량

- 달걀 150g(3개)
- 그래뉼러당 90g
- 박력분 90g
- 버터 30g

준비
- 박력분은 체에 친다.
- 달걀은 미리 꺼내어 둔다.
- 버터는 녹인다.
- 틀에 종이를 깐다.

*핸드믹서는 저속, 중속, 고속 3단계로 속도를 조절할 수 있는 제품을 사용한다.

*오븐의 기종이나 형태에 따라 굽는 온도나 시간이 다소 차이 날 수 있다.

1  볼에 달걀을 넣어 풀고, 그래뉼러당을 넣어 잘 섞는다. 살살 저으며 중탕한다.

2  36℃가 되면 볼을 건져내고, 핸드믹서를 이용해 고속으로 거품을 내기 시작한다.

3  도중에 속도를 중속으로 줄이고, 마지막에는 저속으로 줄이며 계속 거품을 낸다.

4  반죽을 떠서 아래로 떨어뜨렸을 때 끊어지지 않고 리본 모양으로 흘러내릴 때까지 거품을 낸다.

5  박력분을 넣고 가루가 남지 않을 때까지 실리콘 주걱으로 섞은 다음, 좀 더 젓는다(총 40회 정도).

6  녹은 버터를 주걱에 대고 흘려 부은 다음 버터의 흔적이 보이지 않을 때까지 섞은 후, 좀 더 젓는다(총 30회 정도).

7  반죽을 10cm 높이까지 틀에 붓는다. 윗불 180℃, 아랫불 150℃의 오븐에 30분 동안 굽는다. 다 구워지면 케이크 틀을 10cm 정도 높이에서 작업대에 떨어뜨린 다음, 케이크를 틀에서 꺼내어 식힘망 위에 거꾸로 올려놓고 식힌다.

●공립법으로 만드는 스펀지케이크, 어떤 재료가 어떤 작용을 하나요?

1. 반죽이 부푸는 이유는?

(1) 거품 낸 달걀에 들어간 공기

달걀의 기포 속에 들어 있는 공기가 고온의 오븐에서 열팽창하면서 부피가 커집니다.

(2) 재료(주로 달걀) 속 수분

달걀 등 재료에 포함되어 있는 수분 일부가 고온의 오븐에서 수증기로 변하면서 부피가 커집니다.

*공기는 1℃ 상승할 때마다 0℃일 때 부피의 273분의 1씩 팽창한다(일정한 압력 하에서 분자의 크기나 분자 사이에 작용하는 인력을 고려하지 않은 경우). 그리고 물은 수증기가 되면 부피가 약 1,700배 증가한다. 이 수치가 스펀지케이크에 그대로 적용되는 것은 아니지만 공기도, 물도 그만큼 팽창하는 성질이 있으므로 그 힘을 이용해 점성이 있는 반죽을 부풀어 오르게 할 수 있다고 생각하면 된다.

2. 스펀지케이크의 늘어난 부피를 지탱하여 폭신폭신하고 부드러운 식감과 탄력을 만드는 것은 무엇인가요?

(1) 밀가루

① 전분

오븐에서 가열이 진행되면 밀가루의 전분 입자가 주로 달걀에 들어 있는 수분을 흡수하면서 반죽의 부피를 증가시키고 부드러운 질감과 풀과 같은 점성이 생기게 합니다(호화, 糊化). 이때 수분이 어느 정도 증발할 때까지 반죽을 구우면 반죽이 부풀어 오르면서 폭신폭신한 질감으로 변해 반죽 전체의 조직을 부드럽게 지탱합니다. 이를테면 건물을 지을 때 벽을 단단하게 만드는 콘크리트 같은 작용을 하는 것입니다.

② 단백질

거품 낸 달걀에 밀가루를 섞으면 점성과 탄력을 지닌 글루텐이라는 단백질 성분이 생성되어 전분 입자를 둘러싸는 듯한 입체적인 망상구조를 형성합니다. 글루텐은 오븐의 가열 과정 중에 굳어 전분 입자 사이를 연결하는 결합제 역할을 하거나 적당한 탄력을 만들기도 하고, 부풀어 오른 반죽이 가라앉지 않도록 지탱하는 뼈대가 되기도 합니다. 이를테면 건물을 지탱하는 기둥의 역할을 한다고 볼 수 있습니다.

(2) 달걀

달걀을 오븐에서 가열하면 달걀 속 기포가 팽창하는데, 여기서 더 가열하면 기포막이 굳어서 부풀어 오른 형태를 유지하게 됩니다. 이는 달걀에 함유된 단백질이 열을 받아 응고되기 때문입니다.

3. 기타

(1) 설탕

습윤성을 이용해 반죽을 촉촉하게 하고 달걀의 기포막이 잘 부서지지 않게 하며 전분의 노화를 막아 부드러운 식감을 유지하는 작용을 합니다.

*스펀지케이크 반죽에 버터를 넣는 가장 큰 목적은 풍미를 더하기 위한 것으로, 버터를 넣지 않는 경우도 있다.

●공립법으로 만드는 스펀지케이크, 조리 과정을 통해 살펴보는 구조의 변화

1. 가열 전 스펀지케이크 반죽

달걀에 설탕을 넣어 거품을 내면 무수히 많은 기포가 형성됩니다. 이때 설탕은 달걀의 수분에 녹아들어 기포가 잘 터지지 않게 하는 역할을 합니다.

여기에 밀가루를 섞으면 달걀의 기포와 기포 사이에 밀가루 입자가 분산되어 밀가루가 다 섞일 때쯤에는 달걀 속 수분의 영향으로 밀가루가 페이스트(고체와 액체의 중간 굳기) 상태가 되어 기포 주변을 덮는 형태가 됩니다.

페이스트 안에서는 밀가루 속 단백질이 물을 흡수해서 글루텐이 생성되어 전분 입자를 둘러싸는 듯한 입체적인 망상구조를 형성합니다.

여기에 녹은 버터를 첨가하면 밀가루 페이스트 안에 버터가 분산됩니다.

2. 굽는 과정에서의 스펀지케이크 반죽

스펀지케이크 반죽 주변은 오븐 안의 가열된 공기의 영향으로 온도가 상승합니다. 이때 이른 단계에서 반죽 표면에 얇은 막을 형성하는 것이 중요합니다. 이러한 막이 반죽 내부에서 발생한 수증기를 어느 정도 가두어 주어야 반죽이 제대로 부풀어 오릅니다.

반죽 주위에서 중심부로 열이 전달되는 과정에서 다음과 같은 변화가 일어납니다.
- 달걀 기포 속에 있는 공기가 열팽창하여 부피를 증가시키고, 기포를 팽창시킵니다. 가열이 더 진행되면 기포막이 부푼 상태를 유지한 재보 굳기 시작합니다.
- 밀가루 속 전분 입자가 수분을 빨아들여 불어나 호화되기 시작합니다. 그 결과 밀가루 페이스트가 부드러운 풀 같은 점성을 띠게 되고, 달걀 기포 주변에서 기포의 팽창에 맞춰 늘어나기 시작합니다.
- 밀가루 페이스트에 포함된 수분 가운데 일부는 가열되어 수증기로 변해 부피를 늘리고 그 부분의 페이스트를 확장시켜 달걀 기포와 마찬가지로 반죽 전체를 부풀어 오르게 합니다.

가열이 더욱 진행되면
- 밀가루 속 전분의 호화가 진행되어 밀가루 페이스트가 부드럽게 굳기 시작합니다.
- 밀가루 속 글루텐(망상구조를 형성)이 열에 굳어 부풀어 오른 반죽을 지탱하는 뼈대가 됩니다.

가열이 더욱 진행되면 남은 수분이 반죽 밖으로 증발되기 시작합니다.

●공립법으로 만드는 스펀지케이크 반죽의 조리 과정 상상하기

공립법으로 만드는 스펀지케이크 반죽을 만들 때는 먼저 전란과 설탕으로 거품을 내어 반죽을 부풀릴 때 필요한 기포를 잔뜩 만듭니다. 그러나 그 후 밀가루와 버터를 순서대로 섞는 과정에서 이러한 기포가 어느 정도 손상을 입어 기포의 양이 줄어들어 버립니다.

따라서 굽기 전 단계에서 줄어들 달걀 기포의 양을 감안하여 반죽에 기포를 어느 정도 만들 것인지를 결정해 거품을 내는 것이 좋습니다.

베이킹에서는 이처럼 완성된 상태를 미리 상상하여 거꾸로 거슬러 올라가 보는 것이 매우 중요합니다.

●공립법과 별립법의 차이

스펀지케이크 반죽은 달걀에 설탕을 첨가해 거품을 낸 다음 밀가루와 버터 등을 섞어 만듭니다. 이때 달걀을 거품 내는 방법에 따라 조리법이 공립법과 별립법(→93쪽)으로 나뉩니다.

공립법은 달걀흰자와 노른자를 함께 거품 내서 만듭니다. 별립법은 달걀흰자와 노른자를 각각 따로 거품 낸 다음 합쳐서 만듭니다. 두 방법은 거품 낸 달걀의 질감에서 차이가 나며, 이러한 차이가 빵을 구웠을 때 식감의 차이로 나타납니다.

공립법으로 달걀을 거품 내면 실리콘 주걱으로 떴을 때 부드럽게 흘러내리는 유동성 높은 거품을 얻을 수 있으며, 반죽을 구웠을 때 결이 곱고 촉촉하며 적당히 탄력이 있는 식감의 스펀지케이크가 완성됩니다.

별립법은 거품 낸 달걀흰자를 기본으로 합니다. 달걀흰자만 거품 내는 경우, 전란을 거품 냈을 때보다 기포의 양이 많아 거품을 떴을 때 끝이 뾰족하게 설 만큼 단단한 거품이 만들어집니다. 전란을 거품 냈을 때보다 거품이 상대적으로 단단하고 유동성이 낮습니다. 이렇게 별립법으로 구운 스펀지케이크는 폭신폭신하고 부서지기 쉬운 식감을 지닙니다.

어떤 방법으로 스펀지케이크를 만드느냐에 따라 케이크의 느낌이 달라집니다.

공립법으로 만든 스펀지케이크	별립법으로 만든 스펀지케이크
전란 : 부드러운 거품이 만들어진다.	달걀흰자 : 단단하고 기포량이 많은 거품이 만들어진다. + 달걀노른자
부드럽고 탄력 있는 식감	부서지기 쉬운 식감

공립법으로 만드는 스펀지케이크 반죽 Q&A

 **전란을 좀 더 쉽게 거품 내는 방법이 있나요?**

 **거품을 내기 전에 전란을 중탕하면 좋습니다.**

　냉장고에서 바로 꺼낸 달걀을 사용할 경우, 달걀흰자는 손으로도 거품을 낼 수 있지만 전란은 생각만큼 거품이 잘 나지 않습니다. 전란은 노른자에 들어 있는 지질이 기포 형성을 방해하기 때문에 흰자처럼 쉽게 거품이 나지 않는 것입니다. 그렇다면 전란은 어떻게 해야 쉽게 거품을 낼 수 있을까요?

　전란을 중탕하여 따뜻하게 덥혀 두면 손으로도 거품을 낼 수 있게 됩니다. 설탕을 첨가한 전란은 중탕하기 전에는 걸쭉한 점성이 강해 거품기로 뜨면 거품기에 딸려 올라오지만, 중탕을 하면 점성이 약해지고 유동성이 강해져 거품기로 뜰 수 없게 됩니다.

이처럼 온도를 높여 달걀의 표면장력을 약화시키면 기포를 만들기가 쉬워집니다.

··· 233~236쪽

중탕 전(냉장고에서 바로 꺼낸 달걀)

달걀이 걸쭉해서 거품기로 뜨면
거품기에 딸려 올라온다.

중탕 후

유동성이 강해져 거품기로 거의
뜰 수 없는 상태가 되는 것이 좋다.

전란에 설탕을 첨가한 후 중탕할 때 거품기로 젓는 이유는 무엇인가요?

열이 고르게 전달될 수 있게 하기 위해서입니다.
이 단계에서부터 거품을 내기 시작하면 더욱 쉽게 거품을 낼 수 있습니다.

전란을 중탕하는 동안, 거품기로 가볍게 젓는 데에는 세 가지 이유가 있습니다.

① 열이 고르게 전달된다.
② 달걀흰자의 결합이 쉽게 끊어지게 되어 중탕 후 건졌을 때 거품이 잘 난다.
③ 설탕이 녹기 쉽다.

또 손으로 거품을 낼 때는 믹서로 거품을 낼 때보다 힘이 약하고 시간도 오래 걸리므로 중탕 후에 건져서 거품을 내는 동안 달걀 온도가 떨어져 거품을 충분히 내지 못하는 경우가 있습니다. 따라서 중탕하는 단계에서부터 가볍게 거품을 내기 시작하는 것이 좋습니다. 거품을 낼 때는 흰자를 거품 낼 때와 비슷한 요령으로 공기가 많이 들어가도록 젓습니다(→97쪽).

공립법으로 스펀지케이크를 만들 때 전란에 설탕을 첨가한 후 중탕으로 몇 도까지 덥혀야 하나요?

이 책의 배합 사례에서는 36℃ 정도까지 덥힙니다.

달걀 온도가 스펀지케이크의 질감에 미치는 영향

36℃(표준)   60℃   10℃

알맞게 부푼다.   알맞은 정도보다 좀 더 부푼다.   제대로 부풀어 오르지 않는다.

결이 곱다.   결이 거칠다.

앞서 이야기한 것처럼 전란을 거품 내기 전에 중탕으로 덥혀 전란의 표면장력을 약화시켜 주면 좀 더 쉽게 거품을 낼 수 있습니다.

예를 들어 쇼트케이크에 어울리는 결이 곱고 입안에서 살살 녹는 스펀지케이크를 만들고 싶은 경우, 이 책의 참고 배합 사례(설탕은 달걀 중량의 60%)에서는 달걀을 36℃ 정도로 덥히는 것이 적당하다고 보고 있습니다.

특히 손으로 거품을 낼 경우에는 중탕하는 물의 온도를 60℃ 정도로 하는 것이 좋습니다. 이 정도 온도여야 달걀이 뜨거운 물에 응고될 걱정도 없고, 달걀이 36℃에 도달할 때까지 어느 정도 거품을 낼 수도 있습니다.

그러나 달걀의 온도를 좀 더 높이면 달걀을 거품 내기는 더 쉽지만, 기포의 크기가 커져 거품이 너무 풍성해진 나머지 반죽이 과도하게 부풀어 오르고, 케이크의 결이 거칠어집니다.

STEP UP 전란을 덥히는 온도

이 책의 참고 배합 사례에서는 전란을 36℃ 정도로 덥힌 후에 거품을 내지만, 이 온도는 어디까지나 일반적인 기준에 불과합니다. 설탕의 배합량이나 믹서의 교반력, 달걀의 선도, 실온 등에 따라 달걀의 거품 정도가 달라지므로 달걀을 덥히는 온도는 그때그때 상황에 따라 다소 차이 날 수 있습니다.

1. 설탕의 배합량

달걀에 첨가하는 설탕의 양이 증가할수록 달걀을 거품 내기가 힘들어집니다.

설탕의 양이 달걀의 중량 대비 70% 이하일 경우에는 36℃ 정도를 기준으로 달걀을 덥히지만, 설탕 배합량이 70% 이상인 경우에는 그보다 좀 더 높은 40℃까지 덥힙니다.

2. 믹서의 교반력

핸드 믹서나 거품기로 거품을 낼 때는 달걀을 36℃ 정도까지 덥히는 것이 적당하지만, 교반력이 강한 믹서를 사용할 경우에는 그보다 조금 낮은 온도까지 덥히는 것이 좋습니다.

3. 달걀의 선도

달걀은 선도가 떨어지면 점성이 약해져 거품이 더 잘 나므로 좀 더 낮은 온도로 덥힙니다.

4. 실온

실내 온도가 낮으면 중탕 후 건져낸 달걀이 이제 막 거품 내기 시작한 단계에서부터 온도가 떨어져 거품이 잘 나지 않게 되므로 달걀을 좀 더 높은 온도까지 덥히는 것이 좋습니다. 반대로 한여름처럼 실내 온도가 높은 경우에는 온도를 조금 낮추어 주는 것이 좋습니다.

 … 232쪽/239~240쪽/242~243쪽

 핸드 믹서로 전란을 곱게 거품 내려면 속도를 어느 정도로 하는 것이 좋을까요?

 고속 → 중속 → 저속으로 바꾸어가며 거품을 내세요.

달걀은 전체적으로 풍성하면서 기포는 작고 곱게 거품을 내는 것이 이상적입니다. 이렇게 거품을 낸 달걀로 스펀지케이크를 만들면 결이 부드러운 케이크가 완성됩니다.

핸드믹서나 믹서로 달걀을 젓는 속도를 조절해 거품을 내면 크기가 다른 기포가 형성됩니다. 고속으로 거품을 내면 달걀에 공기가 듬뿍 들어가 큰 기포가 형성되고, 저속으로 거품을 내면 공기가 잘 들어가지 않아 작은 기포가 만들어집니다. 또 큰 기포가 만들어지더라도 거품을 계속 내다보면 믹서 와이어에 닿아 분화되어 기포의 크기가 작아지기도 합니다.

이러한 성질을 잘 활용하여 고속에서 중속, 마지막에는 저속으로 속도를 단계적으로 조절하면 우선 기포의 양을 늘려 거품을 풍성하게 만든 후 다시 고운 거품을 만들 수 있습니다.

표 3 거품 내는 속도의 차이에 따른 전란의 기포 상태

거품 내는 속도	기포의 크기	기포의 안전성
고속	크다.	나쁘다(부서지기 쉽다).
저속	작다.	좋다(쉽게 부서지지 않는다).

핸드 믹서의 속도 조절과 거품의 상태

고속

고속으로 거품을 낸다.

거품이 단번에 풍성해지지만,
기포가 크고 거칠다.

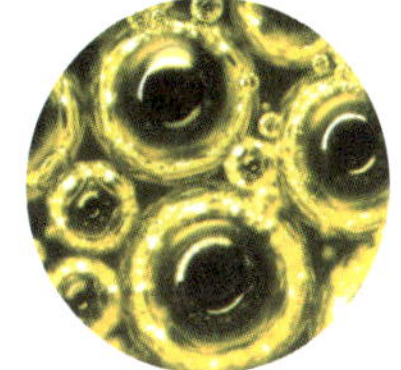

현미경 사진

처음에는 핸드 믹서를 고속으로 돌려 기포의 크기는 신경 쓰지 말고 일단 거품을 풍성하게 합니다. 거품이 충분히 생기면 속도를 중속으로 줄입니다.

중속

중속으로 속도를 줄여 거품을 낸다.

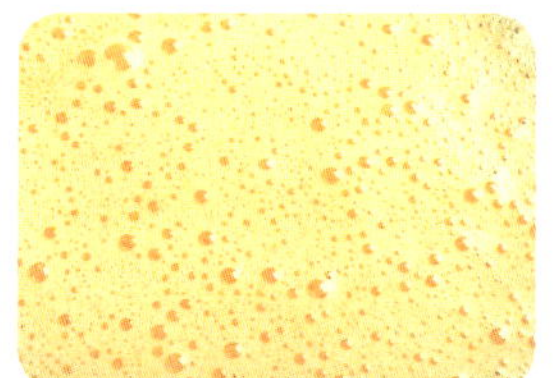

전체적으로 흰빛이 돌고
기포가 작아진다.

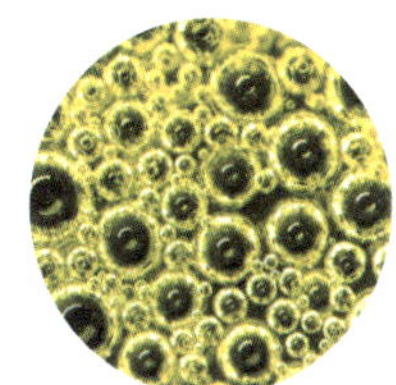

현미경 사진

공기가 잘 흡수되지 않게 되어 새로 만들어지는 기포는 작아집니다. 그와 동시에 이미 만들어져 있던 큰 기포가 분화되어 작아지기 시작합니다. 달걀에 들어가는 공기의 양이 많아질수록 거품은 전체적으로 흰빛이 돌고 윤기가 납니다. 이를 확인한 후 속도를 저속으로 줄입니다.

저속

저속으로 속도를 줄여 거품을 낸다.

기포가 매우 작아진다.

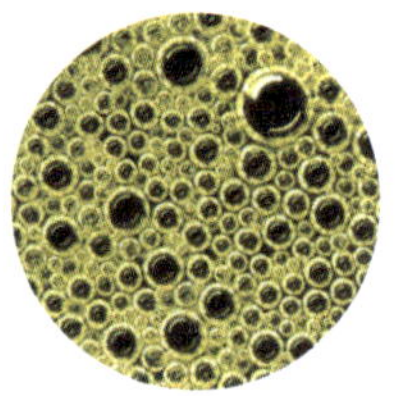

현미경 사진

기포가 분화되어 점점 작아집니다. 이 단계에서는 새로 형성되는 기포의 크기가 매우 작으므로 전체적인 부피는 거의 증가하지 않습니다.

휘핑 종료

기포가 더욱 작아지고 균일해진다.

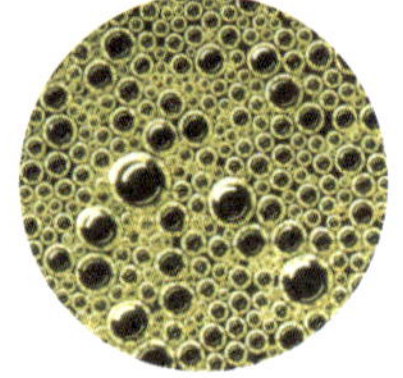

현미경 사진

*현미경 사진은 전란과 그래뉼러당을 1:0.7의 비율로 30℃에서 믹서를 이용해 고속 회전시킨 것을 200배율로 촬영한 것.

현미경 사진 제공 : 큐피(주)연구소

STEP UP 달걀의 거품은 균일하고 곱게

달걀 기포는 작고 균일한 상태가 좋다고 합니다. 그 이유는 만드는 공정에서 기포가 쉽게 터지지 않아 결이 고운 케이크가 완성되기 때문입니다.

1. 기포가 작으면 쉽게 터지지 않는다

기포는 큰 상태에서는 쉽게 손상되지만, 작아질수록 잘 터지지 않게 됩니다. 이후의 공정에서 거품을 낸 달걀에 밀가루나 버터 등을 섞는데, 이러한 작업들은 원래 기포에 손상을 입히기 쉽습니다. 하지만 이때 기포의 크기가 매우 작으면 이런 상황에서도 기포가 쉽게 터지지 않아 반죽 전체의 부피를 유지할 수 있습니다.

2. 기포가 작고 균일하면 결이 고운 케이크가 완성된다

또 오븐에서 반죽을 구울 때 반죽에 큰 기포가 있으면 그 기포가 작은 기포와 접촉하면서 기포 안의 공기의 압력 차이 때문에 큰 기포가 작은 기포를 흡수하여 더 커져 버립니다. 이렇게 만들어진 큰 기포가 구멍(작게)을 만들어 결국 케이크의 결이 거칠어집니다.

기포가 균일하면 이처럼 기포가 합쳐지는 일이 일어나지 않아 오븐에 구워도 결이 고운 상태를 그대로 유지할 수 있습니다.

 밀가루를 넣기 전에 전란은 어떤 상태가 될 때까지 거품을 내는 것이 좋을까요? 구분하는 방법을 알려주세요.

 거품을 낸 전란을 떴을 때 리본처럼 폭넓게 흘러내려 볼 안에 담긴 달걀 표면에 겹겹이 쌓이는 상태가 가장 좋습니다.

충분히 거품을 낸 상태

거품이 부족한 상태

실리콘 주걱으로 반죽을 떴을 때 리본처럼 흘러내려 겹겹이 쌓인다.

거품기로 뜰 수 있다.

액상에 가깝다.

달걀의 거품이 충분한지 아닌지는 다음의 세 가지 조건에 따라 판단하는 것이 좋습니다.

① 흰빛이 돌고, 기포가 작고 균일하다.
② 볼 바닥을 손으로 만졌을 때 온기가 느껴지지 않는다.
③ 거품 낸 달걀을 실리콘 주걱이나 거품기로 떠서 기울였을 때 리본처럼 폭 넓게 흘러내리며 볼에 담긴 달걀 표면에 겹겹이 쌓였다가 서서히 가라앉는다.

STEP UP 거품이 적당한지 간단히 확인하는 방법

이 책에 실린 참고 배합 사례의 경우, 거품 낸 달걀에 이쑤시개를 약 1.5cm 깊이까지 찔러서 세웠을 때 이쑤시개가 넘어지지 않으면 거품을 충분히 낸 것으로 볼 수 있습니다. 단, 달걀 대비 설탕의 양 등이 변하면 이 조건 또한 바뀔 수 있으므로 주의하기 바랍니다.

 전란을 거품 낸 후 볼의 바닥을 만져보는 이유는 무엇인가요?

 달걀의 온도를 확인하기 위해서입니다.

거품을 낼 때는 전란을 덥혔지만, 거품을 다 낸 뒤에는 전란의 온도가 떨어져야 달걀 기포의 손상이 적습니다. 그래서 볼의 바닥을 손으로 만져 온도를 확인합니다.

거품을 낼 때 전란을 중탕으로 덥혀 온도를 올리는 이유는 그래야 달걀의 표면장력이 약해져 거품이 쉽게 일어나 공기를 많이 흡수할 수 있기 때문입니다.

하지만 그런 장점도 있는 반면에 생성된 기포가 터지기 쉬운 단점도 있습니다.

따라서 달걀을 중탕한 후 건져내어 거품을 낸 다음, 거품 내는 작업이 모두 끝날 때쯤에는 온도를 떨어뜨려 생성된 기포가 쉽게 터지지 않게 하는 것이 바람직합니다. 알맞은 온도는 25℃ 전후로 알려져 있는데, 볼의 바닥을 만졌을 때 온기가 느껴지지 않는 정도라 생각하면 됩니다.

달걀을 완전히 거품 낸 시점에서 그 온도까지 떨어져 있으면 밀가루를 섞을 때에도 달걀의 기포가 쉽게 터지지 않아 반죽이 부피를 온전히 유지할 수 있습니다.

밀가루나 버터를 다 섞은 후에도 마찬가지로 반죽의 온도를 25℃ 전후로 유지하면 달걀의 기포 손상을 최소화한 채 작업을 진행할 수 있습니다.

달걀의 온도	달걀의 표면장력	거품이 나는 정도	생성된 기포의 안정성
높은 온도	약하다.	거품이 잘 난다.	나쁘다(터지기 쉽다).
낮은 온도	강하다.	거품이 잘 나지 않는다, 좋다(쉽게 터지지 않는다).	좋다(쉽게 부서지지 않는다).

STEP UP 핸드 믹서로 거품 낼 때 고려해야 할 점

전란에 설탕을 넣어 중탕한 후에 핸드 믹서로 거품을 낼 때는 달걀의 온도 변화와 거품의 정도에 맞춰 핸드 믹서의 속도를 알맞게 조절해 거품이 풍성하고 결이 고우며, 기포가 쉽게 터지지 않게 합니다.

달걀을 중탕한 후 건져낸 직후에는 온도가 36℃ 정도이지만, 거품을 다 낸 후에는 10℃ 정도 낮아지는 것이 이상적입니다.

달걀의 온도가 높아서 거품을 내기 쉬울 때 핸드 믹서를 고속으로 돌리면 큰 기포가 많이 생성되어 전체 부피를 단번에 늘릴 수 있습니다. 이렇게 만들어진 기포는 크기가 큰데다 온도까지 높은 상태여서 쉽게 터지므로 거품을 억제하는 공정을 거쳐 기포를 작고 잘 터지지 않게 해야 합니다.

핸드 믹서의 속도를 고속에서 중속, 저속으로 단계적으로 감소시켜 나갈 때는 회전 속도가 줄어든 것과 달걀의 온도가 내려간 것, 이 두 조건이 작용하여 공기가 쉽게 흡수되지 않는 상황을 만들어 작은 기포를 생성하게 합니다. 기포는 크기가 작을수록 잘 터지지 않는데, 여기에 온도까지 내려가 달걀의 표면장력이 강해지면 더욱 튼튼한 기포가 형성되는 것입니다.

전란을 거품 낼 때마다 매번 거품의 상태가 달라지는데, 이를 해결할 방법이 있으면 가르쳐 주세요.

거품 내는 속도와 시간을 일정하게 하는 것이 좋습니다. 비중을 측정하면 좀 더 정확해집니다.

늘 동일한 배합으로 동일한 상태의 스펀지케이크 반죽을 만들고 싶다면 우선 전란을 항상 같은 상태로 거품 낼 필요가 있습니다.

달걀을 덥히는 온도를 정하고, 어느 정도의 속도로 얼마만큼 오래 거품을 낼 것인지 시간을 정확히 측정해 늘 같은 조건 하에서 만드는 것입니다.

달걀 거품의 상태는 부피나 색, 거품의 결 등으로 판단하는데(→65~66쪽) 반죽의 비중을 측정하면 좀 더 확실하게 판단할 수 있습니다. 비중이란 같은 부피를 지닌 표준 물체와의 질량을 비교한 것으로, 비중을 구하는 법은 다음과 같습니다.

비중 = 중량(g) ÷ 부피(cm³)

늘 동일한 상태의 거품을 얻고 싶다면 거품이 잘 나왔을 때의 비중을 기준으로 삼으면 됩니다(→76쪽). 이 책의 참고 배합 사례에서는 거품 낸 달걀의 비중이 0.22~0.25 범위일 때 케이크가 가장 맛있게 구워집니다. 비중을 측정해 보고, 너무 무거울 경우에는 아직 거품이 부족한 것이므로 거품을 더 내서 비중을 낮추도록 합니다.

중량은 100cc(cm³) 컵에 반죽을 담아 표면을 평평하게 깎은 후 측정한다.

반죽을 '자르듯이 섞는다'라는 말을 자주 듣는데, 잘 섞어지지가 않아요. 어떤 식으로 섞어야 하는 거죠?

유동성이 높은 반죽은 '주걱으로 반죽을 깊이 떠서 섞는' 방법이 적합합니다.

자르듯이 섞는 방법은 유동성이 낮은 반죽(별립법으로 만드는 스펀지케이크 반죽 등)에 적합합니다. 공립법으로 만드는 스펀지케이크 반죽은 유동성이 높으므로 섞는 방법을 달리해야 합니다.

1. 반죽을 섞을 때 주걱을 움직이는 방법

공립법으로 만드는 스펀지케이크 반죽처럼 유동성이 높은 반죽을 섞을 때는 '보트에서 노를 저을 때 물을 깊이 파헤치는 듯한 동작'을 하듯 주걱 면을 세운 채로 반죽 속에 깊이 넣은 후 볼의 바닥 중심을 지나도록 손목을 이용해 세로로 원을 그리듯이 주걱을 움직입니다. 그림에 나온 작업을 반복하면 골고루 섞을 수 있습니다.

그림 1

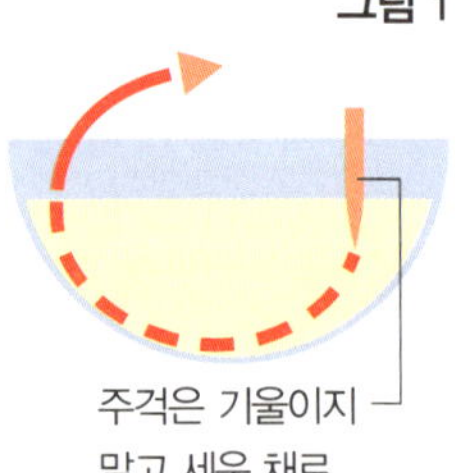

주걱은 기울이지 말고 세운 채로

공립법 스펀지케이크 반죽을 섞는 방법

1. 주걱을 반죽 속에 깊숙이 넣은 다음 볼의 바닥 중심을 지나 반죽을 밀어낸다.

2. 볼의 측면을 따라 밀어낸 반죽을 들어올린다.

3. 손목을 사용해 주걱을 뒤집어 다시 중심으로 돌아온다. 볼을 앞으로 조금씩 돌려가며 같은 동작을 반복한다.

2. 자르듯이 섞지 않고 '반죽을 밀어내듯이 섞는다'

스펀지케이크를 만드는 방법으로는 공립법(전란을 거품 내는 방법)과 별립법(흰자와 노른자를 따로 거품 내어 합치는 방법)이 있는데, 공립법을 사용하면 별립법보다 부드럽고 유동성이 높은 거품이 만들어집니다.

거품 낸 달걀에 밀가루를 섞는다는 것은 바꾸어 말하면 달걀의 기포와 기포 사이에 밀가루를 분산시키는 작업이라 할 수 있습니다.

공립법으로 만드는 스펀지케이크는 무수히 많은 기포가 들어 있는 반죽에 주걱을 깊이 넣은 다음 반죽을 밀어내듯이 떠올립니다. 그러면 수많은 기포가 흘러내리듯이 움직이면서 기포와 기포 사이에 밀가루가 들어가 분산되기 시작합니다.

반면 별립법으로 만드는 스펀지케이크 반죽은 단단하게 거품을 내어 유동성이 낮은 머랭(거품 낸 흰자)을 기본으로 하기 때문에 이런 식으로는 재료가 제대로 섞이지 않습니다. 따라서 반죽을 자르듯이 섞어 밀가루를 넣습니다(→103~104쪽).

공립법 스펀지케이크 반죽처럼 유동성이 높은 반죽을 자르듯이 섞으면 달걀의 기포가 크게 움직이지 않아 밀가루가 제대로 섞이지 않고, 반대의 경우도 마찬가지입니다.

STEP UP 섞는 방법의 차이에서 발생하는 식감의 특징

공립법은 유동성이 높은 달걀 거품에 밀가루를 넣어 주걱으로 밀어내듯이 섞는 방법이므로 글루텐이 알맞게 생성되어 부드러운 탄력이 느껴지는 결이 고운 케이크가 완성됩니다.

반면 별립법은 기포가 많이 들어 있는 단단하고 유동성이 낮은 머랭을 사용하고, 밀가루를 넣어 자르듯이 섞으므로 공립법에 비해 밀가루가 골고루 분산되지 않아 글루텐이 상대적으로 덜 형성됩니다. 그래서 탄력이 적고 부서지기 쉬운 폭신폭신한 케이크가 만들어집니다.

 **거품을 낸 전란에 밀가루를 부은 후 얼마나 섞어야 할까요?**

 **밀가루가 보이지 않을 때까지 섞은 다음 다시 몇 차례 더 섞는 것이 일반적입니다.**

밀가루를 넣은 후에는 '지나치게 섞지 않도록' 주의해야 합니다. 섞는 횟수를 최소화할 수 있도록 주걱을 적절히 움직여 밀가루를 확실히 섞는다는 생각으로 저어 나갑니다. 지나치게 오래 섞으면 달걀의 기포가 터져 스펀지케이크가 제대로 부풀지 않기 때문입니다. 또 반죽의 뼈대가 되는 글루텐이 과도하게 생성되어 반죽이 부풀어 오르려는 것을 방해합니다. 따라서 밀가루를 부은 뒤에는 '밀가루가 보이지 않을 때까지 섞은 후 다시 몇 차례 더 섞는 것'을 원칙으로 삼는 것이 좋습니다.

지나치게 오래 섞지 않으려고 밀가루가 보이지 않게 된 시점에서 바로 젓는 것을 그만두어서는 안 됩니다. 밀가루는 달걀의 수분을 흡수한 후 몇 차례 섞이는 과정을 거쳐야만 비로소 점성이 최상의 상태가 되므로 밀가루가 보이지 않게 된 후에도 몇 차례 더 섞어야 합니다. 이 책에 실린 참고 배합 사례에서는 밀가루를 부은 후 약 40번 정도 섞고 있습니다. 이처럼 횟수를 세어가며 섞으면 다음번에 동일한 케이크를 구울 때 참고가 됩니다.

 … 254~255쪽

STEP UP 스펀지케이크와 글루텐 Ⅰ / 과도한 글루텐의 폐해

스펀지케이크 반죽에서 글루텐이 과잉 생성되면 반죽을 구웠을 때 충분히 부풀어 오르지 않습니다.

아직 굽지 않은 반죽 속에는 달걀 기포가 가득한데, 기포와 기포 사이에는 페이스트 상태의 밀가루가 마치 기포를 둘러싸는 듯한 형태로 존재합니다. 바꾸어 말하면 밀가루 페이스트 속에 달걀 기포가 가득 들어 있는 상태입니다.

이러한 반죽을 오븐에 넣으면 달걀 기포 안에 든 공기가 열에 팽창할 뿐만 아니라, 밀가루 페이스트 속에 든 수분이 수증기로 변하면서 부피가 증가해 반죽 전체가 부풀어 오릅니다. 이때 밀가루 페이스트가 부드러우면 기포나 수분의 부피가 늘어나면서 페이스트도 함께 늘어나지만, 밀가루 페이스트의 점도가 강하면 늘어나는 것을 방해합니다.

밀가루는 약 75%가 전분으로 구성되어 있으므로 페이스트의 주성분 또한 전분입니다. 그러나 반죽의 점도를 좌우하는 것은 반죽의 10%도 채 되지 않는 단백질을 바탕으로 한 글루텐입니다.

글루텐은 단백질에 물을 흡수시켜 골고루 섞으면 형성되는 물질로, 점성과 탄력이 강한 물질입니다. 반죽을 지나치게 오래 섞어 제대로 부풀지 않는 경우, 가장 큰 원인은 달걀의 기포 손상이지만, 글루텐의 과잉 생성으로 밀가루 페이스트의 점성이 강해지는 것 또한 하나의 원인이라 할 수 있습니다. 반죽을 섞는 과정에서 스펀지케이크의 식감 대부분을 형성하는 전분보다 10%에도 채 못 미치는 단백질에서 글루텐이 얼마만큼 생성되는가를 더 주의 깊게 보는 이유는 이처럼 반죽을 섞는 정도가 글루텐의 양을 좌우하기 때문입니다.

 **거품을 낸 전란에 밀가루를 제대로 섞은 것인지 아닌지 판단하는 기준을 가르쳐 주세요.**

 **밀가루를 제대로 섞으면 반죽에 윤기가 흐릅니다. 비중을 측정하면 좀 더 정확히 판단할 수 있습니다.**

다음 두 가지 사항을 보면 반죽이 알맞게 섞였는지를 판단할 수 있습니다.

밀가루가 전란에 완전히 섞이면 유동성이 높아져 반죽이 매끄러워집니다.

① 반죽에 윤기가 흐른다.
② 밀가루가 섞여 보이지 않게 된 직후보다 반죽의 유동성이 높아졌다.

또 이 책에 실린 참고 배합 사례의 경우, 이 단계에서 반죽의 비중이 0.27~0.35 정도면 반죽의 상태가 알맞다고 볼 수 있습니다.

 **반죽에 마지막으로 넣는 녹인 버터는 몇 도로 덥히는 것이 좋은가요?**

 **약 60℃가 적당합니다.**

유지(油脂)는 달걀 기포를 파괴하는 성질이 있습니다. 그러므로 기포가 가득 생긴 반죽에 버터를 섞을 때는 정확한 움직임으로 재빠르게 섞어야 하는 것은 물론이고, 버터 자체도 반죽에 쉽게 분산될 수 있도록 미리 액상으로 덥혀 두어야 합니다. 아래에서 좀 더 자세히 살펴보겠습니다.

1. 녹인 버터의 온도와 분산성

녹인 버터는 온도에 따라 점성이 달라집니다. 점성이 약하고 완전히 녹은 상태여야 반죽에 쉽게 스며듭니다.

녹인 버터의 온도가 낮으면(30℃) 점성이 강해 반죽에 쉽게 분산되지 않으므로 반죽을 섞는 횟수가 늘어납니다. 그러면 기포가 손상되어 반죽의 부피가 줄어들어 버리고 제대로 부풀어 오르지 않습니다. 또 손상된 기포 탓에 케이크가 거칠어집니다.

반면 녹인 버터의 온도가 높으면 점성이 약해 반죽에 쉽게 분산되어 쉽게 섞이므로 반죽의 부피를 그대로 유지할 수 있습니다.

녹인 버터의 점성

- 저온 … 점성이 강하고, 유동성이 나쁘다(걸쭉하다). → 반죽에 섞기 어렵다.
- 고온 … 점성이 약하고, 유동성이 좋다(묽다). → 반죽에 섞기 쉽다.

2. 굽기 전 반죽의 온도와 달걀 기포의 안정성

버터의 온도는 오븐에 굽기 전 반죽의 온도를 좌우합니다.

버터를 넣는 순간 반죽의 온도가 올라가 버리면 달걀 기포막의 표면장력이 약해져 기포가 쉽게 파괴됩니다.

고온(100℃)의 녹은 버터를 첨가한 반죽은 구우면 부피를 유지하기는 하지만, 높은 온도로 기포가 손상되어 결이 거친 케이크가 완성됩니다.

하지만 녹인 버터를 다 섞었을 때 반죽의 온도가 25℃가 되게 맞추면 달걀의 기포가 쉽게 손상되지 않는다고 합니다. 이 책의 참고 배합 사례에서는 녹인 버터의 온도를 60℃에 맞추어 반죽의 최종 온도가 그 범위 안에 들도록 하여 결이 곱고 부드러우면서도 탄력 있는 케이크를 만들 수 있게 하고 있습니다.

표 5　녹인 버터의 온도가 구운 케이크에 미치는 영향

버터의 온도	60℃(참고 배합 사례)	저온(30℃)	고온(100℃)
풍성함(높이)	적당함	약간 낮음	적당함
결	결이 곱고 균일하다.	결이 거칠다.	결이 거칠다.
굳기	부드럽고 탄력 있다.	딱딱하다.	부드럽지만 탄력이 없다.

Q　녹인 버터를 반죽에 넣었을 때 주걱에 받쳐 흘려 넣는 이유는 무엇인가요?

A　녹인 버터가 반죽 표면에 골고루 퍼져 쉽게 섞일 수 있도록 하기 위한 것입니다.

스펀지케이크에 녹인 버터를 섞을 때는 버터를 붓는 방법에 따라 섞기 쉬워질 수도 있고, 어려워질 수도 있습니다. 버터가 균등하게 섞이지 않은 채로 반죽을 구우면 버터가 가라앉아 버립니다.

버터를 균등하게 섞는 방법을 설명해 보겠습니다. 섞기 시작하는 단계에서 버터가 균일하게 퍼지도록 주걱을 낮게 받치고 그 위에 버터를 부어 반죽 표면에 띄우듯이 전체에 골고루 붓습니다. 이렇게 하면 최소한의 횟수로 섞어 버터를 균일하게 분산시킬 수 있습니다.

이와 반대로 녹인 버터를 그대로 한 곳에 부어 버리면 부은 지점의 달걀 기포가 터져 버리고, 버터는 반죽 아래에 가라앉아 골고루 섞기 어려워집니다.

이밖에도 녹인 버터를 담은 볼에 소량의 반죽을 나누어 넣어 섞은 후 이를 다시 반죽 전체에 부어 섞는 방법도 있습니다. 녹인 버터와 반죽처럼 비중이나 질감이 크게 차이 나는 재료는 균일하게 섞기 힘들므로 이처럼 미리 어느 한쪽을 여러 번에 걸쳐 다른 쪽에 섞어 두면 좀 더 쉽게 섞을 수 있습니다.

녹인 버터를 섞는 방법

1. 일단 주걱을 대고 붓는다.

2. 반죽 표면에 골고루 퍼뜨린다.

3. 섞는다.

실패 사례, 버터를 붓는 방법

직접 부으면 한곳에 가라앉아 버린다.

실패 사례, 굽기

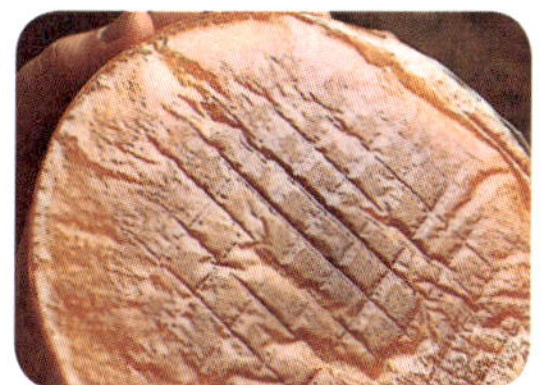
버터가 골고루 섞이지 않은 상태에서 구운 스펀지케이크의 바닥. 버터가 바닥에 가라앉아 있다.

표준 사례, 굽기

일반적인 스펀지케이크의 바닥

다르게 섞는 방법

1. 녹인 버터에 반죽을 조금씩 나누어 섞는다.

2. 골고루 섞는다.

3. 원래 반죽에 다시 부어 섞는다.

Q **반죽에 녹인 버터를 넣은 후, 얼마나 섞어야 하나요? 기준을 가르쳐 주세요.**

A **녹인 버터의 자국이 보이지 않을 때까지 섞은 후 몇 차례 더 섞습니다.**

녹인 버터를 부은 후에는 버터 자국이 보이지 않도록 재빠르게 섞은 후, 다시 몇 차례 섞어 버터를 균일하게 분산시킵니다. 이 책의 참고 배합 사례에서는 버터를 넣은 후 약 30회 정도 섞습니다.

반죽에 녹인 버터를 넣은 뒤, 너무 많이 섞거나 섞는 데에 시간이 오래 걸리면 버터의 유지가 기포를 점점 파괴시킵니다. 그렇게 되면 반죽이 노랗게 변하고, 주걱으로 떴을 때 빠르게 흘러내립니다. 이 같은 반죽은 구워도 풍성하게 부풀어 오르지 않습니다.

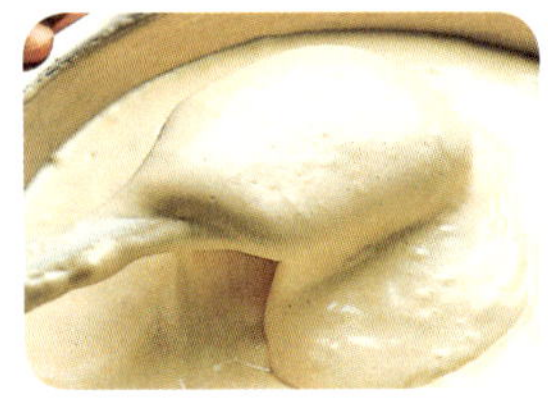

다 섞었을 때 적당한 반죽의 상태

표 6　반죽을 섞는 정도가 구운 케이크에 끼치는 영향

알맞게 섞은 반죽		너무 오래 섞은 반죽	
• 반죽이 풍성하다. • 기포를 포함하고 있어 흰빛이 돈다. • 유동성이 낮아 묵직하다.		• 기포가 손상되어 부피가 줄어든다. • 손상되어 커진 기포가 반죽 표면에 뜨기 시작한다. • 반죽의 색이 노란색으로 변한다.	
구우면 잘 부풀어 오른다.		구워도 제대로 부풀지 않는다.	

*알맞게 섞은 반죽의 비중은 0.45, 너무 오래 섞은 반죽의 비중은 0.6이다.

Q★★ 반죽의 최종 비중은 어느 정도가 좋은가요? 비중의 차이에 따라 구운 케이크의 상태도 변하나요?

A 이 책의 참고 사례 배합의 경우, 비중의 범위를 0.45~0.5 정도로 하는 것이 좋습니다.

표 7 반죽의 비중이 구운 케이크에 끼치는 영향

비중 0.45	비중 0.5	비중 0.45	비중 0.5
케이크가 좀 높게 부풀었다.	케이크가 조금 낮게 부풀었다.	폭신폭신 가벼운 식감	탄력 있는 묵직한 식감

비중이란 같은 면적의 무게를 비교한 것입니다. 스펀지케이크의 경우에는 비중이 작을수록 기포를 많이 포함하고 있다고 말할 수 있습니다. 그래서 반죽의 최종 비중을 어느 정도로 하여 구울 것인가에 따라 반죽의 부피와 식감이 달라집니다.

이 책의 참고 배합 사례의 경우, 반죽의 비중이 0.45~0.5가 되게 섞으면 결이 고운 케이크가 완성됩니다. 하지만 비중이 0.45인 케이크와 0.5인 케이크는 먹었을 때 다른 느낌을 받게 됩니다.

비중이 0.45인 케이크는 가볍고 폭신폭신한 반면, 0.5인 케이크에서는 묵직한 탄력이 느껴집니다. 원하는 식감에 따라 어느 한쪽의 비중에 더 가깝게 반죽을 섞으면 됩니다.

STEP UP 섞는 횟수와 반죽의 비중

스펀지케이크 반죽의 경우, 달걀을 거품 냈을 때 생성된 기포가 마지막까지 많이 남아 있을수록 공기를 많이 함유하여 비중이 가벼워집니다.

잘 부풀어 오른 폭신폭신한 케이크를 굽고 싶다면 달걀을 충분히 거품 내어 마지막에 반죽의 비중이 가벼워지도록 섞어 나갑니다. 밀가루와 버터를 섞는 과정에서 달걀 기포가 조금씩 터져 버리므로 비중을 가볍게 하려면 섞는 횟수를 최소화해야 합니다.

섞는 횟수가 많아지면 기포가 많이 터져서 비중이 무거워지고 케이크를 구웠을 때 충분히 부풀어 오르지 않습니다. 또 반죽을 많이 섞을수록 글루텐이 생성되어 탄력이 강해집니다.

스펀지케이크 반죽은 섞고 있는 재료가 보이지 않게 된 후 몇 차례나 더 섞을 것인지, 그 재료를 어떤 식으로 섞을 것인지, 섞는 것을 마친 시점에서 비중이 얼마나 될지 등에 따라 자신이 원하는 반죽을 만들어 낼 수 있습니다.

또 매번 일정한 상태의 과자를 만들고 싶은 사람은 이상적인 반죽이 만들어졌을 때, 반죽을 섞은 시간이나 횟수, 전부 섞었을 때 반죽의 비중 등을 데이터로 남겨 둡니다. 같은 사람이 반죽을 섞는 시간이나 횟수를 그대로 지켜 반죽을 만들면 늘 거의 동일한 상태로 반죽을 섞을 수 있습니다. 처음에는 매번 비중을 측정하는 것이 반죽을 섞는 정도를 판별하는 데 도움이 되겠지만, 여러 번 만들면서 감각을 익히게 되면 가끔씩 비중을 측정하며 확인해도 됩니다.

표 8 반죽의 비중 기준(참고 배합 사례에 따른)

	섞는 기준	비중
달걀을 거품 낸 후	핸드 믹서 혹은 믹서:고속→중속→저속 (기종에 따라 시간이 다를 수 있음)	0.22~0.25
밀가루를 섞은 후	주걱으로 40회	0.27~0.35
버터를 섞은 후	주걱으로 30회	0.45~0.5

참고 … 67~68쪽, 254~255쪽

 **스펀지케이크가 구워지면 틀을 작업대에 떨어뜨리는데 그 이유가 뭔가요?**

 **틀을 작업대에 부딪쳐 수증기를 빼기 위한 것입니다.**

스펀지케이크 반죽을 원형 틀에 구웠을 경우에는 오븐에서 틀을 꺼낸 뒤 바로 작업대에서 10cm 정도 높이에서 떨어뜨립니다. 충격을 줘서 반죽에서 빠져나와야 할 수증기를 조금이라도 일찍 빼내기 위해서입니다. 이렇게 틀을 부딪치면 다 구워진 스펀지케이크가 식는 동안 케이크의 가운데 부분이 푹 들어가는 것을 막을 수 있습니다. 갓 구운 케이크 안은 수증기로 가득 차 있어 아직 매우 부드럽고 조직이 무너지기 쉬운 상태입니다.

그래서 케이크 자체의 무게 때문에 중력을 받는 방향으로 푹 꺼지기 쉽습니다. 케이크를 반듯하게 놓고 식히든, 바닥이 위로 오게 거꾸로 뒤집어 식히든 결과는 마찬가지입니다.

참고로 용도에 따라 스펀지케이크를 오븐팬에 얇게 굽는 경우가 있는데, 이때에는 오븐팬을 작업대 위에 떨어뜨리지 않아도 케이크가 푹 들어가지 않습니다. 같은 부피의 스펀지케이크를 원형 틀처럼 표면적이 작고 깊은 틀에 구울수록 반죽 내부의 수증기가 밖으로 잘 빠져나가지 않아 구운 후에 틀을 떨어뜨릴 필요가 있지만, 오븐팬에 굽는 경우는 반죽의 표면적이 크고 얇으므로 반죽 내부에 남아 있는 수증기가 케이크를 식히는 동안 내부에 머무르지 않고 자연스럽게 빠져나가므로 굳이 작업대에 부딪칠 필요가 없는 것입니다. 이 경우에는 오히려 케이크를 식히는 동안 마르지 않도록 주의해야 합니다.

실패 사례

틀을 작업대에 부딪치지 않고 그대로 식힌 경우, 식힐 때 위로 놓은 면의 가운뎃부분이 푹 들어간다. 케이크 윗부분을 위로 놓은 경우

케이크 바닥을 위로 놓고 식힌 경우

*위의 사진은 수증기를 빼는 작업의 필요성을 보여 주기 위해 반죽을 틀에 부어 오븐에 넣은 순간부터 반죽을 틀에서 꺼내는 순간까지 진동을 최소화하여 만들었으므로 반죽이 푹 들어가는 정도가 매우 심하다. 실제 작업에서는 오븐에 넣었다가 빼는 과정 등에서 반죽에 진동이 전달되어 수증기가 조금씩 밖으로 빠져나간다.

STEP UP 반죽이 푹 들어가는 이유

오븐에 스펀지케이크를 구우면 먼저 반죽 표면에 열이 전달되어 얇은 막이 형성됩니다. 그리고 그 열이 반죽 내부로 전달되어 기포 속에 있는 공기가 팽창하고, 반죽에 든 수분이 수증기로 변하면서 부피를 늘려 반죽이 부풀어 오르기 시작합니다. 이때 수증기는 밖으로 빠져나가려고 하지만, 케이크 윗면에는 얇은 막이 있고 측면과 바닥은 틀로 가로막혀 있으므로 어느 정도 반죽 속에 갇힌 수증기가 그 자리에서 부피를 늘려 부풀어 오르게 됩니다. 가열이 계속되면 최종적으로 수증기가 밖으로 빠져나가고 반죽이 건조되어 구워집니다.

하지만 갓 구운 반죽 안에는 미처 빠져나가지 못한 수증기가 가득합니다. 특히 반죽은 겉면부터 익기 시작하므로 주변이 완전히 익더라도 맨 마지막에 익는 가운데 부분에는 수증기가 어느 정도 남아 있어 내부 조직은 아직 부드럽고 무너지기 쉬운 상태입니다. 이를 잘 익은 케이크의 겉면이 지탱해 주면 좋겠지만, 케이크 내부의 수증기는 식는 동안 어느 정도 밖으로 빠져 나가므로 이미 완전히 익어 말라 있던 케이크의 겉면 또한 수증기가 나가면서 촉촉해져 부드럽게 변합니다. 그런데 케이크 윗면의 가운데 부분은 부드러워질 뿐만 아니라 케이크의 바깥 부분을 지탱할 만한 힘이 부족하므로 수증기를 빨리 빼주지 않으면 푹 들어가 버립니다. 이때 측면의 가운데 부분 역시 내부 조직이 아래로 가라앉으면서 약간 들어갑니다.

Q 구워진 스펀지케이크 표면에 주름이 지는 이유는 무엇인가요?

A 너무 오래 구웠거나 충분히 굽지 않았기 때문입니다.

잘 구운 스펀지케이크는 윗면에 주름이 없고 전체적으로 쪼그라들지 않은 상태여야 합니다. 구우면서 반죽이 줄어들어 주름이 잡히는 경우에는 다음과 같은 원인을 생각해 볼 수 있습니다.

① 오븐 온도가 낮다.
② 너무 오래 구웠다.
③ 굽는 시간이 모자랐다.
④ 비중이 너무 가벼웠다.

오븐 온도가 낮으면 열이 안쪽까지 전달되지 않아 당연히 굽는 시간이 길어지고, 그만큼 수분이 많이 증발하여 쪼그러들어 버립니다.

또 굽는 시간이 모자랄 경우에는 수분 증발이 충분히 일어나지 않아 조직이 아직 부드러운 상태이므로 오븐에서 꺼내 온도가 내려갔을 때 기포 속 공기나 수증기의 부피가 줄어들면서 조직이 당겨져 쪼그라들고 맙니다.

비중이 가벼운 경우에는 기포가 많아 케이크가 잘 부풀어 오르지만, 반죽을 섞는 횟수가 적어 반죽의 뼈대가 되는 글루텐의 양이 적으므로 부풀어 오른 반죽을 지탱하기가 어려워집니다. 따라서 케이크가 식은 후에 부피가 조금 줄어들면서 표면에 주름이 잡히는 경우가 있습니다.

너무 오래 구웠거나 충분히 굽지 못한 경우

실패 사례

표준 사례

너무 오래 구운 경우. 장시간 구우면 수분이 증발해 수축이 일어난다.

충분히 굽지 못한 경우. 조직이 완전히 익지 않아 아래로 꺼진다.

전체적으로 균등하게 부풀어 올라 표면에 주름이 없다.

 스펀지케이크를 구운 뒤에 거꾸로 뒤집어서 식히는 이유는 뭔가요?

 케이크의 결을 고르게 하기 위해서입니다.

구운 케이크의 단면에는 달걀 기포나 반죽 속 수분의 영향으로 부풀어 오른 자국인 미세한 기포(구멍)가 많이 보입니다. 갓 구운 케이크의 단면을 확대해 보면 상층부는 기포가 크고, 중층부는 중간 정도, 하층부는 기포가 작아지는 것을 알 수 있으며, 케이크의 결 또한 차이를 보입니다. 여기에는 몇 가지 이유를 생각해 볼 수 있습니다.

우선 반죽을 굽는 과정에서 달걀 기포 안에 든 공기가 열팽창하면 유독 크고 가벼워진 기포가 주변 반죽과 함께 위로 이동하기 쉬워진다는 점을 생각할 수 있습니다. 따라서 반죽의 상층부는 큰 달걀 기포가 모여들기 쉬운 경향이 있습니다.

또 하층부에서는 위에 놓인 반죽의 무게 때문에 공기나 수증기의 팽창이 방해를 받아 기포가 작아집니다.

케이크를 거꾸로 뒤집지 않고 그대로 식히면 하층부의 작은 기포는 점점 더 무게에 짓눌려 기포가 큰 상층부와 극심한 차이를 나타내게 됩니다.

그래서 갓 구운 케이크를 거꾸로 뒤집어 기포가 작은 층이 위로 가게 함으로써 그 층이 더 이상 짓눌리지 않게 하여 케이크의 결을 전체적으로 고르게 하는 것입니다.

그리고 케이크의 표면을 평평하게 만들려는 의미도 있습니다.

그림 2　갓 구운 스펀지케이크의 단면

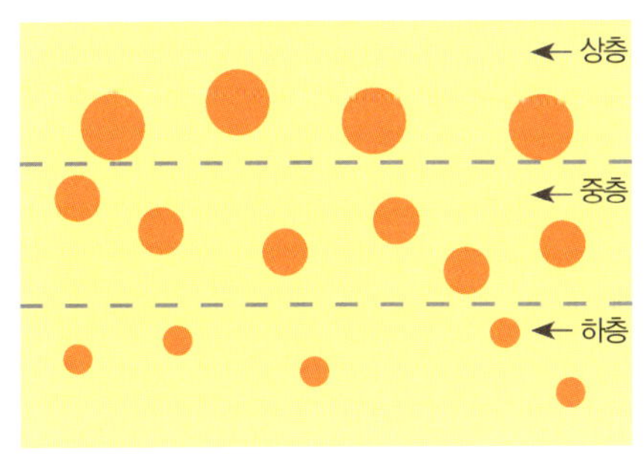

• 상층 : 기포가 크다(비중이 가볍다)…부드럽고 폭신폭신하며 가벼운 식감
• 중층 : 기포가 중간 정도(비중이 상층과 하층의 중간)
• 하층 : 기포가 작다(비중이 무겁다)…결이 촘촘하고 단단한 식감

거꾸로 뒤집어 식힌 것	뒤집지 않고 식힌 것

스펀지케이크 반죽에 박력분을 사용하는 이유는 뭔가요?

박력분을 사용하면 폭신폭신하게 부풀어 오르기 때문입니다.

스펀지케이크를 만들 때 밀가루의 단백질에서 형성되는 글루텐의 양과 질의 차이가 케이크의 부피와 질감에 큰 영향을 끼칩니다.

점성과 탄력을 지닌 글루텐은 반죽 속에서 전분 입자를 둘러싸듯이 입체적인 그물 구조로 뻗어 있습니다. 글루텐이 많이 생성되면 반죽의 점성이 강해져서 반죽을 굽는 도중에 기포 속 공기나 반죽에 든 수분이 부피를 늘려 반죽을 부풀어 오르게 하려는 것을 방해합니다.

또한 글루텐은 가열되면 전분보다 딱딱하게 굳어지므로 반죽을 구웠을 때 딱딱해지는 원인이 되기도 합니다.

강력분은 이러한 글루텐이 생성되는 양이 많은데다 점성과 탄력이 강한 특징이 있습니다.

반면에 박력분은 점성과 탄력이 약한 글루텐이 필요한 최소한의 양만큼 만들어집니다. 따라서 부드러운 탄력이 느껴지는 반죽을 만들기에는 박력분이 적합합니다. 특히 제과용 박력분으로 스펀지케이크를 구우면 폭신폭신하고 결이 고운 케이크가 만들어집니다. 제과용 박력분이 일반 박력분보다 단백질 함량이 더 적고 입자도 가늘기 때문입니다.

		박력분	강력분
성분	단백질의 양	6.5~8.0%	11.5~12.5%
	글루텐의 양	적다.	많다.
	글루텐의 질	점성과 탄력이 약하다.	점성과 탄력이 강하다.
구웠을 때	부피	크다.	작다.
	식감	폭신폭신하고 가볍다.	무겁다.
	탄력	부드러운 탄력	탄력이 강하다.
	부드러움	부드럽다.	딱딱하다.
	촉촉함	촉촉하다.	부슬부슬하다.

 … 255~256쪽

 **Q** 좀 더 폭신폭신하고 가벼운 식감의 스펀지케이크를 만들고 싶은데, 어떻게 하는 것이 좋은가요?

 **A** 밀가루 배합의 일부를 전분 제품으로 바꿉니다. 이때 사용하는 전분에 따라 저마다 독특한 식감이 나타납니다.

스펀지케이크는 전분이 호화되어 폭신폭신한 조직이 만들어지고, 단백질에서 생성된 글루텐이 이를 지탱하는 뼈대가 되어 부드러운 탄력을 만듭니다.

폭신폭신한 식감을 더욱 강조하고 싶다고 해도 사람마다 생각하는 의미가 다를 수 있습니다.

만약 케이크를 씹었을 때 다시 올라오는 듯한 탄력을 조금 줄이고, 좀 더 촉촉한 조직의 식감을 강조하고 싶다면 단백질의 양을 줄이고 전분의 양을 늘리면 됩니다.

우선 단백질의 양이 적은 제과용 박력분을 사용하는 방법이 있습니다. 또 밀가루의 일부를 전분 제품으로 대체하여 밀가루와는 다른 독특한 식감을 낼 수도 있습니다.

스펀지케이크 반죽에 사용하기에 적합한 전분 제품으로는 옥수수 전분, 밀 전분, 쌀 전분 등이 있습니다. 전분의 종류에 따라 전분의 형태나 크기, 흡수량(吸水量), 흡수 후 가열되었을 때 호화로 생기는 점성, 구운 후 시간이 경과했을 때 노화로 굳는 정도 등이 차이 나므로 어떤 전분을 사용하느냐에 따라 케이크의 폭신폭신한 식감 등이 달라집니다. 또 맛과 향도 차이가 납니다.

이를 좀 더 쉽게 이해할 수 있도록 이 책의 참고 배합 사례에 나온 밀가루를 전분제품 100%, 50% 비율로 대체해 만든 후 식감의 특징을 다음과 같이 기록해 보았습니다.

그래서 글루텐의 양이 이렇게까지 적으면 반죽의 결합이 약해져 입 안에서 전부 부서져 버리므로 글루텐이 어느 정도 필요하다는 사실도 알았습니다.

실제로 스펀지케이크를 만들 때는 전분의 비율을 50% 이하로 제한합니다.

참고 ··· 258~259쪽/262쪽

표 10   전분의 차이에 따른 케이크 식감의 비교

	왼쪽 100%, 오른쪽 50% 대체	사용한 전분	식감
박력분(대조)			
옥수수 전분		옥수수	크게 부풀어 오른다. 퍼석퍼석한 느낌이 제일 강하고, 입 안의 수분을 빼앗기는 느낌이 든다. 반죽의 결합이 매우 약해 입 안에 넣으면 전부 흩어져 버린다. 크게 부풀어 올랐지만 식감은 딱딱하다.
밀 전분		밀	입 안에서 흩어져 버린다. 조금 퍼석퍼석하다. 옥수수 전분보다는 부드럽다.
쌀 전분		쌀	전분의 점성이 강해 너무 많이 사용하면 오히려 부피가 줄어들어 딱딱하게 느껴진다. 탄력이 있어 옥수수 전분이나 밀 전분에 비해 퍼석퍼석한 느낌이 덜하다.

*쌀가루에는 단백질이 약 6% 들어 있지만, 쌀에 든 단백질은 글루텐을 형성하지 못하므로 여기서는 전분 제품으로 취급해 사용했다.

*원래 글루텐의 양이 적어지면 부풀어 오른 반죽을 지탱할 수 없어서 반죽을 구웠을 때 약간 쪼그라드는 경향이 있다.

*전분 제품으로 100% 대체한 케이크는 단백질이 들어 있지 않으므로 아미노카르보닐 반응(→282쪽)을 일으키기 어려워 갈색이 잘 나지 않는다. 또 밀가루로 만들면 밀가루에 든 색소인 플라보노이드가 노란색을 띠는데, 전분에는 이러한 색소가 없어 좀 더 하얗게 변한다.

*갓 구운 케이크가 조금 더 촉촉하기는 하지만, 실제로 스펀지케이크를 이용해 디저트를 만들 때 갓 구운 것을 사용하지 않는데다 하루가 더 지나야 각 전분의 노화에 따른 식감의 특징이 나타나므로 일부러 하루 지난 케이크로 식감을 판단했다.

STEP UP 스펀지케이크와 글루텐 Ⅱ / 탱탱하고 부드러운 탄력

스펀지케이크 반죽에는 글루텐이 만들어 내는 탱탱하고 부드러운 탄력이 필요합니다.

아직 굽지 않은 스펀지케이크 반죽은 밀가루 페이스트 속에 달걀 기포가 무수히 존재하는 구조를 띠고 있습니다.

구운 케이크를 자르면 단면에 미세한 구멍이 가득 보이는데, 이는 기포 안의 공기가 열팽창하거나 밀가루 페이스트 속 수분이 수증기로 변할 때 부피를 늘려 밀가루 페이스트를 밀어올리다 굳어진 것으로, 반죽이 부풀어 올랐다는 증거입니다.

그 구멍 주변을 굳히고 폭신폭신한 조직을 만들어 내는 것이 바로 호화된 전분으로, 전분은 부풀어 오른 반죽을 어느 정도 지탱합니다. 건물을 예로 들자면 벽의 시멘트 같은 역할입니다. 그리고 벽이 무너지지 않도록 그물 구조의 글루텐이 뼈대 역할을 합니다.

이때 시멘트벽을 그냥 바르기만 해도 건물은 형태를 유지할 수 있지만 무너지기 쉽습니다. 전분만을 사용해서 글루텐이 전혀 없는 스펀지케이크는 바로 이런 상태입니다. 부풀어 오르기는 했지만 입에 넣으면 전부 흩어져 버릴 만큼 스펀지케이크 특유의 탱탱하고 부드러운 탄력을 찾아볼 수 없습니다. 이러한 탄력은 글루텐이 열에 굳어야만 만들어지기 때문입니다.

이처럼 스펀지케이크 반죽에서 글루텐은 호화된 전분 조직이 무너지지 않도록 적당히 연결하고 부풀어 오른 반죽을 지탱하여 적당히 부드러운 탄력을 만듭니다. 따라서 이러한 식감을 유지할 수 있는 최소한의 양이 필요합니다.

 촉촉한 스펀지케이크를 만들려면 어떻게 해야 하나요?

 반죽의 수분량을 늘립니다. 우유를 첨가하면 풍미까지 좋아집니다.

스펀지케이크에 수분이 많이 함유되어 있으면 촉촉한 식감을 얻을 수 있습니다. 그러기 위해서는 먼저 수분의 양을 늘리고, 보수성을 향상시켜야 합니다.

1. 수분을 첨가한다

스펀지케이크 반죽에 수분을 첨가하면 촉촉하고 결이 고운 케이크가 만들어집니다. 이때 풍미가 좋은 우유를 넣는 것이 좋습니다. 우유를 녹인 버터와 함께 섞어 덥힌 후 마지막에 반죽 전체에 섞습니다. 이때 우유를 덥히는 이유는 반죽의 최종 온도를 25℃ 전후에 맞추어 기포가 쉽게 부서지지 않는 상태를 유지하기 위한 것입니다.

이 책에 나온 참고 배합 사례의 경우, 우유를 30ml 첨가하는 것이 적당합니다. 참고로 이 경우에 다른 재료의 배합을 조절할 필요는 없습니다.

또한 반죽의 수분량을 늘리면 당연히 그만큼 수분이 많이 남아 있는 상태에서 굽게 되므로 케이크가 촉촉해지고 케이크의 결 또한 고와집니다.

2. 설탕의 양을 늘린다

스펀지케이크를 오븐에 구우면 반죽 속에 있던 수분의 일부가 증발합니다.

설탕에는 수분을 끌어당겨 유지하려는 보수성이라는 성질이 있으므로 설탕의 양을 늘리면 그만큼 반죽 속 수분을 잃지 않고 유지해 촉촉한 케이크를 만들 수 있습니다. 또 보수성이 강한 전화당 제품을 첨가하는 방법도 있습니다.

참고 ··· 265~266쪽/270쪽

우유를 첨가해 구운 케이크 비교

우유를 넣은 스펀지케이크(참고 배합 사례에 우유 30ml를 추가한 것). 기포가 작고 결이 곱다.

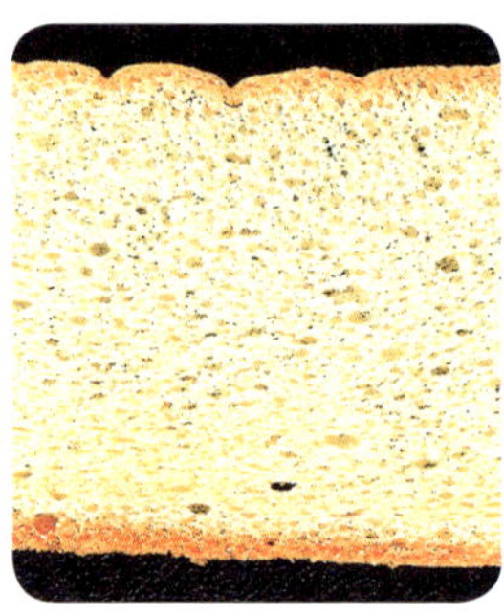
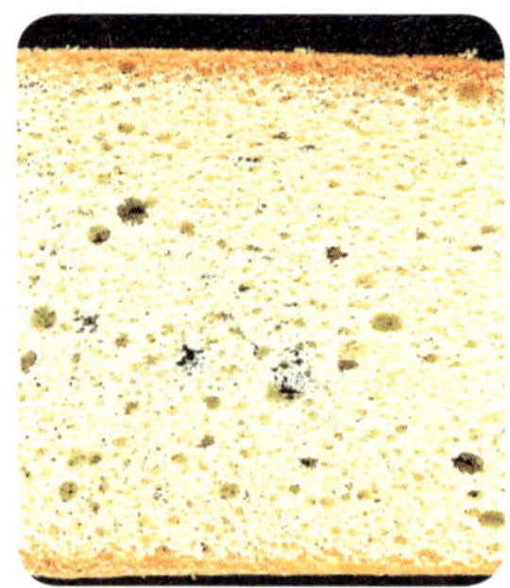

참고 배합 사례에 따라 만든 스펀지케이크

STEP UP 반죽과 전분/전분의 호화(糊化)

스펀지케이크 반죽에서는 밀가루의 약 75%를 차지하는 전분이 물을 흡수하여 호화되는 과정을 통해 폭신폭신한 식감을 만듭니다.

스펀지케이크가 그 형태를 유지할 수 있는 것은 전분의 호화와 반죽의 뼈대가 되는 단백질 성분인 글루텐 그리고 달걀 기포와 큰 관련이 있습니다.

글루텐과 달걀 거품은 재료를 섞는 방법과 정도가 각각의 형성량을 좌우하지만, 전분의 경우에는 반죽 방법이 아닌 배합이 호화의 정도를 결정합니다.

따라서 반죽 과정에서는 전분보다 글루텐이나 달걀 기포에 신경을 쓰고, 배합을 고려할 때는 전분이 호화되기 위해 수분량이 어느 정도 필요한지를 잘 따져 봐야 합니다. 또한 물이 필요한 것은 전분만이 아닙니다. 단백질도 글루텐을 형성할 때 물이 필요하고, 설탕도 물을 흡수합니다. 그리고 스펀지케이크 반죽에서 이러한 수분을 공급하는 것은 달걀입니다. 달걀 속 수분을 다른 재료들이 서로 빼앗는 것입니다.

수분량이 너무 적으면 전분의 호화에 사용할 수 있는 물이 부족해져서 부드러운 식감을 얻을 수 없는데, 수분량을 늘리면 전분이 수분을 가득 흡수한 부드러운 상태에서 호화되므로 촉촉하고 부드러운 식감의 케이크가 만들어집니다.

 **스펀지케이크 반죽을 만들 때 녹인 버터 대신 샐러드유 같은 액상 유지를 사용해도 될까요?**

 **샐러드유(액상 유지)를 사용하면 가벼운 케이크가 만들어집니다.**

일반적으로 시폰 케이크를 만들 때는 샐러드유 같은 액상 유지가 사용됩니다. 액상 유지를 사용하면 반죽이 잘 부풀어 가볍고 폭신폭신해지기 때문입니다. 스펀지케이크 반죽도 마찬가지라 할 수 있습니다.

샐러드유를 사용하면 반죽이 잘 부풀어 오르는데, 그 이유로 다음과 같은 두 가지 점을 생각할 수 있습니다.

1. 달걀의 기포를 잘 손상시키지 않는다

샐러드유는 액상으로, 녹인 버터보다 점성이 약해 반죽에 쉽게 분산됩니다. 결과적으로 반죽을 섞는 횟수를 크게 줄일 수 있어 달걀 기포가 쉽게 터지지 않아 그만큼 부드러운 케이크가 나옵니다.

2. 반죽을 부드럽게 하여 기포의 팽창을 억제하지 않는다

아직 굽지 않은 스펀지케이크 반죽의 밀가루 페이스트 속에는 달걀 기포가 무수히 존재하고, 유지는 그 페이스트 속에 분산되어 있습니다. 샐러드유는 녹인 버터보다 점성이 약하므로 페이스트가 훨씬 부드러워집니다. 그러면 오븐 안에서 달걀 기포 속 공기나 반죽 속의 수분이 부피를 늘려 반죽을 부풀어 올릴 때, 그러한 움직임에 맞추어 페이스트가 늘어나 케이크가 더욱 크고 폭신폭신하게 구워집니다.

단, 샐러드유는 식물성 유지이므로 유제품인 버터만큼 진한 풍미를 내지 못합니다.

*샐러드유는 덥히지 않아도 점성이 낮지만, 오븐에 들어가기 전 반죽의 최종 온도가 떨어지지 않도록 따뜻하게 덥혀서 사용한다.

샐러드유를 사용한 경우

왼쪽 : 참고 배합 사례(버터 사용)
오른쪽 : 샐러드유 사용

 스펀지케이크를 만들 때 단맛을 줄이고 싶은데, 설탕의 양을 줄여도 괜찮을까요?

 설탕의 양을 줄이면 단맛뿐만 아니라 케이크의 부피와 촉촉한 식감까지 전부 줄어들어 버립니다.

건강을 생각해서 베이킹을 할 때 설탕의 양을 줄이고 싶어 하는 사람이 많은데, 설탕은 단맛을 부여하는 것 이외에도 다양한 역할을 합니다. 스펀지케이크 반죽에서 설탕의 양을 줄이면 케이크의 부피 또한 줄어들고 촉촉함도 잃게 됩니다. 또 설탕의 분량을 바꿀 때는 달걀과 밀가루와의 균형도 함께 고려해야만 합니다. 참고로 이 책의 참고 배합 사례의 경우, 설탕을 달걀 중량의 60%로 정하고 있습니다. 스펀지케이크 반죽에서 설탕이 맡은 역할과 설탕을 줄였을 때 발생하는 영향을 다음과 같이 정리해 보았습니다.

1. 스펀지케이크 반죽에서 설탕이 하는 역할

① 단맛을 부여한다.
② 달걀의 기포를 작게 하여 잘 터지지 않게 한다. 그 결과 케이크의 결이 고와진다.
③ 보수성(保水性)이 있어 케이크를 촉촉하게 한다.
④ 전분의 노화를 늦추어 시간이 지나도 케이크가 부드러움을 유지할 수 있게 한다.

2. 설탕을 줄였을 때 나타나는 영향

① 단맛이 줄어든다.

② 달걀 기포의 형성이 어려워진다. 또 생성된 기포가 쉽게 터진다. 그 결과 반죽이 제대로 부풀어 오르지 않아 케이크의 부피가 줄어든다. 손상된 기포가 큰 구멍을 만들어 케이크의 결이 거칠어진다.

③ 케이크의 식감이 퍼석해진다.

④ 케이크가 빨리 굳어 버린다.

 ··· 239~241쪽/258~259쪽/268~270쪽

표 11 설탕의 분량을 줄인 모습

	참고 배합 사례	참고 배합 사례에 비해 설탕의 양이 2분의 1 수준
거품 낸 달걀의 상태	기포가 작고 윤기가 나며 거품이 단단하다.	기포가 거칠고 거품이 제대로 나지 않아 힘이 없다.
구운 후 / 부피	알맞게 부풀었다.	세내로 부풀지 않았디.
케이크의 결	결이 곱다.	결이 거칠다.
촉촉함	촉촉하다.	퍼석하다.
굳기	부드러우면서도 탄력이 있다.	부드러움이 떨어진다.

Q 스펀지케이크 반죽에서 설탕의 분량을 늘리면 어떻게 되나요?

A 반죽을 구웠을 때 촉촉함이 더 살아납니다.

스펀지케이크 반죽에서 설탕은 달걀 중량의 40~100% 범위 내에서 양을 조절합니다. 이 범위 내에서 설탕의 분량을 늘리면 설탕의 보수성 때문에 케이크의 촉촉함이 증가합니다. 이를 실험적으로 150%로 늘려 보면 오븐에서 오래 구워도 반죽 안쪽이 부드럽고 끈끈한 상태인 채로 완전히 익지 않습니다. 이 점만 보더라도 설탕의 보수성을 이해할 수 있습니다.

참고 … 268쪽

설탕 분량이 달걀 중량의 150%일 때

케이크 윗면이 하얗고 딱딱하게 굳어 버린다. 과포화된 설탕이 표면에 석출된 것이다.

단면의 모습. 텅 빈 공간이 생겼다. 설탕의 보수성 때문에 안쪽은 아무리 오래 구워도 설익은 채로 있다.

Q 그래뉼러당 대신 상백당을 써도 스펀지케이크를 만들 수 있나요?

A 상백당을 사용할 수는 있지만, 맛과 식감이 달라집니다.

그래뉼러당과 상백당 모두 주성분이 자당(sucrose)이지만 상백당에는 전화당이 많이 함유되어 있습니다. 모두 단맛을 내는 성분이지만 자당과 전화당은 성질이 매우 다르므로 이러한 비율의 차이가 스펀지케이크 반죽에 영향을 끼칩니다.

1. 단맛의 차이

먼저 단맛의 차이에 대해 이야기해 봅시다. 자당은 설탕의 단맛을 만드는 주성분으로, 가벼운 단맛을 냅니다. 전화당은 자당이 분해해서 생기는 포도당과 과당의 혼합물로 자당보다 달게 느껴지고 여운이 남습니다.

그래뉼러당은 대부분 자당으로 이루어져 있으며, 자당이 지닌 깔끔한 단맛이 납니다.

상백당은 제조 과정에서 전화당을 첨가하므로 그래뉼러당보다 전화당이 몇 배나 많이 들어 있습니다. 물론 주성분인 자당에 비하자면 매우 적은 양이기는 하지만, 그런 이유로 상백당은 전화당이 지닌 독특한 단맛을 특징으로 내세우고 있습니다.

2. 촉촉함과 갈변의 차이

다음으로 반죽에 촉촉함과 부드러움, 갈변 착색을 비교해 봅시다. 지금부터 소개할 내용은 모든 설탕에 전반적으로 해당하는 성질이지만, 전화당은 자당에 비해 특히 이러한 성질이 강해 이것이 상백당의 특징으로 뚜렷하게 나타나고 있습니다.

(1) 보수성이 뛰어나다

스펀지케이크 반죽을 오븐에 구우면 반죽 속에 있던 수분의 일부가 증발하면서 반죽이 익는데, 설탕이 보수성을 지니고 있어 수분이 반죽 안에 그대로 유지되어 촉촉한 식감을 만듭니다.

전화당은 이러한 보수성이 특히 뛰어나므로 스펀지케이크 반죽에 상백당을 사용하면 그래뉼러당을 사용했을 때보다 케이크가 더 촉촉해집니다.

(2) 전분의 노화를 늦춘다

스펀지케이크 반죽이 딱딱해지는 이유는 호화되어 부푼 전분이 노화되기 때문입니다. 설탕이 수분을 유지해 전분의 노화를 늦추면 그만큼 스펀지케이크가 부드러움을 오래 유지합니다. 상백당은 그래뉼러당보다도 이러한 성질이 강합니다.

(3) 갈색을 진하게 입힌다

전화당은 자당보다 아미노카르보닐 반응이 쉽게 일어납니다. 따라서 상백당을 사용하면 그래뉼러당을 사용했을 때보다 진한 갈색을 띱니다.

또 달걀을 거품 내는 단계에서도 상백당과 그래뉼러당은 차이를 보입니다. 흡습성이 높은 상백당을 사용하면 기포가 좀 더 작고 튼튼해집니다. 하지만 매우 미세한 차이여서 실제로 만들었을 때 눈에 띄는 차이가 나타나지는 않습니다. 다만 기포의 결이 곱고 밀가루나 버터를 섞어도 기포가 좀 더 튼튼하다는 인상을 받습니다.

이러한 특징을 파악한 후에 그래뉼러당을 다른 설탕으로 대체하면 각각의 개정을 살린 과자를 만들 수 있습니다.

··· 260쪽/265~266쪽

표 12　그래뉼러당과 상백당의 차이

		그래뉼러당	상백당
성분	자당	99.97%	97.69%
	전화당	0.01%	1.20%
	회분	0.00%	0.01%
구웠을 때	갈변	흐리다.	진하다.
	촉촉함	보통	촉촉하고 만지면 끈끈하다.
	단맛	가벼운 단맛	여운이 남는 단맛

갈변의 차이

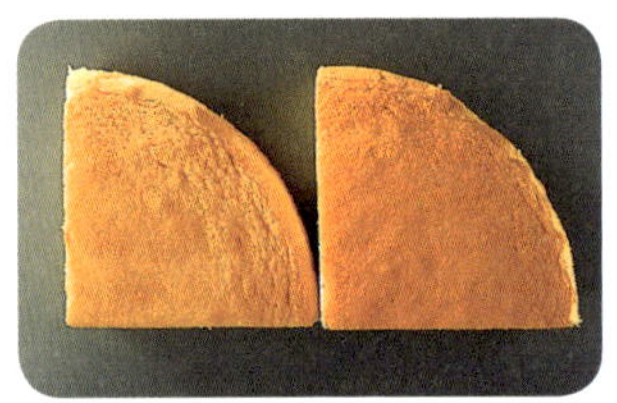

왼쪽은 그래뉼러당(옅은 갈색)
오른쪽이 상백당(진한 갈색)

 **코코아맛 스펀지케이크 반죽이 잘 부풀지 않는 이유는 무엇인가요?**

 **코코아에 들어 있는 유지가 달걀의 기포를 파괴하므로 반죽이 충분히 부풀어 오르지 않습니다.**

　스펀지케이크 반죽에 코코아 가루를 첨가할 때는 코코아 가루도 밀가루와 마찬가지로 수분을 흡수하는 분말이라는 점을 고려해 배합할 밀가루 중 일부를 코코아 가루로 대체합니다. 코코아 가루와 밀가루를 함께 체에 친 후에 거품 낸 달걀에 섞습니다.

　하지만 코코아 가루에는 보통 지방분이 22% 정도 포함되어 있으므로(제조사나 제품에 따라 다소 차이가 있음) 밀가루만으로 반죽을 만들 때와 동일한 횟수만큼 섞으면 유지가 달걀 기포를 파괴해 반죽의 부피가 줄어듭니다. 따라서 일반 스펀지케이크 반죽보다 섞는 횟수를 줄일 필요가 있습니다.

　한편 코코아 가루는 덩어리지기가 쉬워 반죽에 잘 퍼지지 않습니다.

　코코아 가루는 반죽에 들어 있는 수분을 흡수하므로 반죽에 잘 섞이지 않습니다. 따라서 코코아 가루를 반죽을 섞을 때는 주걱의 움직임 하나하나를 정확히 하여 일반 스펀지케이크를 만들 때보다 적은 횟수 안에 반죽을 균일하게 섞어야 합니다. 코코아를 섞은 뒤에도 기포는 계속 파괴되므로 작업을 최대한 서두르는 것이 좋습니다.

또 스펀지케이크 반죽에 사용하는 코코아 가루는 지방분이 적은 제품을 선택하는 것이 좋습니다.

참고 ⋯ 235~236쪽

코코아가 덩어리져 있다.

표 13   반죽을 섞는 횟수의 차이가 케이크에 끼치는 영향

	일반 스펀지케이크보다 더 적게 섞은 경우(30회)	일반 스펀지케이크와 동일한 횟수로 섞은 경우(40회)	
반죽을 섞은 모습			파괴된 기포가 표면에 떠오른다.
구운 케이크			충분히 부풀어 오르지 않았다.

Q 스펀지케이크 반죽의 배합을 바꿀 경우, 어떠한 법칙에 따라 조절하는 것이 좋을까요?

A 달걀:설탕:밀가루의 배합 비율을 지키면서 분량을 조절합니다.

별립법이든, 공립법이든 상관없이 스펀지케이크 반죽의 기본적인 배합 비율은 전란:설탕:밀가루가 1:1:1을 이루는 것입니다. 이 배합 비율을 기본으로 하여 스펀지케이크의 배합에 변화를 줄 수 있습니다.

전란:설탕:밀가루=1:1:1이 가장 무거운 반죽이고, 가장 가벼운 반죽은 전란:설탕:밀가루=1:0.5:0.5의 비율로 들어갑니다. 이 범위 내에서 전란을 주축으로, 설탕과 밀가루의 비율을 바꾸게

되는데, 이때 설탕과 밀가루를 항상 같은 비율로 바꾸지 않으면 재료의 균형이 깨져 버립니다.

설탕과 밀가루의 양이 줄어들면 케이크가 폭신폭신하고 가벼워지기는 하지만 케이크의 결이 거칠어지고 케이크가 지닌 촉촉함이나 부드러운 탄력이 사라져 버립니다.

밀가루 속 전분이 호화될 때나 밀가루 속 단백질이 글루텐을 형성할 때 모두 물이 필요합니다. 또 설탕도 물을 흡수합니다. 이처럼 달걀 속 수분을 설탕이나 밀가루 속 성분이 빼앗아 버리므로 전란과 설탕, 밀가루의 균형을 지키는 것이 매우 중요합니다.

이밖에도 전란 중에서 달걀노른자의 양을 늘려 달걀흰자와의 비율에 변화를 주는 방법도 있습니다. 이 경우에는 달걀노른자는 달걀흰자보다도 수분이 적다는 점(→236쪽)을 고려하여 배합을 바꾸어야 합니다.

버터는 반죽에 풍미를 더하고 반죽을 좀 더 촉촉하게 해주기 위해 첨가하는데, 이처럼 버터를 넣는 경우도 있지만, 반대로 넣지 않는 경우도 있습니다. 버터의 배합량은 설탕의 양과의 균형을 고려해 정합니다. 설탕의 양이 많을수록 달걀의 기포가 안정되므로 첨가할 수 있는 버터의 양이 늘어납니다. 공립법으로 만드는 경우에는 설탕의 80%, 별립법으로 만드는 경우에는 설탕의 40%가 상한선입니다.

그래프 1

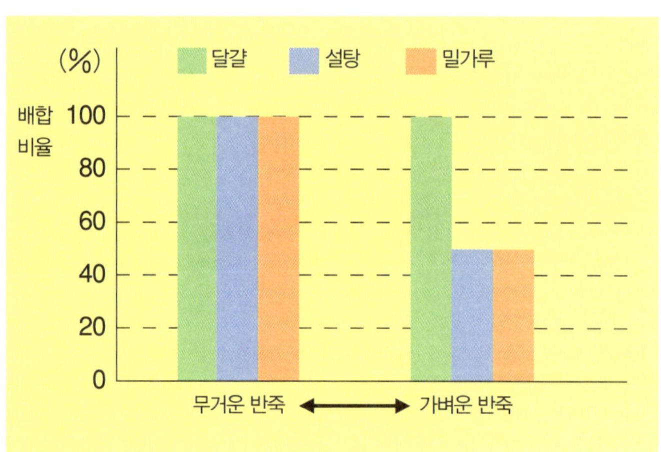

Chapter 2

전란의 기포성을 이용해

별립법으로 만드는
스펀지케이크 반죽

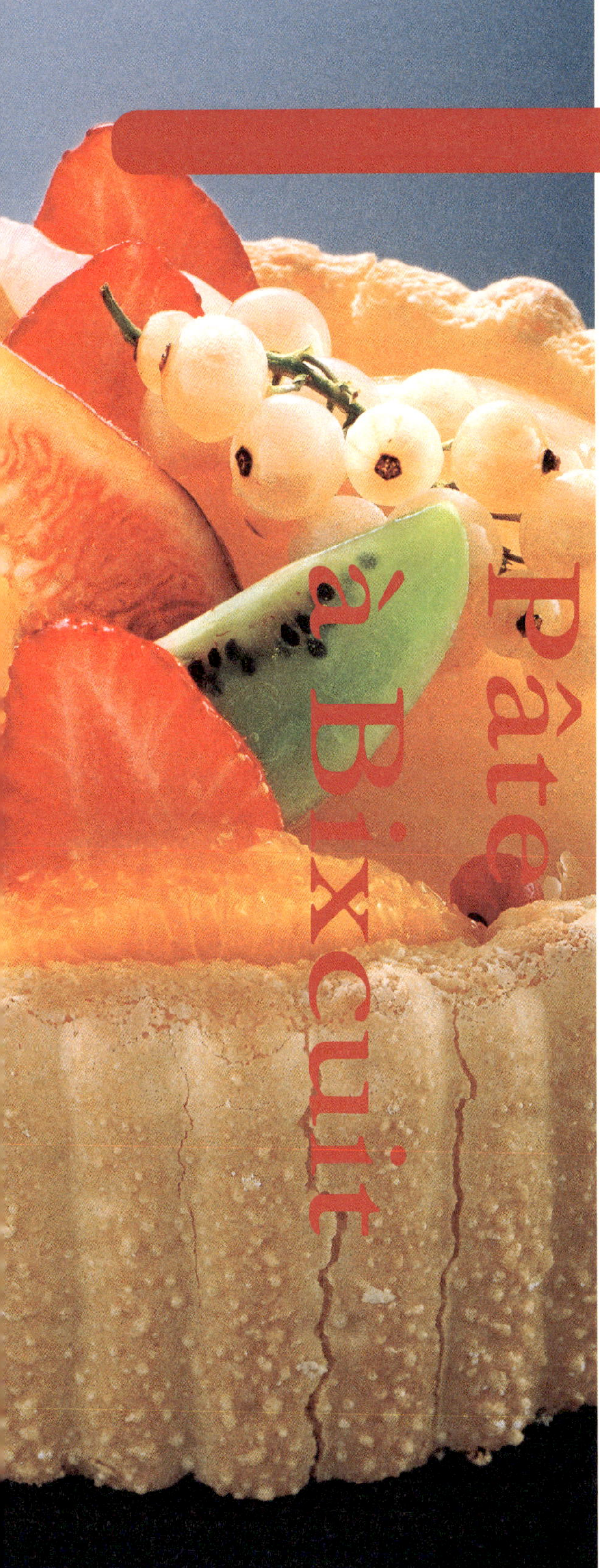

달걀흰자와 달걀노른자를 따로 거품 내는 별립법으로 만드는 스펀지케이크입니다. 이 반죽으로 만드는 대표적인 케이크로는 반죽을 짠 다음 설탕을 듬뿍 뿌려 굽는 비스퀴 아 라 퀴이에르를 들 수 있습니다. 이밖에도 롤케이크를 만들 때 사용하기도 합니다.

별립법으로 만드는 스펀지케이크는 달걀흰자를 떴을 때 끝이 뾰속하게 설 만큼 단단하게 거품을 낸 다음 따로 거품 낸 노른자를 섞고 밀가루를 첨가해 만듭니다. 달걀흰자만 따로 거품을 내면 전란을 거품 냈을 때보다 거품이 훨씬 단단해지므로 짤주머니로 짜서 구울 수 있을 만큼 단단한 반죽이 만들어집니다. 바로 이 점이 공립법 스펀지케이크 반죽과 다른 점입니다.

밀가루를 첨가한 후 반죽을 '자르듯이 섞는 것'이 포인트로, 이렇게 섞어 줌으로써 폭신폭신한 반죽이 만들어집니다.

별립법으로 스펀지케이크를 만드는 기본적인 방법

[참고 배합 사례] 30×40cm의 오븐팬 1개 분량

- 달걀노른자 60g(3개 분량)
- 그래뉼러당 50g
- 달걀흰자 90g(3개 분량)
- 그래뉼러당 40g
- 박력분 90g

준비

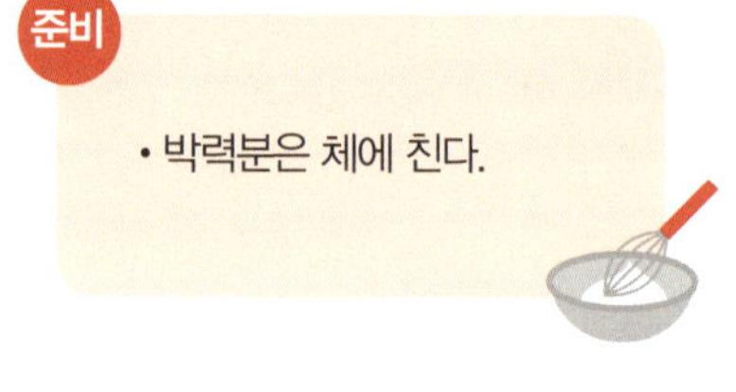

- 박력분은 체에 친다.

*핸드 믹서를 사용한다.

*오븐의 기종이나 형태에 따라 굽는 온도나 시간이 다소 차이 날 수 있다.

1  볼에 달걀노른자와 그래뉼러당을 넣고 흰빛이 돌 때까지 거품을 낸다.

2 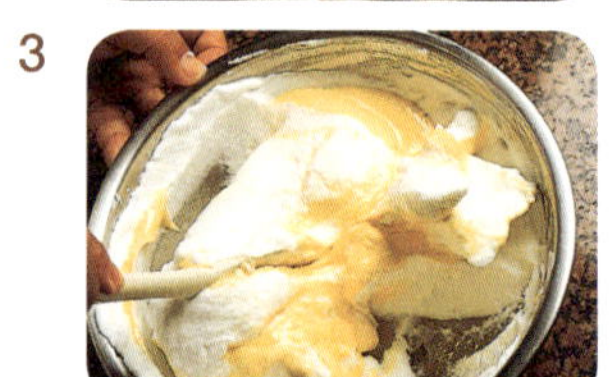 핸드 믹서로 달걀흰자를 잘 풀어준 다음 거품을 낸다. 거품을 내면서 그래뉼러당을 세 번에 걸쳐 넣어 머랭을 만든다.

3 2의 머랭에 1의 달걀노른자를 넣고 실리콘 주걱으로 섞는다.

4  잘 섞은 상태

5  여기에 박력분을 넣고 가루가 보이지 않을 때까지 섞은 후 다시 여러 번 섞는다.

6  반죽을 종이 위에 짜거나 종이를 깐 오븐팬에 붓는다. 필요한 경우 분당을 뿌린다.

7  윗불 180℃, 아랫불 160℃의 오븐에서 10~15분 동안 굽는다. 다 구워지면 오븐팬에서 꺼내 식힘망 위에 올려 식힌다.

● **별립법으로 만드는 스펀지케이크, 어떤 재료가 어떤 작용을 하나요?** →55쪽

● **별립법으로 만드는 스펀지케이크, 조리 과정을 통해 살펴보는 구조의 변화**
→57쪽

● **별립법으로 만드는 스펀지케이크 반죽의 조리 과정 상상하기**

별립법으로 만드는 스펀지케이크 반죽은 거품을 낸 달걀흰자(머랭)를 주재료로 합니다. 달걀흰자에 설탕을 넣어 거품을 내면 기포가 많이 들어간 단단한 거품을 만들 수 있습니다. 머랭에 달걀노른자와 밀가루를 넣을 때 기포가 가급적 터지지 않도록 섞어 주면 폭신폭신하게 잘 부풀어 오른 케이크를 구울 수 있습니다.

거품 낸 달걀흰자는 전란을 거품 낸 것보다 유동성이 낮아 밀가루를 넣어 섞었을 때 달걀흰자의 기포와 기포 사이에 밀가루가 쉽게 분산되지 않으므로 주걱을 이용해 반죽을 자르듯이 섞습니다. 이렇게 섞으면 공립법으로 만들 때보다 글루텐 형성이 억제되어 반죽의 결합이 약해지므로 부서지기 쉬운 식감의 케이크가 만들어집니다(→68~69쪽).

별립법으로 만드는 스펀지케이크 반죽 Q&A

 **달걀흰자를 거품 내려면 냉장고에서 바로 꺼낸 달걀과 상온에 미리 꺼내 둔 달걀 중 어느 것을 사용하는 것이 좋을까요?**

 **차가운 달걀을 사용해야 더 곱고 단단한 머랭을 만들 수 있습니다.**

달걀흰자를 거품 낼 때는 냉장고에 차갑게 보관한 달걀을 사용합니다. 달걀흰자의 온도가 낮아야 더 작고 단단한 기포를 얻을 수 있기 때문입니다.

전란을 거품 낼 때는 노른자에 든 지질이 달걀흰자의 거품 형성을 방해하므로 달걀을 미리 상온에 꺼내 두거나 중탕하여 온도를 높여야만 표면장력이 약해져 거품을 더 쉽게 낼 수 있습니다.

하지만 달걀흰자에는 지질이 들어 있지 않으므로 차가운 상태에서도 충분히 거품을 낼 수가 있습니다.

 … 60쪽/233~236쪽

 **달걀흰자를 거품 내기 전에 잘 풀어 주는 이유는 무엇인가요?**

 **달걀흰자의 결합을 끊은 뒤에 거품을 내야만 전체적으로 균일한 거품을 얻을 수 있기 때문입니다.**

달걀흰자는 걸쭉한 점성을 지닌 농후난백과 투명한 액상 형태의 수양난백이 분리되어 혼재하고 있습니다. 이러한 흰자를 충분히 풀어 주지 않고 그대로 거품을 내면 점성이 낮은 수양난백에서 먼저 거품이 일어나 균일한 거품을 얻을 수 없습니다.

따라서 거품을 내기 전에 흰자를 잘 풀어서 농후난백의 결합을 끊어 둡니다.

거품기를 달걀흰자 속에 담근 채 양옆으로 움직여 와이어로 농후난백의 연결을 끊습니다. 믹서를 사용하는 경우에는 섞는 힘이 너무 강하므로 달걀흰자에 들어갈 설탕의 일부를 넣어 거품 형성을 억제한 상태에서 저속으로 섞어 잘 풀어 주도록 합니다.

 … 231~232쪽

Q 달걀흰자를 거품 내는 올바른 방법을 가르쳐 주세요.

A 손으로 거품을 낼 경우에는 공기가 많이 들어가도록 거품기를 움직입니다. 핸드 믹서나 믹서를 사용할 경우에는 거품을 내는 과정에서 단계별로 속도를 조절해야 합니다.

달걀흰자는 손으로 거품 내는 방법과 핸드 믹서나 믹서로 거품 내는 방법이 조금 다릅니다.

손으로 거품을 낼 때는 거품기가 달걀흰자와 공기 중을 오가며 최대한 많은 공기를 흡수할 수 있도록 원을 그리듯이 움직여 가며 거품을 냅니다. 달걀흰자 속 단백질이 공기에 변성되어 단단해져야 형성된 기포가 안정적으로 유지되므로 달걀흰자를 거품 낼 때 최대한 공기가 많이 들어가게 하는 것이 중요합니다. 거품기를 가볍게 쥐고 손목의 스냅을 이용해 거품기를 볼에 부딪치듯이 리듬에 맞추어 섞습니다.

핸드 믹서나 믹서를 사용할 때는 먼저 고속으로 돌려 거품을 어느 정도 풍성하게 낸 다음 속도를 중속, 저속으로 단계적으로 줄여 곱고 균일한 기포를 만듭니다.

 … 237~239쪽

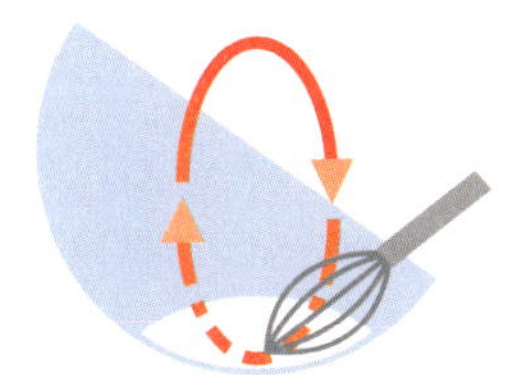

그림 3 달걀흰자를 손으로 거품 내는 방법

볼을 기울여 달걀흰자를 한곳에 모은다. 거품기가 달걀흰자의 중앙을 지나 공기 중으로 빠져나오게 젓는다. 화살표처럼 크게 원을 그리듯이 거품기를 반복적으로 움직여 공기가 들어가게 한다.

Q 달걀흰자를 거품 낼 때 설탕을 한꺼번에 붓지 않고 세 번에 걸쳐 넣는데 그 이유가 무엇인가요?

A 설탕을 세 번에 나누어 넣으면 한 번에 다 넣을 때보다 기포가 많이 형성되어 폭신폭신한 스펀지케이크가 완성되기 때문입니다.

달걀흰자 거품의 질감이나 기포의 양은 스펀지케이크에 직접적인 영향을 끼칩니다. 따라서 거품을 내기 전에 만들고 싶은 케이크의 부피나 식감을 미리 떠올린 후 그에 맞게 거품을 내는 것이 중요합니다.

달걀흰자를 거품 낼 때는 달걀에 첨가하는 설탕이 끼칠 영향을 고려해야 합니다. 달걀흰자에 설탕을 넣으면 설탕이 흰자에 든 수분을 빨아들여 기포막이 쉽게 터지지 않도록 안정시킵니다. 반면 설탕에는 달걀흰자에 든 단백질의 공기 변성을 억제하는 성질이 있어 거품 형성을 방해하기도 합니다.

따라서 정해진 분량의 설탕을 똑같이 넣어도 거품을 내는 과정에서 어느 단계에 얼마만큼의 양을 넣느냐에 따라 거품의 부피(기포량)나 거품의 고운 정도(기포의 크기)가 달라집니다.

1. 설탕을 처음부터 전부 넣고 거품을 내는 경우

거품을 낼 때 설탕을 한꺼번에 부어 거품을 내면 세 번에 걸쳐 넣을 때보다 거품을 내기 힘든 상황에서 젓게 되므로 처음부터 크기가 작은 기포가 형성되어 결이 고운 거품을 얻을 수 있는 반면 거품의 부피는 줄어듭니다.

처음부터 설탕을 전부 부어 거품을 내기 힘든 상황을 만든 상태에서 거품을 냅니다.

공기가 쉽게 들어가지 못하는 상황에서 기포가 형성되므로 크기가 작은 기포가 생성됩니다.

거품을 계속 내면 앞서 생성된 기포가 거품기의 와이어에 부딪쳐 분화되면서 더욱 작아집니다. 이처럼 분화된 기포와 새로 형성된 기포가 혼재되는 상태가 됩니다.

전체적으로 작은 기포가 형성되어 거품 전체의 부피도 크게 늘어나지 않습니다. 촘촘하고 부드러우며 단단한 거품을 얻을 수 있습니다.

2. 거품을 내는 도중에 설탕을 세 번에 걸쳐 나누어 넣는 경우

동일한 분량의 설탕을 세 번에 걸쳐 3분의 1씩 나누어 넣으면 거품이 쉽게 일어나므로 설탕을 처음부터 전부 넣고 거품을 낼 때보다 기포의 양이 많아져 풍성한 거품을 얻을 수 있습니다.

처음에는 설탕을 넣지 않아 거품이 잘 일어나는 상태에서 거품을 냅니다. 공기가 가득 들어가면서 크기가 큰 기포가 많이 만들어집니다.

어느 정도 거품을 낸 후, 설탕 일부를 넣고 거품을 낸 후 다시 설탕을 넣는 과정을 세 번 반복합니다. 설탕을 넣는 과정에서 거품 형성이 단계적으로 억제되므로 새로 만들어지는 기포는 크기가 점점 작아집니다.

또한 거품을 내는 과정에서 처음 형성된 큰 기포가 거품기의 와이어에 부딪쳐 분화되면서 작은 기포로 변합니다.

설탕을 처음에 전부 넣고 거품을 낸 경우와 비교했을 때, 거품에 들어 있는 기포의 양이 많아 거품이 더욱 풍성한 반면 기포의 크기는 다소 큰 편으로, 공기를 가득 머금은 폭신폭신하고 가벼운 거품을 얻을 수 있습니다.

곱고 부드러운 스펀지케이크를 굽고 싶을 때는 설탕을 처음부터 전부 넣고 거품을 낸 머랭을 사용합니다. 반면 폭신폭신하고 가벼운 식감의 스펀지케이크를 굽고 싶을 때는 설탕을 세 번에 걸쳐 넣은 머랭을 사용하는 것이 좋습니다. 이 책의 참고 사례에서는 후자의 방법을 사용합니다.

참고 ··· 239~240쪽

표 14 머랭에 설탕을 첨가하는 횟수가 거품에 미치는 영향

	설탕을 처음부터 전부 넣은 머랭	설탕을 세 번에 나눠 넣은 머랭
		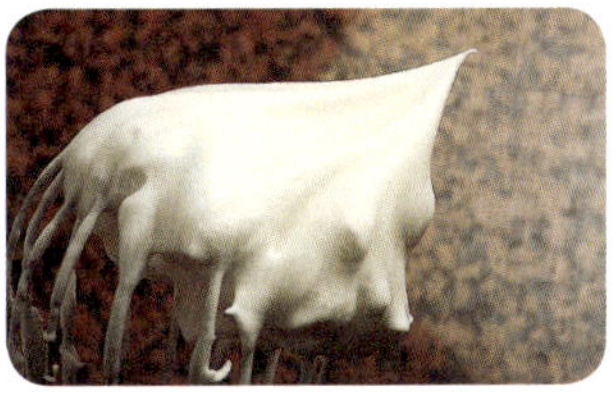
거품을 낼 때 필요한 힘	핸드 믹서 등의 강력한 힘을 이용해야만 거품이 난다.	손으로 젓는 등 약한 힘으로도 거품이 난다.
거품의 부피	부피가 작다.	부피가 크다.
기포의 크기	작다.	조금 크다.
질감	결이 곱고 단단하다.	폭신폭신하고 가볍다.

완성된 케이크 비교

왼쪽 : 설탕을 처음부터 전부 넣은 머랭을 사용
오른쪽 : 설탕을 세 번에 걸쳐 나눠 넣은 머랭을 사용

*짤주머니로 둥글게 짜서 구운 스펀지케이크를 바닥끼리 서로 겹쳐 촬영한 것

Q 달걀흰자에 설탕을 나눠 넣어 거품을 내는 경우, 거품이 어느 정도 날 때 설탕을 넣는 것이 좋은가요?

A 핸드 믹서나 믹서가 달걀흰자에 남기는 자국과 거품을 떴을 때 끝이 얼마나 뾰족하게 서는지를 확인하면서 어느 정도 거품이 나기 시작하면 설탕을 넣도록 합니다.

폭신폭신하고 가벼운 케이크를 만들고 싶을 때는 달걀흰자를 풍성하게 거품 냅니다. 이럴 때는 먼저 달걀흰자를 잘 풀어서 어느 정도 거품을 낸 후에 설탕을 단계적으로 세 번에 걸쳐 넣습니다.

핸드 믹서로 거품을 낼 때는 다음과 같은 두 가지 사항에 따라 설탕을 넣는 시점을 정합니다.

① 핸드 믹서의 거품기가 달걀흰자에 남기는 자국이 얼마나 뚜렷하지를 본다.
② 거품기로 달걀흰자를 떴을 때, 거품의 끝이 얼마나 뾰족하게 서는지를 확인한다.

이 책에 나온 참고 배합 사례에서는 다음에 나온 사진 속 거품을 기준으로 설탕을 첨가하고 있습니다.

달걀흰자에 동일한 분량의 설탕을 세 번에 걸쳐 나누어 넣더라도 달걀흰자가 얼마만큼 거품 난 상태에서 설탕을 붓느냐에 따라, 또 세 번에 걸쳐 넣는 설탕의 양을 어떻게 배분하느냐에 따라 형성되는 거품이 차이 날 수 있습니다.

거품을 내기 시작한 초기 단계에서 설탕을 넣거나 처음에 넣는 설탕의 양이 많은 경우에는 그만큼 초기부터 거품 형성이 억제되므로 공기를 많이 흡수하지 못하게 됩니다. 그 결과, 마치 설탕을 처음부터 전부 넣었을 때처럼 기포의 크기가 작고 기포의 양이 적은, 곱고 부드러우면서도 단단한 거품이 형성됩니다. 반대로 설탕을 넣는 타이밍이 조금 늦어지면 상대적으로 그리 곱고 부드럽지는 않지만 기포의 양은 많은 풍성한 거품을 얻을 수 있습니다.

만들고 싶은 케이크의 식감에 따라 설탕을 넣는 타이밍이나 설탕의 배분을 조절하기 바랍니다.

달걀흰자를 거품 낼 때 설탕을 세 번에 걸쳐 나눠 넣는 타이밍

1. 먼저 달걀흰자만 거품을 낸 다음, 첫 번째로 설탕을 넣는 타이밍

2. 두 번째로 설탕을 넣는 타이밍

3. 세 번째로 설탕을 넣는 타이밍

*달걀흰자에 들어간 설탕의 양이 아직 적은 단계에서는 거품이 과도하게 형성될 수 있으므로 주의가 필요하다. 거품을 지나치게 내면 달걀흰자에 흰 알갱이가 보이고 부드러운 질감이 사라진다. 그렇게 되기 전에 설탕을 넣도록 하자.

STEP UP 손으로 저을 때와 믹서를 사용할 때, 설탕을 넣는 타이밍의 차이

달걀흰자를 거품 낼 때 넣는 설탕은 달걀흰자의 거품 형성을 억제하는 작용을 합니다. 따라서 손으로 저을 때처럼 거품을 내는 힘(교반력)이 약한 경우와 핸드 믹서를 이용해 강하게 거품을 내는 경우, 설탕을 넣는 타이밍이 달라집니다.

거품기를 이용해 손으로 거품을 낼 때, 가급적 힘을 들이고 싶지 않은 경우에는 초기에 달걀흰자만 먼저 저은 다음 설탕을 세 차례에 걸쳐 나누어 넣도록 합니다.

하지만 믹서를 이용할 경우에는 거품을 내는 힘이 강하므로 설탕을 똑같이 세 번에 걸쳐 넣더라도 손으로 저을 때나 믹서보다 약한 핸드 믹서를 사용할 때보다 조금 더 일찍 설탕을 넣도록 합니다.

달걀흰자에 먼저 첫 번째 분량에 해당하는 설탕을 넣고 저속으로 섞어 달걀흰자를 풀어 주어 농후난백의 결합을 끊은 후에 다시 거품을 내기 시작합니다. 고속으로 저어 거품이 어느 정도 풍성해지면 두 번째 분량의 설탕을 넣고 속도를 중속으로 줄여 거품을 냅니다. 세 번째 설탕은 거품을 좀 더 곱게 만들기 위해 넣는 것으로, 이때는 믹서를 저속으로 돌립니다.

동일한 분량의 설탕을 세 번에 걸쳐 나누어 넣더라도 손으로 거품을 낼 때보다 믹서로 거품을 낼 때 훨씬 단단한 머랭이 만들어집니다.

 **Q** 별립법으로 스펀지케이크 반죽을 만들 때, 머랭을 얼마만큼 거품 내야 하는지 정확히 모르겠어요. 정해진 기준이 있다면 알려 주세요.

 **A** 머랭을 떴을 때 끝이 뾰족하게 설 때까지 거품을 냅니다.

머랭에 윤기가 흐르고, 거품기로 떴을 때 끝이 뾰족하게 설 때까지 거품을 냅니다. 머랭은 거품을 내는 도중에는 풍성한 느낌이 들지만, 거품을 충분히 내면 곱고 단단해져서 손가락으로 콕 찔렀을 때 단단한 느낌이 듭니다.

거품을 지나치게 내지 않도록 주의하기 바랍니다.

거품을 충분히 내어 단단해진 머랭은 거품기로 떴을 때 끝이 뾰족하게 선다.

Q 달걀흰자를 거품 냈더니 퍼석퍼석해져 버렸어요. 이대로 스펀지케이크 반죽에 사용해도 될까요?

A 그대로 사용하면 케이크가 부드럽게 구워지지 않습니다.

달걀흰자는 최적의 상태를 넘어서 너무 오래 저으면 윤기가 사라지고 퍼석해지기 시작합니다. 또한 기포가 파괴되기 쉬워지고, 이수(syneresis, 겔에 함유되어 있는 분산매가 겔 밖으로 분리되어 나오는 현상으로 요구르트 위에 고여 나오는 물이나 두부로부터 스며 나오는 물 등이 그 예이다) 현상이 일어나 수분이 스며 나오게 됩니다.

특히 달걀흰자는 전란보다도 과도하게 젓기 쉬우므로 주의가 필요합니다.

지나치게 오래 저은 머랭을 스펀지케이크 반죽에 그대로 사용하면 구운 케이크 표면에 무수히 많은 구멍이 뚫려 반죽이 제대로 부풀어 오르지 않게 됩니다.

반죽 속에 달걀흰자가 수분이 분리된 상태로 머물면 반죽은 굽기 시작한 단계에서 분리된 수분이 쉽게 증발해 버려 반죽 표면에 형성되어야 할 막(→57쪽)이 제대로 만들어지지 않기 때문입니다. 그 결과 구운 반죽의 부피가 줄어들게 되고, 반죽 표면에 작은 구멍이 생기는 것입니다. 또 굽는 과정에서 수분이 증발하기 쉬우므로 결과적으로 케이크가 말라 버립니다.

경우에 따라서는 재료를 섞는 과정에서 달걀흰자의 기포가 점점 파괴되어 물처럼 변하면서 반죽이 주르륵 흐를 정도가 되어 제대로 굽지 못하는 경우도 있습니다.

참고 … 242~243쪽

실패 사례

거품을 지나치게 오래 내어 수분이 분리된 머랭

수분이 분리된 머랭으로 구운 스펀지케이크 반죽

 달걀노른자에 설탕을 넣은 후, 어떤 상태가 될 때까지 거품을 내는 것이 좋을까요?

 달걀노른자가 흰빛이 돌 때까지 거품을 냅니다.

별립법으로 스펀지케이크 반죽을 만들 때, 달걀흰자는 끝이 뾰족하게 설 정도로 단단하게 거품을 냅니다. 이때 반죽에 첨가할 달걀노른자도 충분히 거품을 내면 질감이 달걀흰자와 비슷해져 서로 섞기 쉬워집니다. 달걀노른자를 공기가 가득 들어가 흰빛이 돌 때까지 충분히 거품을 냅니다. 물론 달걀흰자에 비해 기포의 양이 매우 적기는 하지만, 거품을 내면 어느 정도 부피가 늘어납니다.

 ··· 235~236쪽

달걀노른자에 설탕을 넣은 모습

거품을 완전히 낸 상태. 공기가 들어가 흰빛이 돈다.

 머랭에 거품 낸 달걀노른자나 밀가루를 섞을 때 어떻게 섞는 것이 좋은지 가르쳐 주세요.

 '주걱으로 자르듯이' 섞습니다.

별립법으로 스펀지케이크 반죽을 만들 때, 머랭에 달걀노른자나 밀가루를 섞을 때는 주걱으로 반죽을 자르듯이 섞습니다. 이때 그냥 자르기만 하면 달걀노른자나 밀가루가 자른 부분의 머랭에 들어갈 뿐 반죽 전체에 분산되지 않으므로 자르는 동시에 반죽을 볼의 바닥에서부터 들어 올리는 동작을 반복합니다.

이처럼 별립법으로 만드는 스펀지케이크 반죽은 공립법으로 만드는 스펀지케이크 반죽과 재료를 섞는 방법이 다릅니다. 공립법으로 만드는 반죽은 유동성이 높으므로 달걀 속 기포를 밀어내듯이 주걱을 움직여 기포와 기포 사이에 다른 재료가 섞여 들어가도록 젓습니다.

반면 별립법으로 만드는 반죽은 머랭의 유동성이 떨어지므로 주걱으로 섞어도 기포가 쉽게 움직이지 않습니다. 따라서 실리콘 주걱으로 머랭을 자르고 그 사이에 다른 재료를 집어넣는 방식이 적합합니다.

다음 방법을 참고하기 바랍니다.

 참고 … 68~69쪽

별립법으로 만드는 스펀지케이크 반죽의 재료 섞는 방법

1. 먼저 주걱을 세워 반죽에 넣는다.

2. 주걱을 세운 채로 볼의 바닥까지 집어 넣은 후 앞쪽으로 끌어당겨 머랭을 자른다. 볼의 측면을 따라 바닥부터 반죽을 들어올린다.

3. 손목을 이용해 주걱을 뒤집는다.

4. 왼쪽 손으로 볼을 잡고 앞쪽 방향으로 조금 돌린다.

5. 뒤집은 부분을 다시 주걱으로 자른다. 같은 동작을 반복하며 재료를 섞는다.

 **Q** 머랭에 달걀노른자를 섞는 것과 달걀노른자에 머랭을 섞는 것 중에 어느 쪽이 더 섞기 쉬운가요?

 **A** 머랭이 들어 있는 볼에 머랭보다 비중이 무거운 달걀노른자를 섞는 것이 더 섞기 쉽습니다.

머랭과 달걀노른자처럼 질감이 다른 두 재료를 섞어 균일하게 만들고 싶을 때는 비중이 가벼운 재료에 비중이 무거운 재료를 섞는 것이 편합니다.

머랭 위에 거품 낸 달걀노른자를 올려 실리콘 주걱으로 자르듯이 섞으면 주걱을 머랭에 집어넣었을 때나 머랭을 건져 올릴 때 달걀노른자가 위에서 아래로 가라앉으면서 머랭과 자연스럽게 섞입니다. 또 두 가지 재료를 섞을 때는 비중이 최대한 비슷해야 섞기 편하므로 머랭과 달걀노른자를 섞을 때는 달걀노른자를 충분히 거품 내어 머랭과 최대한 비슷한 질감으로 만듭니다. 아니면 거품 낸 달걀노른자에 머랭 일부를 먼저 섞어 비슷한 질감으로 만든 후 다시 볼에 담긴 머랭에 섞는 방법도 있습니다.

참고 … 72~73쪽

비중이 가벼운 머랭에 비중이 무거운 달걀노른자를 넣는다.

Q 달걀노른자가 머랭에 잘 섞이지 않는데, 이유가 뭘까요?

A 머랭을 지나치게 거품 낸 것이 원인입니다.

거품을 가장 적당하게 낸 머랭은 윤기가 흐르고 부드러우며, 작은 기포를 가득 머금고 있어 거품이 곱습니다. 특히 별립법에 사용하는 머랭은 달걀노른자를 넣으면 쉽게 스며들 만큼 부드러워야 합니다.

머랭에 달걀노른자가 잘 스며드는 것이 중요하기는 하지만, 그렇다고 머랭이 지나치게 부드러워서도 안 됩니다. 거품기로 떴을 때, 끝이 뾰족하게 설 만큼 단단하면서도 달걀노른자와 잘 섞일 만큼 잘 퍼지는 상태여야 합니다. 거품을 충분히 내려는 마음에 달걀흰자를 너무 오래 젓다가 거품이 너무 굳어버려 머랭을 망치는 경우가 있습니다. 그렇게 되면 거품을 낸 달걀노른자를 섞었을 때 머랭이 군데군데 덩어리지면서 좀처럼 섞이지 않게 됩니다.

제대로 거품을 낸 머랭에는 달걀노른자가 잘 섞인다.

실패 사례

거품을 지나치게 낸 머랭에는
달걀노른자가 제대로 섞이지 않는다.

→

전체적으로 섞이더라도 달걀흰자 일부가
덩어리져서 반죽 속에 남게 된다. 또 기포
가 파괴되어 반죽의 결이 거칠어진다.

Q 밀가루를 섞은 후에 반죽이 어떤 상태가 되는 것이 좋은가요?

A 주걱으로 반죽을 떴을 때 천천히 흘러내리는 정도가 좋습니다.

밀가루를 넣으면 가루가 보이지 않을 때까지 반죽을 자르듯이 섞은 다음 다시 몇 차례 더 섞습니다. 밀가루가 달걀의 수분을 흡수해 페이스트 상태로 변하면 반죽에 탄력이 생기고 묵직해집니다. 이렇게 되면 다 섞인 것입니다. 별립법 반죽은 공립법 반죽보다 유동성이 더 낮은 것이 특징입니다. 반죽에 윤기가 흐르고, 주걱으로 떴을 때 반죽이 묵직한 한 덩어리처럼 들렸다가 천천히 흘러내리는 정도가 가장 적당합니다.

달걀흰자가 최대한 파괴되지 않도록 조심스럽게 섞은 뒤, 반죽을 짤주머니로 짤 수 있을 정도의 질감으로 만듭니다. 너무 오래 섞으면 달걀흰자의 기포가 손상되어 물처럼 흘러내릴 정도로 부드러운 반죽이 되어 버립니다. 이러한 반죽은 짤주머니로 짜도 반죽이 쉽게 퍼져 버려 예쁘게 구울 수 없습니다.

표 15 반죽의 섞는 정도가 반죽에 미치는 영향

	표준	지나치게 섞은 경우
섞는 정도	반죽에 윤기가 흐르고 반죽히 천천히 흘러내릴 정도로 섞는다.	지나치게 섞으면 반죽이 줄줄 흘러내린다.
짜낸 반죽의 크기	짜낸 반죽이 도톰한 형태를 유지하고 있다.	짜내는 순간 반죽이 평평하게 옆으로 퍼져 버린다.
구운 모습	봉긋한 모습	모양도 납작하고 부서져 버린다.

 **비스퀴 아 라 퀴이에르를 굽기 전에 분당(슈가파우더)을 뿌리는 이유는 무엇인가요?**

 **반죽이 잘 부풀어 오릅니다. 또 겉은 바삭하고 속은 부드러운 식감을 즐길 수 있어 매력적입니다.**

별립법 스펀지케이크 반죽을 짜서 굽는 비스퀴 아 라 퀴이에르는 분당을 뿌려 구우면 분당이 반죽의 표면에 녹아 작은 알갱이처럼 굳습니다. 이 모습을 프랑스에서는 마치 곳곳에 뿌려진 진주 같다고 하여 페르(perle=진주)라고 부릅니다. 분당을 뿌려 페르를 만드는 데에는 ①보기 좋게 하기 위한 것, ②반죽이 잘 부풀어 오르게 하는 것, ③겉은 바삭하고 속은 부드러운 식감을 만들기 위한 것이라는 세 가지 이유가 있습니다. 반죽을 구워 부풀어 올랐을 때 표면에 뿌린 분당이 녹아 굳으면서 페르가 되면, 이러한 페르가 부풀어 오른 반죽을 지탱해 주어 오븐에서 꺼낸 후에도 부풀어 오른 모습을 그대로 유지할 수 있습니다. 또 비스퀴 표면에 녹아 굳은 페르가 식으면서 바삭한 식감을 만들기 때문에 겉은 바삭하고 속은 부드러워집니다. 잘 만든 페르는 반죽 표면에 진주처럼 둥근 알갱이를 만듭니다. 페르를 잘 만들려면 분당을 두 차례에 걸쳐 나누어 체에 쳐서 뿌린 후에 굽는 것이 좋습니다.

구운 모습의 차이

분당을 뿌리지 않고 구운 것

분당을 뿌려 구운 것

둥글게 짜서 구운 반죽을 바닥끼리 붙여 그 높이를 비교했다. 왼쪽 : 분당을 뿌리지 않은 경우, 오른쪽 : 분당을 뿌린 경우

분당을 뿌리는 순서

1. 분당체를 이용해 반죽의 표면이 살짝 하얗게 변할 정도로 분당을 골고루 뿌린다.

2. 표면에 뿌린 분당이 사진처럼 녹으면 다시 한 번 같은 방법으로 분당을 뿌린다. 녹아 버린 분당은 그 다음에 뿌리는 분당이 반죽과 잘 달라붙게 돕는 역할을 한다.

3. 잠시 그대로 두어 두 번째로 뿌린 분당이 살짝 녹으면 오븐 팬에 남은 분당을 털은 후 오븐에 굽는다.

Q **별립법으로 만드는 스펀지케이크 반죽에 갖가지 풍미를 더해 다양하게 응용하는 방법을 가르쳐 주세요.**

A **대표적으로 반죽에 견과류나 코코아를 첨가하는 방법이 있습니다.**

베이킹의 즐거움은 만들고 싶은 빵이나 과자의 이미지에 맞추어 반죽의 배합이나 조합을 다양하게 바꿀 수 있다는 점입니다. 별립법으로 만드는 스펀지케이크 반죽에도 견과류나 코코아 가루 등을 첨가해 다양한 변화를 줄 수 있습니다. 아몬드파우더 같은 분말 형태의 견과류를 넣는 경우에는 견과류가 수분을 빨아들인다는 점을 고려하여 보통 견과류 중량의 최소 30%만큼 밀가루의 양을 줄입니다.

피스타치오 페이스트 같은 견과류 페이스트를 첨가할 때, 설탕이 들어간 제품을 사용할 경우에는 첨가하는 설탕의 양을 줄입니다. 잘게 다진 견과류(아몬드, 호두, 피스타치오, 헤이즐넛 등)를 넣을 경우에는 반죽 배분을 그대로 유지하고 견과류만 더 첨가하면 됩니다.

표 16   별립법 스펀지케이크 반죽의 응용

반죽의 명칭		첨가하는 재료
비스퀴 조콩드 (Biscuit Joconde)		아몬드파우더
비스퀴 아 라 피스타슈 (Biscuits à la pistache)		피스타치오 페이스트
비스퀴 오 프리 세크 (Biscuits aux fruits secs)		다진 견과류
비스퀴 파나쉐 (Biscuits panaché)	기본 반죽과 코코아 반죽을 번갈아 짠다.	코코아

Chapter 3

버터의 크리밍성과 달걀의 유화성을 이용해 만드는 **버터 반죽**

버터 반죽은 기본적으로 버터:설탕:밀가루:달걀을 1:1:1:1의 동일한 비율로 섞어 만듭니다. 일반적으로는 버터를 거품기로 잘 섞어 공기를 흡입한 후, 그 공기로 반죽을 부풀리는 슈거 배터법(Sugar batter method)으로 만듭니다. 달걀을 거품 내어 만드는 스펀지케이크보다 조직이 더 촘촘하고 버터의 풍미가 진하며 촉촉한 식감을 내는 것이 특징으로, 우리에게는 프루트 케이크로 친숙합니다.

버터 반죽의 핵심은 버터에 공기를 가득 넣는 것 그리고 버터와 달걀을 분리시키지 않고 잘 섞는 것으로, 미세한 기포를 포함한 결이 고운 케이크가 완성됩니다.

버터 반죽(슈거 배터법)을 만드는 기본적인 방법

[참고 배합 사례] 7.5×22×9.5cm의 파운드 틀 1개 분량

- 버터 150g
- 그래뉼러당 150g
- 달걀 150g(3개 분량)
- 박력분 150g

준비

- 박력분은 체에 친다.
- 달걀은 상온에 꺼내 둔다.
- 틀에 종이를 깔아 둔다.

*오븐의 기종이나 형태에 따라 굽는 온도나 시간이 다소 차이 날 수 있다.

1  버터는 미리 상온에 꺼내어 거품기로 저어 크림 상태를 만든다.

2  그래뉼러당을 첨가한다.

3  흰빛이 돌 때까지 골고루 섞는다.

4  푼 달걀을 여러 차례에 걸쳐 나누어 붓고, 그때마다 골고루 섞는다.

5  박력분을 넣고 반죽에 윤기가 돌 때까지 섞는다.

6  반죽을 틀에 담고, 윗불 180℃, 아랫불 160℃의 오븐에 약 50분간 굽는다. 다 구워지면 10cm 높이에서 틀을 떨어뜨려 작업대에 부딪친 후 틀에서 꺼내어 식힌다.

● 버터 반죽, 어떤 재료가 어떤 작용을 하나요?

1. 반죽을 부풀리는 것은?

(1) 달걀에 든 수분

달걀 등의 재료에 들어 있는 수분의 일부가 오븐 안의 높은 온도 때문에 수증기로 변하면서 부피가 늘어납니다.

(2) 버터에 들어간 공기

버터를 거품기로 저으면 공기가 들어가 기포가 형성되고, 이렇게 생긴 기포가 버터 안에 골고루 분산됩니다. 기포가 오븐 안의 뜨거운 열을 받아 열팽창하면 부피가 커집니다.

2. 부푼 반죽에 부드러움과 탄력을 주고, 반죽을 지탱하는 것은?

(1) 밀가루

① 전분

오븐이 가열되면 밀가루 속 전분 입자가 주로 달걀에 든 수분을 빨아들이면서 불어납니다. 그 결과 부드러워지고, 풀 같은 점성을 띠게 됩니다(호화). 그런 다음 구워지면서 수분이 어느 정도 증발하면 반죽이 도톰하게 부풀어 오릅니다.

② 단백질

반죽에 밀가루가 섞이면 밀가루 속 단백질에서 점성과 탄력을 지닌 글루텐이 형성되는데, 이러한 글루텐은 전분 입자를 둘러싸는 듯한 입체적인 그물 구조를 이룹니다. 글루텐은 오븐 안에서 가열되면 굳어져 반죽을 연결하는 역할을 하기도 하고, 적당한 탄력을 만들기도 합니다. 하지만 글루텐이 지나치게 많이 형성되면 오히려 반죽이 제대로 부풀지 않으므로 주의해야 합니다.

(2) 달걀

달걀 속 수분은 주로 전분의 호화나 반죽을 부풀리는 데에 사용됩니다. 또 달걀 속 단백질은 열에 굳어 반죽을 부드럽게 굳힙니다.

(3) 설탕

설탕이 지닌 습윤성이 반죽을 촉촉하게 하고, 전분의 노화를 막아 부드러운 식감을 유지하게 합니다.

(4) 버터

버터 반죽에는 버터가 듬뿍 들어가는데, 이러한 버터의 유지가 촉촉한 식감을 만듭니다. 또한 버터의 보습성 덕분에 케이크를 오래 보관할 수 있습니다.

● 버터 반죽, 조리 과정을 통해 살펴보는 구조의 변화

파운드 틀에 담은 버터 반죽을 오븐에 넣으면 반죽의 바깥쪽부터 열이 닿기 시작합니다. 반죽 표면이 가장 먼저 익으면서 얇은 막이 형성됩니다.

반죽 속의 공기와 수분이 열을 받아 부피가 늘어나면서 반죽이 부풀어 오르기 시작합니다. 이때 수증기는 밖으로 빠져나가려고 하지만, 측면과 바닥은 틀로 막혀 있고 반죽 윗면에는 막이 형성되어 있으므로 반죽이 아직 다 익지 않은 단계에서 수증기가 어느 정도 반죽 속에 갇혀 있으면서 그 자리에서 부피를 늘리게 됩니다.

가열이 계속 진행되면 불필요한 수증기가 반죽 밖으로 빠져나가면서 반죽이 익기 시작하는데, 틀에 넣어 굽고 있어 측면과 바닥이 가로막혀 있는 상태라 수증기가 빠져나갈 수 있는 곳은 오직 반죽의 윗면뿐입니다. 다른 부분이 익어 가는 동안, 반죽에서 가장 천천히 익는 부분인 반죽의 가운데 부분이 수증기가 빠져 나가는 통로 역할을 하므로 결국 반죽의 중심 바로 윗부분을 통해 수증기가 빠져나가게 됩니다.

파운드 틀은 폭이 좁은 것에 비해 깊이가 있는 편이므로 반죽 전체에 들어 있던 수증기가 좁은 범위 안에서 집중적으로 빠져나갑니다. 따라서 그 부분은 잘 익지 않게 되고, 수증기가 반죽을 밀어 올리면서까지 밖으로 빠져나가려고 하므로 중앙에 갈라짐이 생깁니다.

● 버터 반죽의 조리 과정 상상하기

버터 반죽은 주로 슈거 배터법으로 만듭니다. 이 방법을 사용하면 하나의 볼 안에 재료를 차례차례 넣어 섞어 가며 반죽을 만들 수 있습니다. 비교적 간단한 과정이지만, 이 과정에서 반죽이 잘 부풀어 오를 수 있는 바탕이 만들어지므로 주의해야 합니다.

이때 버터와 설탕을 충분히 섞어 공기가 가득 들어가게 하고, 그 다음으로 넣는 달걀이 분리되지 않도록 해야 반죽이 잘 부풀 수 있습니다.

버터와 달걀의 온도와 섞는 방법에 주의하고, 다음 공정에 들어가기 전에 항상 반죽을 매끄러운 상태로 유지해야 한다는 점을 명심합니다.

● 버터 반죽을 만드는 다른 방법, 플라워 배터법(Flour batter method)

1. 만드는 방법과 구운 모습

버터 반죽을 만드는 방법에는 앞서 참고 사례에서 설명한 슈거 배터법 이외에도 플라워 배터법이라는 것이 있습니다.

슈거 배터법은 버터에 설탕을 넣고 섞어 공기를 포집하는 방법입니다. 반면 플라워 배터법은 버터와 밀가루를 섞어 공기를 포집하는 방법으로, 부드러워진 버터에 밀가루를 먼저 넣고 섞은 뒤 달걀에 설탕을 섞어 첨가합니다.

달걀을 첨가하기 전에 이미 버터와 밀가루가 섞여 있으므로 달걀 속 수분이 밀가루에 흡수되어 분리가 쉽게 일어나지 않게 됩니다.

또한 플라워 배터법으로 만든 반죽은 슈거 배터법으로 만든 반죽보다 구웠을 때 케이크의 결이 더 고와집니다.

1. 크림 상태로 만든 버터에 밀가루를 넣고 섞는다.

2. 달걀에 설탕을 넣어 섞는다.

3. 1에 2를 여러 차례에 걸쳐 나누어 넣으며 섞는다. 틀에 부어 굽는다.

2. 배합에 대해

버터 반죽은 기본적으로 버터와 밀가루가 같은 양이 들어가지만, 플라워 배터법은 반죽의 첫 단계에서부터 버터와 밀가루가 섞여 글루텐 형성이 억제되므로 버터보다 밀가루의 양이 더 많은 배합에 적합합니다. 또 강력분처럼 단백질이 많은 밀가루를 사용하는 경우에도 플라워 배터법이 어울립니다.

단, 달걀의 양보다 밀가루의 양이 많으면 밀가루에 달걀 속 수분을 너무 많이 빼앗겨 수분이 수증기로 변해 반죽을 부풀릴 수 있는 비율이 줄어들어 버립니다. 즉, 달걀 속 수분이 반죽을 섞는 단계에서 밀가루의 글루텐 형성에 먼저 사용되고, 그 다음으로는 반죽을 오븐에 구울 때 전분의 호화에 사용되므로 반죽의 온도가 올라가 수분이 수증기로 바뀔 때쯤에는 반죽을 충분히 부풀릴 만한 양이 남아 있지 않게 됩니다. 그러므로 수분을 포함한 재료를 더 보충하거나 베이킹파우더를 넣어 반죽을 더 잘 부풀게 해야 합니다.

밀가루의 양이 달걀의 양보다 많을 경우

추가해야 할 수분의 양 = (밀가루의 양 – 달걀의 양) × 0.9

추가해야 하는 베이킹파우더의 양 = (밀가루의 양 – 달걀의 양) × 0.05 ~ 0.25

표 17 슈거 배터법과 플라워 배터법의 차이

	슈거 배터법	플라워 배터법
부피	적당히 부푼다.	잘 부푼다. 윗부분이 더 크고 넓게 갈라지는 것이 그 증거다.
케이크의 결	큰 기포가 많고, 결이 거칠다.	결이 곱고 조직이 촘촘하다.
굳기	부드럽고 부서지기 쉽다	폭신폭신하고 부드러운 식감

*이 경우는 비교를 위해 버터:설탕:밀가루:달걀을 1:1:1:1의 동일한 비율로 넣고, 만드는 방법만 달리하여 작성했다.

 ··· 119쪽/257쪽

버터 반죽 Q&A

버터와 설탕은 얼마만큼 섞는 것이 좋은가요?

흰빛이 돌 때까지 섞습니다.

버터 반죽을 잘 부풀리려면 적절히 녹인 버터에 설탕을 넣고 잘 섞어 공기를 포집하는 일이 가장 중요합니다. 버터의 이러한 성질을 '크리밍성'이라고 합니다. 이때 포집된 공기가 오븐 안에서 열팽창을 해서 부피를 늘려야 반죽 전체가 부풀어 오르는 것입니다. 버터는 섞기 시작하는 단계에서는 노란색을 띠는데, 공기가 들어가 흰빛이 돌 때까지 거품기로 충분히 섞습니다.

버터와 설탕을 섞는 기준

1. 적절한 온도로 녹인 버터를 거품기로 저어 부드럽게 만든다.

2. 설탕을 넣고 잘 섞는다.

3. 공기가 들어가면 흰빛이 돌고 부피가 늘어난다.

버터에 설탕을 넣고 아무리 섞어도 흰빛이 돌지 않는데, 이유가 뭘까요?

버터가 너무 무른 것이 원인일 수 있습니다. 버터는 손가락이 쑥 들어갈 정도까지 녹이는 것이 좋습니다.

버터는 너무 딱딱해도, 너무 물러도 공기를 포집할 수가 없습니다. 특히 너무 물러지지 않게 주의합니다. 버터는 녹으면 버터가 지닌 크리밍성을 잃어 버려 설탕을 아무리 넣어도 공기를 머금지 못하게 됩니다. 즉, 흰색을 띠지 못하게 되는 것입니다. 버터를 서둘러 다시 차갑게 굳히더라도 원래의 구조로 돌아가지 않으므로 크리밍성 또한 되찾을 수 없습니다. 그 결과 반죽을 구워도 충분히 부풀지 않습니다.

버터는 사용하기 전에 상온에 미리 꺼내 두어 부드럽게 해 두는데, 버터 반죽에 적합한 버터의 굳기는 보통 손가락으로 눌렀을 때 힘을 주지 않고도 쑥 들어가는 정도로, 거품기로 저으면 약한 저항이 느껴질 만큼 어느 정도 단단함이 남아 있는 상태가 적당합니다.

이때 버터의 온도는 20~23℃ 정도입니다. 여름처럼 실온이 높은 경우에는 조금 낮게, 겨울처럼 실온이 낮은 경우에는 조금 높게 온도를 조절하는 등 계절이나 만드는 양 등을 고려해야 합니다.

참고 … 301~302쪽

적정 온도에 맞춘 버터

손가락으로 눌렀을 때 쑥 들어간다.

어느 정도 단단함이 느껴지는 크림 상태

실패 사례

크림 상태이기는 하지만, 버터가
너무 부드럽다.

설탕을 넣어 섞어도 공기가 들어가지
않는다

실패 사례

적정 온도로 맞춘 버터와 너무 부드러워진 버터로 만든 반죽을 구운 모습

왼쪽 : 적정 온도로 녹인 버터를 사용
오른쪽 : 너무 부드러워진 버터를 사용
오른쪽 반죽이 덜 부풀고 결고 거칠다.

 **버터에 달걀을 잘 섞는 방법을 가르쳐 주세요.**

 **푼 달걀을 조금씩 나누어 넣어 골고루 섞습니다.**

버터와 달걀을 섞는 과정에서 유지인 버터와 수분이 많은 달걀이 분리되지 않도록 섞는 '유화' 과정이 진행됩니다.

유화 과정에서는 달걀을 여러 차례에 나누어 조금씩 넣고, 이를 골고루 잘 섞는 것이 중요합니다.

달걀이 버터에 섞이기 시작한 순간부터 계속해서 젓다 보면 점점 젓는 데에 더 많은 힘이 필요해집니다. 그러다 어느 순간 윤기가 흐르는 크림 상태가 됩니다. 이때까지 끊임없이 저어야만 유화가 안정됩니다. 이때 달걀을 한꺼번에 넣거나 섞는 힘이 부족하면 달걀 속 수분과 버터의 지방이 균일하게 섞이지 않고 분리됩니다. 분리가 상당히 진행된 상태에서 밀가루를 넣으면 밀가루가 분리된 수분을 단숨에 빨아들여 반죽이 끈적끈적해집니다.

원래대로라면 버터의 유지 속에 달걀 속 수분이 알갱이 형태로 분산되므로 밀가루를 넣어도 수분이 과도하게 흡수되는 일이 일어나지 않습니다. 또한 첫 공정에서 버터에 공기를 작은 기포 형태로 분산시켜 놓는데, 달걀이 분리되면 그 구조가 무너져 버터에 들어 있던 공기를 잃을 수도 있습니다. 그러면 반죽이 제대로 부풀지 않고, 케이크가 부드럽지 않고 딱딱해집니다.

참고 ··· 130쪽/248~250쪽

버터와 달걀을 섞는 방법

1. 달걀을 조금 붓는다.

2. 살 섞는다.

3. 사진처럼 섞이면 다시 달걀을 조금 넣는다.

실패 사례

버터와 달걀이 분리된 반죽을 구운 모습
제대로 부풀지 않고, 결이 거칠다.

Q 버터에 달걀을 넣었더니 금세 몽글몽글해졌어요. 이유가 뭘까요?

A 분리 현상이 일어났기 때문입니다. 차가운 달걀을 쓴 것이 원인입니다.

버터에 푼 달걀을 넣어 섞는 '유화' 작업에서는 달걀의 온도 또한 중요한 요소입니다.

크림 상태의 버터가 공기를 품은 상태(크리밍성)를 유지하면서 유화되기 위해서는 버터의 온도에 맞춘 상온(15℃ 정도)의 달걀을 사용해야 합니다.

이때 냉장고에서 바로 꺼낸 차가운 달걀을 사용하면 버터가 굳어 분리되어 버립니다. 적당히 부드러워져 있던 버터가 차가운 달걀을 넣는 순간 다시 온도가 내려가 굳어 버리기 때문입니다.

달걀의 온도가 유화에 끼치는 영향

상온의 달걀을 사용한 경우
정상적으로 유화되었다.

차가운 달걀을 사용한 경우
이렇게까지 분리가 되면 두 번 다시
정상적인 상태로 돌아가지 못한다.

STEP UP 버터와 달걀의 온도 사이의 관계

버터와 달걀의 온도는 거의 동일하거나 어느 한쪽이 약간 높은 편이 좋습니다. 비교하자면 달걀의 온도가 버터보다 약간 낮은 편이 만들기 쉽습니다.

또 달걀을 조금 부어 보았을 때 버터가 굳는 것 같다면 버터를 살짝 덥힌 후에 달걀을 넣는 것이 좋습니다. 반대로 달걀의 온도를 살짝 높인 후에 넣는 방법도 있습니다.

달걀을 넣기 전 단계에서 버터에 공기를 가득 넣은 상태이므로 이러한 구조가 무너지지 않도록 온도를 신중하게 조절하여 분리되지 않도록 잘 섞는 것이 중요합니다.

 버터에 달걀을 넣는 과정에서 분리가 일어나기 시작했어요.
반죽을 계속 쓸 수 있도록 복구하는 방법은 없을까요?

 밀가루 일부를 넣어 복구하는 방법이 있습니다.

버터에 달걀을 넣고 섞을 때 반죽이 몽글몽글해지기 시작한다면 이는 분리가 일어나고 있다는 증거입니다. 아직 분리가 시작된 지 얼마 지나지 않은 상태라면 복구도 가능합니다.

다음에 넣을 밀가루의 일부를 이 단계에서 먼저 넣고 섞어 분리된 수분을 밀가루에 흡수시키면 매끄러운 질감을 되찾을 수 있습니다. 단, 반죽이 정상적인 경우보다 덜 부풀어 오르는 등 어느 정도의 영향이 있을 수 있습니다.

분리가 시작된 초기 단계의 복구

1. 분리가 일어나기 시작한 상태

2. 밀가루를 넣어 분리된 수분을 흡수하듯이 섞는다.

3. 복구된 상태

 버터 반죽을 만들 때, 밀가루를 넣은 후 어떤 상태가 될 때까지 섞는 것이 좋나요?

 반죽에 윤기가 흐를 때까지 섞습니다.

밀가루를 반죽에 넣고 가루가 보이지 않게 될 때까지 섞은 다음, 윤기가 날 때까지 멈추지 말고 섞습니다. 반죽에 윤기가 흐르는 상태가 가장 좋습니다.

밀가루가 달걀 속 수분을 흡수한 후 몇 차례 더 섞이는 과정에서 글루텐이 조금 생성되고, 분산된 밀가루가 점성이 있는 페이스트 상태가 되면서 반죽이 매끄러워집니다. 그러면 반죽을 구울 때 부드러운 탄력이 생깁니다. 이때 지나치게 오래 섞으면 글루텐이 과도하게 생성되어 반죽이 제대로 부풀지 않으므로 다음 페이지를 참고하여 최상의 상태를 만들기 바랍니다.

참고 ··· 70쪽/254~255쪽

자르듯이 섞어 밀가루가 보이지 않게 되었다.　　　　이 상태에서 조금 더 섞으면 반죽에 윤기가 흐르기 시작한다.

Q ★★　버터 반죽을 좀 더 부풀어 오르게 하려면 어떻게 하는 것이 좋을까요?

A　버터에 달걀을 넣을 때 달걀흰자를 거품 내서 넣는 방법이 있습니다.

　슈거 배터법에서는 전란을 조금씩 첨가하는 방법 이외에도 달걀노른자와 달걀흰자를 나눈 다음 달걀흰자를 거품 내어 넣는 별립법이 있습니다. 이 두 가지 방법은 반죽을 구우면 차이가 나타납니다. 달걀흰자를 거품 내서 넣으면 공기를 가득 머금어 반죽이 폭신폭신하게 부풀어 오릅니다. 버터에 먼저 달걀노른자를 넣고 거품 낸 흰자를 나중에 넣은 다음 달걀흰자의 기포가 터지지 않도록 섞습니다.

슈거 배터법의 별립법 공정　　**기본**

2. 전란을 넣어 섞는다.

3. 밀가루를 전부 넣고 섞는다.

4. 기본 버터 반죽

별립법

1. 버터에 설탕을 넣고 골고루 섞는다(별립법으로 만드는 경우에는 일부를 남겨 둔다).

2. 달걀노른자를 먼저 섞는다. 달걀흰자에 미리 일부 남겨 둔 설탕을 넣고 거품을 내어 머랭을 만든 다음, 3분의 1 정도를 먼저 넣고 섞는다.

3. 밀가루의 3분의 1을 넣고 섞는다. 머랭과 밀가루를 번갈아 넣고 섞는 과정을 세 차례 반복한다.

4. 별립법으로 만든 버터 반죽

왼쪽 : 일반 슈거 배터법
오른쪽 : 별립법을 이용하여 머랭을 첨가한 슈거 배터법
오른쪽은 공기를 잔뜩 머금은 머랭을 넣어 잘 부풀어 오른 대신, 그만큼 큰
기포가 많다.

STEP UP 별립법으로 버터 반죽을 잘 만드는 포인트

별립법으로 버터 반죽을 만들 때 주의해야 할 몇 가지 포인트가 있습니다. 참고하기 바랍니다.

1. 버터의 굳기

머랭을 쉽게 섞을 수 있도록 버터에 달걀노른자를 넣는 단계에서 반죽을 기본 반죽보다 좀 더 부드러운 크림 상태로 만들어 둡니다. 버터의 온도를 처음에는 25℃ 정도로 하고, 달걀노른자를 넣은 뒤에는 23~25℃ 사이로 조정하는 것이 좋습니다.

2. 설탕을 넣는 방법

설탕은 정해진 배합의 2분의 1 분량을 버터와 섞고, 나머지 2분의 1은 달걀흰자를 거품 낼 때 넣습니다.

3. 머랭과 밀가루를 넣는 방법

반죽의 점성이 강하므로 머랭을 전부 넣은 뒤 밀가루를 넣고 섞는 것보다 세 번에 걸쳐 번갈아 가며 나누어 섞는 편이 달걀흰자의 기포를 덜 손상시켜 폭신폭신한 식감을 낼 수 있습니다.

 버터 반죽을 구웠을 때 보기 좋게 갈라지려면 어떻게 하는 것이 좋을까요?

 간단한 방법으로 쇼트닝이나 버터를 짜는 방법이 있습니다.

버터 반죽으로 프루트케이크 등을 구웠을 때 케이크 윗면이 도톰하게 갈라지면 한층 먹음직스러워 보입니다. 버터 반죽을 파운드 틀에 구우면 굽는 동안 반죽이 부풀어 오르면서 자연스럽게 갈라집니다.

반죽을 구우면 자연스럽게 균열이 생기지만, 기왕이면 중앙에 깔끔하게 한 줄로 갈라지게 굽고 싶을 것입니다. 그래서 일반적으로는 굽는 도중에 칼집을 내는데, 이 방법을 쓰려면 도중에 반죽을 오븐에서

한 번 꺼내야 하므로 반죽의 온도가 떨어지지 않도록 재빠르게 손을 움직여야 합니다.

이보다 좀 더 간단한 방법으로 반죽을 굽기 전에 부드럽게 녹인 쇼트닝이나 버터를 윗부분의 중앙에 가늘게 짜는 방법이 있습니다.

오븐에 파운드 틀을 넣어 버터 반죽을 구우면 반죽의 겉면부터 익기 시작하는데, 이때 반죽 표면이 익으면서 형성된 막이 내부에서 발생한 수증기를 어느 정도 가두어 이것이 나중에 반죽을 부풀리는 역할을 하게 됩니다.

이때 유지를 짠 부분은 오븐에 구워도 쉽게 마르지 않아 막이 제대로 형성되지 않으므로 수증기가 이 부분을 통해 빠져 나가려고 합니다. 그러면 반죽이 부풀어 오르면서 이 부분에 틈이 생겨 보기 좋게 한 줄로 갈라집니다.

쇼트닝을 반죽 중앙에 짠다.

STEP UP 갈라짐이 생기는 이유

갈라짐이 생기는 이유는 파운드 틀이 좁은 폭에 비해 깊이가 있는 편이므로 부피에 비해 표면적이 작은 점과 관련이 있습니다. 동일한 배합의 버터 반죽을 파운드 틀이 아니라 스펀지케이크 반죽을 구울 때처럼 표면적이 넓은 원형 틀에 구우면 비록 윗부분이 균일하게 부풀어 오르지는 않더라도 이처럼 갈라짐이 생기지 않습니다.

즉, 파운드 틀은 표면적이 작으므로 반죽 표면의 좁은 범위를 통해 반죽 속에 갇혀 있던 수증기가 집중적으로 빠져 나가려고 하기 때문에 반죽이 부풀다 못해 끝내 갈라져 터짐이 생기는 것입니다.

 버터 반죽의 참고 배합 사례를 좀 더 다양하게 응용해 보고 싶은데, 배합을 바꿀 경우 어떤 점에 신경 써야 할까요?

 **버터:달걀:설탕:밀가루의 배합은 지키고, 분량을 바꿉니다.**

버터 반죽은 버터, 설탕, 달걀, 밀가루 네 가지 재료가 동일한 비율로 배합되는 것이 기본입니다. 배합 비율은 기본적으로 다음 페이지의 범위 내에서 자유롭게 바꿀 수 있지만, 아래에 나온 점들을 주의하는 것이 좋습니다.

1. 설탕 절임 과일이나 건과일, 견과류를 첨가할 경우

밀가루의 중량을 초과하지 않아야 합니다. 설탕 절임 과일이나 건과일은 그대로 넣으면 반죽 속의 수분을 흡수하므로 미리 알코올류에 절인 것을 준비합니다.

2. 아몬드파우더 등 분말로 된 견과류를 첨가할 경우

분말 형태의 견과류는 반죽의 수분을 흡수하므로 이 점을 고려하여 첨가하는 견과류 중량의 30%에 해당하는 양만큼 밀가루의 양을 줄입니다.

3. 코코아를 첨가할 경우

첨가하려는 코코아의 중량을 밀가루의 중량에서 제합니다.

4. 알코올류나 우유 같은 수분을 첨가할 경우

수분을 넣으면 반죽이 부드러워지므로 밀가루를 더 추가하고, 설탕이 분량을 조절합니다.

*밀가루 추가 기준 : 액체 100g당 밀가루 125g을 추가한다.

*설탕 추가 기준 : 밀가루 중량 대비 3분의 2를 추가하지만, 전체 수분량(전란의 수분량+액체량)을 넘지 않을 것

5. 옥수수 전분 등 전분 제품을 추가할 경우

밀가루의 일부를 전분 제품으로 대체할 경우, 50%까지 가능합니다(→80~81쪽).

　이와 같은 기준은 어디까지나 참고 사항이며, 실제로는 직접 만들면서 분량을 조절할 필요가 있습니다. 다음 그래프를 참조하기 바랍니다.

그래프 2

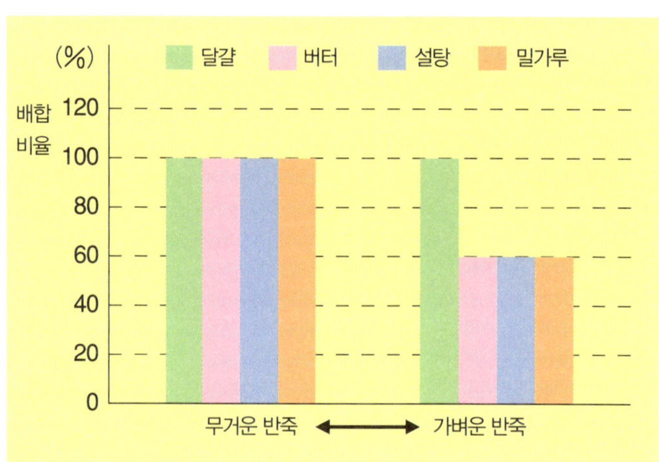

버터의 쇼트닝성을 이용해 만드는
타르트 반죽

타르트 반죽은 그 이름처럼 타르트나 타르틀레트의 받침으로 쓰이는 반죽을 말합니다. 타르트 반죽을 만드는 방법으로는 크레메(crémer)법과 사블라주(sablage)법이 있습니다. 크레메법은 버터를 크림 상태로 만들어 사용하는 방법이고, 사블라주법은 딱딱한 버터와 밀가루를 섞어 모래처럼 보슬보슬하게 만드는 방법입니다.

이 책에서는 기본적으로 크레메법을 소개하고 있습니다. 크레메법으로 만든 타르트 반죽은 입안에서 바스러지는 식감이 매력적입니다. 이러한 식감을 만들어 내기 위해 반죽을 만들 때 버터와 달걀이 분리되지 않도록 잘 섞고, 버터가 필요 이상으로 녹지 않도록 작업을 진행하는 것이 중요합니다.

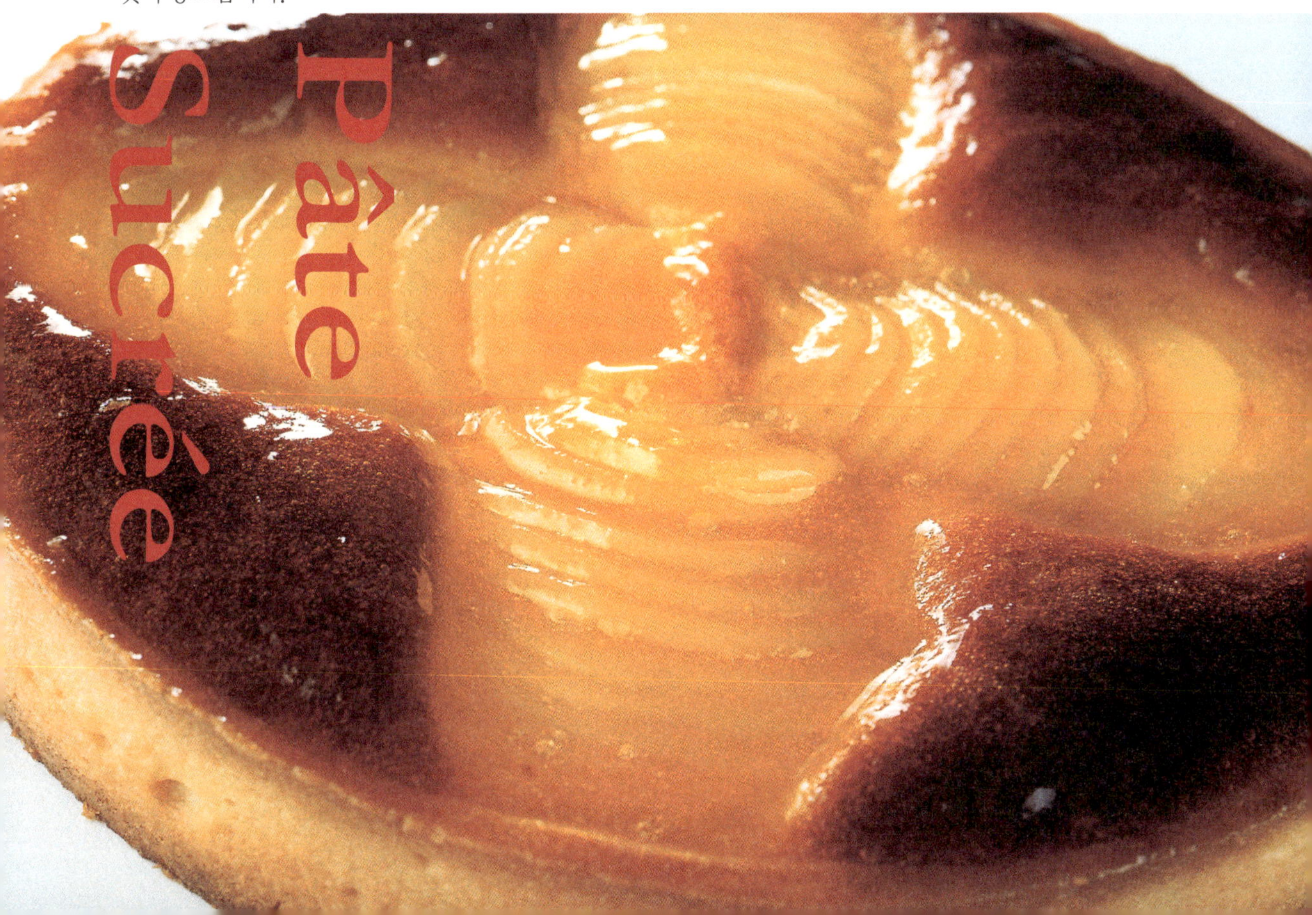

타르트 반죽(크레메 법)을 만드는 기본적인 방법

[참고 배합 사례] 지름 18cm의 타르트용 세르클(밑이 뚫린 원형 틀) 또는 타르트틀 2~3개 분량

- 버터 125g
- 분당(슈가파우더) 100g
- 소금 2g
- 달걀 50g
- 박력분 250g

준비

- 박력분은 체에 친다.
- 달걀은 상온에 미리 꺼내 둔다.

*오븐의 기종이나 형태에 따라 굽는 온도나 시간이 다소 차이 날 수 있다

1 

버터를 상온에 꺼내 녹인 후 거품기로 저어 크림 상태를 만든 다음, 여기에 분당과 소금을 넣고 골고루 섞는다.

2 

푼 달걀을 여러 차례에 걸쳐 넣은 후, 분리되지 않도록 그때마다 잘 섞는다. 달걀의 형태가 완전히 사라진 후에도 어느 정도 저항감이 느껴질 때까지 섞는다.

3 

반죽에 밀가루를 부어 섞는다. 처음에는 대충 섞일 때까지 실리콘 주걱이나 스크레이퍼로 자르듯이 섞는다.

4 

스크레이퍼로 반죽을 긁어모은 다음 위에서부터 가볍게 눌러 재빠르게 한 덩어리로 뭉친다. 반죽을 비닐로 싼 다음 냉장고에 넣어 1시간 이상 휴지시킨다.

5

반죽을 밀대로 밀어 늘인 다음 틀에 깔고 피케(Piquer, 반죽이 부풀어 오르지 않도록 포크 등으로 반죽 표면에 작게 구멍을 내는 것)한다(피케 롤러를 사용할 경우에는 먼저 피케를 한 다음 틀에 깐다).

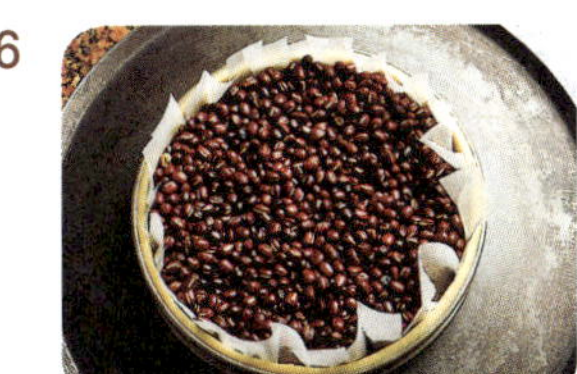

6 유산지를 깔고 누름돌을 올린다(경우에 따라서는 이때 필링을 채운다).

7 윗불 180℃, 아랫불 160℃의 오븐에 30분간 굽는다. 도중에 15~20분 정도 누름돌과 유산지를 치운 상태로 굽는다(사진은 다 구워진 타르트 반죽의 모습).

●타르트 반죽, 어떤 재료가 어떤 작용을 하나요?

(1) 밀가루

① 전분

오븐 안에서 가열이 진행됨에 따라 전분 입자가 주로 달걀 속 수분을 흡수해 호화되어 타르트 반죽의 조직 부분을 만듭니다.

② 단백질

반죽에 밀가루를 넣어 섞으면 밀가루 속 단백질에서 점성과 탄력을 지닌 글루텐이 형성되는데, 이러한 글루텐은 전분 입자를 둘러싸는 듯한 입체적인 그물 구조를 이룹니다. 글루텐은 오븐 안에서 가열되면 굳어져 반죽이 무너지지 않도록 지탱하는 뼈대 역할을 합니다.

(2) 달걀

달걀 속 수분은 주로 전분의 호화를 돕거나 반죽의 질감을 조절하여 성형하기 쉽게 만듭니다. 또한 반죽 안에 분산된 단백질이 열에 굳으면서 부서지기 쉬운 반죽을 굳힙니다.

(3) 버터

버터가 얇은 필름 상태로 반죽 속에 분산되어 글루텐 형성을 억제하거나 전분의 결합을 방해하여 반죽을 바삭바삭하게 만듭니다(쇼트닝성).

●타르트 반죽의 조리 과정 상상하기

타르트를 만들 때는 어느 정도 단단하면서도 씹는 순간 입안에서 바삭하게 부서지는 식감을 내고 싶은 법입니다. 이때 중요한 것은 작업의 신속성입니다. 손의 열기나 실온의 영향으로 버터가 최적의 상태보다 부드러워지면 반죽 속에 퍼져 있는 글루텐에 버터의 유지가 스며들어 구워져 타르트 반죽이 딱딱해져 버립니다.

●타르트 반죽을 만드는 다른 방법(사블라주법)

앞서 소개한 크레메법은 버터를 크림 상태로 만들어 사용하므로 크레메(crémer=크림 상태로 만들다)라는 명칭이 붙었는데, 이밖에도 타르트 반죽을 만드는 다른 방법이 있습니다. 바로 사블라주법입니다. 이 방법은 딱딱한 버터를 밀가루와 함께 섞으므로 '모래처럼 보슬보슬하게 만드는 것'이라는 의미의 프랑스어인 사블라주(sablage)에서 명칭을 따왔습니다.

버터는 덩어리 상태를 손가락으로 눌렀을 때 힘을 주면 푹 들어갈 정도의 굳기로 녹여 사용합니다. 밀가루, 분당, 소금을 작게 쪼갠 버터에 넣고, 양손으로 문질러가며 버터를 잘게 부셔 보슬보슬하게 만듭니다. 이때 버터의 작은 알갱이 주변에 밀가루가 들러붙게 됩니다. 여기에 달걀을 넣으면 밀가루가 달걀 속 수분을 흡수하여 뭉치게 됩니다.

크레메법은 입 안에서 바스러질 만큼 약한 것이 특징이므로 좀 더 바삭한 느낌을 원할 경우에는 사블라주법을 사용하는 것이 좋습니다.

참고 … 303쪽

1. 잘게 쪼갠 버터에 밀가루, 분당, 소금을 넣고 양손으로 문지른다.

2. 녹은 버터를 넣은 다음 반죽을 주무르지 않고 재빠르게 뭉친다.

크레메법과 사블라주법으로 만든 반죽의 차이

왼쪽 : 크레메법으로 만든 반죽은 바닥이 넓게 퍼지고, 조직이 성글다.
오른쪽 : 사블라주법으로 만든 반죽은 살짝 봉긋하고, 조직이 촘촘하다.

Q 버터는 굳기를 어느 정도로 하는 것이 좋은가요?

A 부드러운 크림 상태로 만듭니다.

타르트 반죽을 입안에서 부서질 것 같은 식감으로 구우려면 이후의 공정에서 버터가 밀가루를 첨가한 반죽 속에 얇은 필름 형태로 흩어져 '쇼트닝성'을 발휘하는 것이 가장 중요합니다.

앞서 소개한 방법으로 그러한 성질을 이끌어내려면 버터가 부드러운 크림 상태여야 합니다. 버터의 온도를 20℃ 전후로 맞추면 이러한 상태가 됩니다.

참고 ··· 303쪽

부드러운 크림 상태로 섞는다.

Q 크림 상태가 된 버터에 달걀을 조금씩 나누어 넣는 이유는 무엇인가요?

A 분리 현상을 막기 위해서입니다.

버터에 달걀을 넣어 섞을 때는 버터의 '지방'과 달걀의 '수분'이 서로 반발하여 분리가 일어나기 쉽습니다. 하지만 잘 섞는 요령을 익혀 두면 달걀의 유화력을 살려 버터의 유지 속에 달걀의 수분을 미세한 알갱이 상태로 분산시켜 두 재료를 적절히 섞을 수 있습니다(유화, 乳化).

버터에 달걀을 유화시키는 포인트는 아래와 같습니다.

① 달걀을 여러 차례에 나누어 조금씩 붓는다.
② 골고루 잘 섞는다.
③ 달걀의 온도를 적절하게 맞춘다(냉장고에서 바로 꺼낸 차가운 달걀을 사용하면 버터가 굳어 버려 달걀이 섞이지 않고 분리된다).

 **버터에 달걀을 완전히 섞고 나면 반죽이 어떤 상태가 되는지 가르쳐 주세요.**

 **달걀이 매끄럽게 섞이고, 전체적으로 굳기가 증가합니다.**

버터에 달걀을 제대로 유화시키면 반죽이 단단하고 뻑뻑해져서 섞는 데에 많은 힘이 필요해집니다. 부드러운 버터에 액상인 달걀을 섞는 것뿐인데, 어째서 점점 더 단단해지는 것일까요?

그 이유는 달걀 속의 수분이 미세한 알갱이 형태로 버터의 지방 속에 분산된 후 서로 끌어당기는 과정에서 수분 알갱이 사이에 마찰이 발생해 수분이 자유롭게 움직일 수 없게 되어 유동성이 떨어지기 때문입니다.

반면 버터와 달걀이 분리되어 버리면 반죽이 몽글몽글해집니다. 따라서 완전히 섞은 반죽의 굳기를 보고 버터와 달걀이 제대로 섞였는지를 판단할 수 있습니다.

참고 ··· 117~118쪽/248~250쪽

표 18 버터와 달걀의 유화 과정

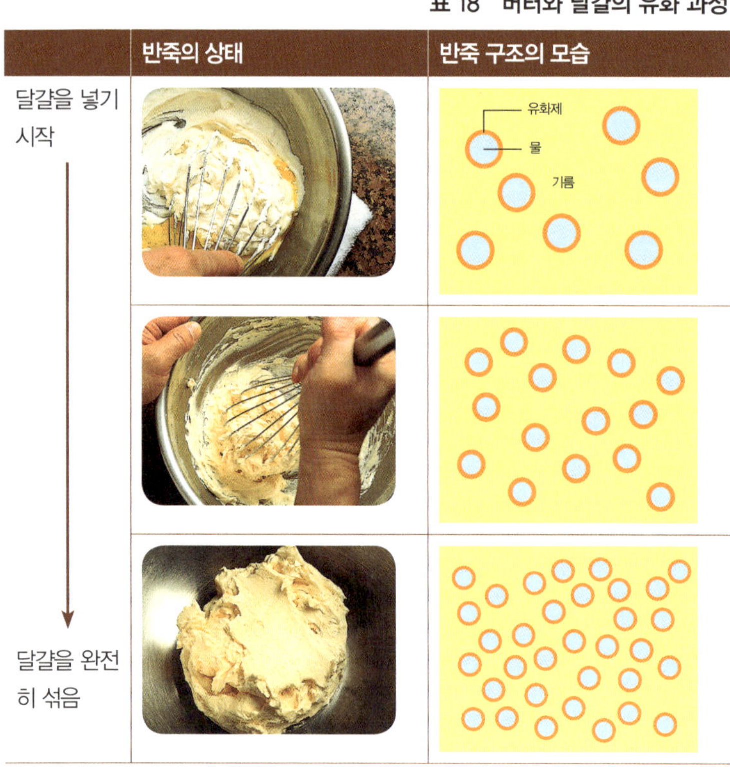

반죽이 분리된 상태
반죽이 보슬보슬하다.

 **타르트 반죽에서 밀가루를 넣을 때 잘 섞는 방법을 가르쳐 주세요.**

 **밀가루를 섞을 때 세게 주무르지 않는 것이 중요합니다.**

버터에 달걀을 섞은 반죽에 밀가루를 부은 뒤에는 먼저 주걱으로 반죽을 자르듯이 섞어 밀가루를 반죽 전체에 퍼뜨린 다음 스크레이퍼를 이용해 섞은 후 볼의 가장자리에 대고 가볍게 누르듯이 한 덩어리로 뭉칩니다. 입안에서 바스러질 만한 타르트 반죽을 만들려면 밀가루를 섞을 때 두 가지 점을 주의해야 합니다.

1. 반죽을 섞을 때 세게 주무르지 않는다

밀가루를 첨가한 반죽은 자르듯이 섞습니다. 세게 주물러 버리면 글루텐이 과도하게 생성되어 반죽 속에 그물 구조를 형성합니다. 오븐 안에서 가열되면 글루텐이 굳으면서 반죽을 연결하는 뼈대 역할을 하므로 여기서 글루텐이 과도하게 생성되면 반죽을 구웠을 때 바스러지지 않고 뚝뚝 부러질 만큼 딱딱해집니다. 또 글루텐이 너무 많으면 반죽을 구웠을 때 쭈그러들 수 있습니다.

2. 스크레이퍼를 이용해 재빠르게 섞는다

버터는 '쇼트닝성'(쿠키나 파이 등을 무르고 부서지기 쉽게 하는 성질)이라는 성질을 발휘해 반죽 속에 얇은 필름 형태로 퍼져 반죽을 만드는 단계에서 글루텐 형성을 억제하거나 굽는 사이에 전분의 결합을 막습니다. 이러한 성질이 반죽을 구웠을 때 입안에서 바스러질 만한 식감을 만듭니다.

손바닥으로 눌러가며 섞지 않고 스크레이퍼를 사용하는 이유는 반죽 속에 든 버터가 손에서 전달된 열기에 녹아 쇼트닝성을 잃어 반죽이 딱딱하게 구워지는 것을 막기 위해서입니다. 또한 반죽 속의 버터가 실온에 녹아 부드러워지지 않도록 작업을 신속하게 하는 것이 중요합니다.

 참고 … 254~255쪽

타르트 반죽을 만들 때 밀가루를 섞는 방법

스크레이퍼를 이용해 자르듯이 섞은 후 반죽을 살짝 누르는 듯한 느낌으로 밀가루를 섞는다.

볼의 가장자리를 이용해 반죽을 뭉친다.

 **온도가 올라가 끈끈해진 반죽을 구우면 딱딱해지는데, 그 이유가 무엇인가요?**

 **원래 오븐 안에서 녹아야 할 버터가 반죽을 만드는 사이에 녹아 버려 다른 재료에 스며드는 방법이 바뀌었기 때문입니다.**

타르트 반죽은 작업 중에 부드러워지면 구운 뒤에 딱딱해져 버립니다. 그 원인은 버터가 녹는 데에 있습니다. 구운 반죽을 현미경으로 들여다보면 부드럽고 끈끈해진 반죽은 녹은 버터가 글루텐에 상당히 스며들어 있는 것을 알 수 있습니다. 마치 글루텐이 기름에 튀겨진 것처럼 구워져 식감이 딱딱해지는 것입니다.

정상적인 반죽을 구운 경우

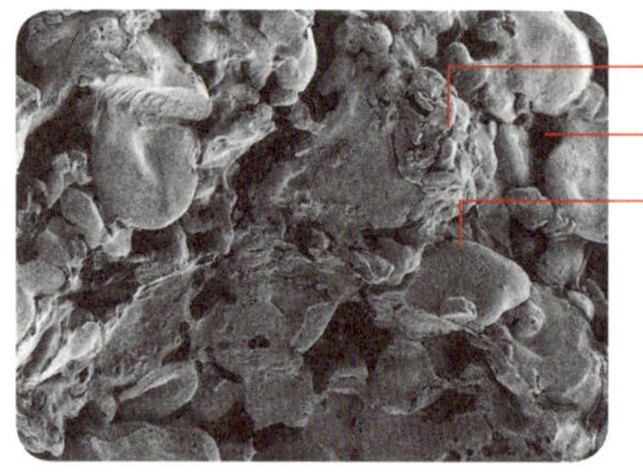

글루텐의 그물 구조가 전분 입자를 둘러싸는 듯한 형태로 이루어져 있다. 버터는 글루텐 주변에 분포되어 있으며, 글루텐에 그리 스며들지 않았다.

온도가 올라가 끈끈해진 반죽을 구운 경우

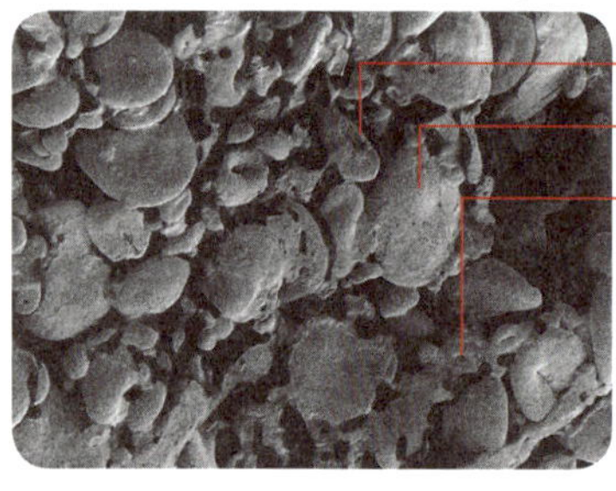

전분 입자 주변에 존재해야 할 글루텐에 녹은 버터가 스며들어 사진에 글루텐이 또렷하게 보이지 않는다.

촬영 : 히가사 다카히코(樋笠隆彦)

*참고 배합 사례의 반죽을 위의 조건대로 만든 후, 주사형 전자현미경을 이용해 1000배율로 촬영

 **타르트 반죽을 구웠는데 바닥이 위로 올라와 버렸어요. 이를 막을 방법을 가르쳐 주세요.**

 **포크나 피케 롤러로 반죽에 구멍을 콕콕 뚫거나 구울 때 반죽 위에 누름돌을 올립니다.**

타르트 반죽을 구웠을 때 바닥이 위로 올라오는 이유는 바닥의 반죽과 오븐팬 사이(타르트 틀에 구울 때는 바닥의 반죽과 틀 사이)에 공기가 쌓여 있다가 오븐에 들어가 열에 팽창하여 반죽을 들어올리기 때문입니다. 이렇게 되면 바닥이 평평하게 구워지지 않을 뿐만 아니라 올라온 부분에 열이 제대로 전달되지 않아 반죽이 충분히 익지 못하게 됩니다. 따라서 이러한 공기가 빠져나갈 수 있도록 미리 몇 가지 준비를 할 필요가 있습니다.

먼저 이 책에서는 타르트를 구울 때 타르트용 세르클을 사용하는데, 세르클은 밑이 뚫려 있으므로 굽는 도중에 오븐을 열어 바닥과 오븐팬 사이에 주걱을 깊숙이 끼워 앞쪽을 한 번 살짝 들어 올리는 방법으로 공기를 뺄 수 있습니다.

1. 반죽을 틀의 바닥 가장자리에 빈틈없이 깐다

1. 반죽을 바닥에 딱 붙인다.

2. 틀의 바닥 가장자리에 빈틈이 생기지 않도록 반죽을 바싹 붙여 공기를 뺀다.

반죽을 틀에 깔 때는 공기가 들어가지 않도록 반죽을 틀에 바싹 붙여 깝니다. 특히 틀의 바닥 가장자리 부분은 빈틈이 생기기 쉬우므로 그쪽에 공기가 들어갈 수 있습니다. 따라서 틀의 바닥 가장자리에 반죽을 빈틈없이 밀착시킵니다.

2. 피케한다

1. 틀에 반죽을 깐 다음 포크로 반죽에 구멍을 뚫는다.

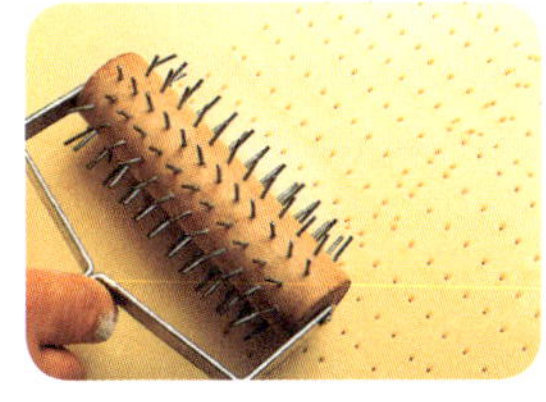

2. 피케 롤러로 반죽 전체에 구멍을 뚫은 다음, 틀에 깐다.

바닥 반죽에 구멍을 가득 뚫어(피케, piquer), 반죽과 오븐팬 사이에 남아 있는 공기가 쉽게 빠져나갈 수 있게 합니다.

반죽을 틀에 깐 다음에 피케할 경우에는 포크로 바닥의 반죽을 콕콕 찌릅니다. 반대로 반죽에 먼저 피케한 다음 반죽을 틀에 까는 편이 효율적인 경우에는 피케 롤러를 이용해 반죽 전체에 구멍을 뚫습니다.

피케가 구운 반죽에 끼치는 영향

피케한 반죽. 바닥이 평평하게 구워진다.

피케하지 않은 반죽. 바닥 전체가 떠 있다.

3. 누름돌을 올린다

반죽 위에 유산지를 깐 다음 그 위에 팥 등을 누름돌로 깐다.

타르트 반죽에 채우는 필링(속)에 따라서 바닥 반죽에 구멍을 뚫지 않는 경우도 있습니다. 플랑(flan)처럼 달걀이나 우유로 만든 액상 푸딩을 흘려 넣는 요리의 경우에는 바닥에 구멍을 뚫으면 필링이 밖으로 새어나갈 수 있기 때문입니다.

이 같은 경우에는 피케하지 않고 반죽에 누름돌을 올려 구운 뒤 필링을 채웁니다. 누름돌을 올리면 무게 때문에 반죽이 뜨지 못하고 변형도 일어나지 않습니다. 누름돌은 반죽을 굽는 도중에 치워 버립니다.

누름돌이 반죽에 끼치는 영향

왼쪽 : 누름돌을 올린 경우
오른쪽 : 누름돌을 올리지 않은 경우
누름돌을 올리지 않고 구우면 바닥 전체가 떠 버린다.

 **누름돌을 올려 굽는 경우, 언제쯤 누름돌을 치우는 것이 좋은가요?**

 **측면의 상부 반죽이 희미한 갈색을 띨 때쯤이 좋습니다.**

타르트 반죽에 누름돌을 올릴 경우, 누름돌을 치우지 않고 계속 구우면 누름돌을 올린 타르트 반죽 안쪽에 열이 전달되지 않게 됩니다. 따라서 굽는 도중에 유산지와 누름돌을 모두 치워야 합니다. 누름돌을 치우기 적당한 시점은 반죽 측면의 윗부분이 은은한 갈색을 띠기 시작했을 때쯤으로, 누름돌을 올렸던 부분이 전체적으로 하얗게 변하면 누름돌을 치우고 전체적으로 보기 좋은 갈색을 띨 때까지 굽습니다. 이를 가라야키(空焼き)라고 합니다.

반면 타르트에 크림 같은 필링을 채워 구울 때는 누름돌을 치운 후 다시 오븐에 넣어 표면을 건조시킨 다음 오븐에서 꺼냅니다. 아직 완전히 갈색을 띠지 않고 흰빛이 도는 상태로 구워 내는 것을 '시라야키(白焼き)'라고 합니다.

시라야키한 반죽

가라야키한 반죽

STEP UP **시라야키와 가라야키**

가라야키는 커스터드 크림(크렘 파티시에르)처럼 열을 가할 필요가 없는 필링을 채울 때 만듭니다. 열을 가해야 하는 필링을 사용할 때는 필링을 얼마나 익히기 쉬운지에 따라 미리 반죽을 구워 둘지 아닐지를 결정합니다.

비교적 익히기 쉬운 필링은 시라야키한 반죽에 채운 뒤 다시 한 번 굽습니다. 익히는 데 시간이 오래 걸리는 필링은 반죽을 틀에 깐 다음 처음부터 채워서 굽습니다.

타르트 반죽은 제대로 만들었는데 구웠더니 쪼그라들었어요. 이유가 뭘까요?

반죽의 두께가 고르지 않았거나 굽는 온도가 너무 낮았던 것이 원인일 수 있습니다.

구운 타르트 반죽의 측면이 틀보다 낮아지거나 틀과의 사이에 틈이 생기는 이유는 반죽을 구울 때 쪼그라들었기 때문입니다. 이처럼 반죽이 쪼그라들면 필링을 계획했던 양만큼 넣을 수 없을 뿐만 아니라, 식감도 딱딱해져 버립니다.

이런 현상은 왜 발생하는 것일까요? 반죽을 만드는 단계에서 버터의 온도가 올라갔거나 반죽을 지나치게 한 것 또한 반죽이 쪼그라드는 원인이 될 수 있습니다. 하지만 반죽을 제대로 만들었는데도 쪼그라든다면 이는 어떤 원인으로 반죽을 지나치게 구운 것이 문제일 수 있습니다. 그 원인을 두 가지 정도 생각해 볼 수 있습니다.

우선 오븐 문을 열었을 때 온도가 떨어진 것 등이 영향을 끼쳐 굽는 온도가 낮아져 버리면 색이 제대로 나지 않아 오래 굽게 되고, 그것이 반죽을 쪼그라들게 하는 원인이 될 수 있습니다.

또 다른 원인으로는 반죽을 밀 때 두께가 고르지 않았거나 반죽을 틀에 깔 때 손가락으로 반죽을 세게 눌러 두께가 얇아지는 경우를 생각해 볼 수 있습니다. 이렇게 반죽의 두께가 고르지 못하게 되면 얇은 부분이 쪼그라들면서 반죽 전체에 영향을 끼칠 수 있습니다. 반죽을 구울 때 이러한 점을 신경 쓰기 바랍니다.

**빵이나 과자를 만들 때 그래뉼러당을 사용하는 경우가 많은데,
왜 타르트 반죽에는 분당(슈가파우더)을 사용하나요?**

분당을 사용하면 반죽을 구웠을 때 반죽의 표면이 더 매끄럽고 바삭바삭해지기 때문입니다.

베이킹을 할 때는 일반적으로 그래뉼러당을 사용하지만, 타르트 반죽에는 분당을 사용합니다. 분당을 사용해야 반죽을 구웠을 때 표면이 더 매끄럽고 입안에서 바스러지는 식감을 낼 수 있기 때문입니다.

타르트 반죽은 스펀지케이크 반죽 등 다른 반죽에 비해 수분량이 적어 설탕이 수분에 녹기 힘든 상태에서 만들어집니다. 게다가 설탕이 버터 속 '지방'과 먼저 섞인 후에 달걀 속 '수분'을 만나므로 지방으로 코팅되어 수분에 더욱 녹아들기 어려워집니다. 분당을 이용하는 것은 이러한 상태에서 설탕이 반죽 속에 좀 더 쉽게 분산될 수 있도록 하기 위한 것입니다. 일반적으로 판매되는 그래뉼러당은 제과용 설탕보다 입자가 거치므로 이것을 사용해 타르트 반죽을 구우면 그래뉼러당 결정이 눈에 띄고, 수분에 녹지 못한 설탕이 캐러멜화되어 보슬보슬한 식감을 내게 됩니다.

설탕의 입자 비교

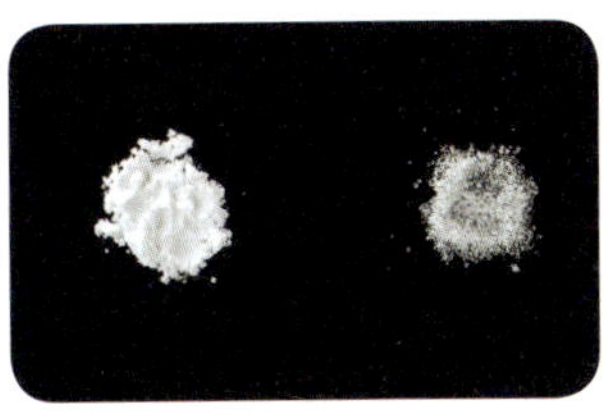

왼쪽 : 분당, 오른쪽 : 그래뉼러당

설탕의 종류가 구운 반죽에 미치는 영향

왼쪽 : 분당을 사용한 타르트 반죽, 오른쪽 : 그래뉼러당을 사용한 타르트 반죽. 그래뉼러당을 사용하면 표면에 그래뉼러당의 결정이 나타나고, 반죽이 보슬보슬하고 딱딱해진다.

 **Q** 타르트 반죽의 배합을 바꿀 때 어떤 점에 주의해야 하나요?

 **A** 쉽게 부서지는 식감을 만드는 버터의 분량을 중심으로 다른 재료의 분량에 변화를 줍니다.

타르트 반죽의 부서지기 쉬운 바삭바삭한 식감은 버터의 쇼트닝성 때문입니다. 따라서 배합을 바꿀 때는 밀가루 대비 버터의 양을 어떻게 조절할 것인지를 먼저 고려한 후에 다른 재료의 분량을 바꾸어야 합니다. 버터의 배합량이 줄어들수록 반죽의 바삭바삭한 식감 또한 줄어듭니다.

또 설탕의 양이 증가하면 반죽의 단맛이 증가하는 동시에 식감 또한 딱딱해집니다. 이는 수분에 녹지 못하고 남은 설탕이 그대로 가열되어 캐러멜화되기 때문이 아닐까 생각합니다.

타르트 반죽의 기본 배합을 바탕으로 버터나 설탕의 양을 조절하거나 또는 견과류나 코코아 가루 등을 첨가하여 원하는 반죽을 만들어 낼 수 있습니다. 아래에 예로 나와 있는 반죽 배합을 참고하여 바꾸어 보기 바랍니다.

그래프 3 타르트의 기본 반죽

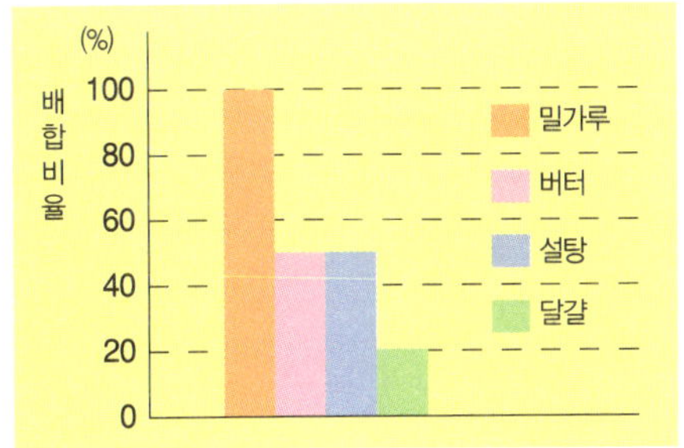

1. 달걀의 혼입량 계산식

(1) 버터의 양이 밀가루의 50%인 경우(→그래프 3)

타르트의 기본 반죽입니다. 버터의 양이 반죽의 식감을 결정하므로 버터의 양을 조절할 경우에는 달걀의 양도 함께 조절해야 합니다.

달걀의 양 = (버터 + 설탕 + 밀가루) × 0.1

예 (버터 125g + 설탕 125g + 밀가루 250g) × 0.1 = 달걀 50g

(2) 버터의 양이 밀가루의 50%보다 많은 경우(→그래프 4)

버터의 양은 늘리고 설탕의 양은 줄인 반죽으로, 좀 더 바삭바삭합니다. 기본 배합보다 버터는 25g 늘어났지만, 달걀의 양은 10g 줄였습니다.

예 (버터 150g + 설탕 100g + 밀가루 250g) × 0.1 = 50g

50g − 10g = 달걀 40g

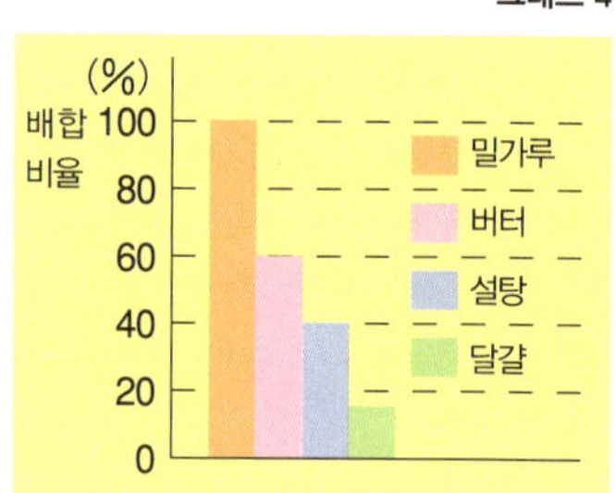

(3) 버터의 양이 밀가루의 50%보다 적은 경우(→그래프 5)

버터의 양을 줄이고, 설탕의 양을 늘린 반죽으로, 딱딱하고 뚝 부러지는 식감을 냅니다. 기본 배합보다 버터의 양이 25g 줄어든 반면, 달걀의 양은 10g 늘어났습니다.

예 (버터 100g + 설탕 150g + 밀가루 250g) × 0.1 = 50g

50g + 10g = 달걀 60g

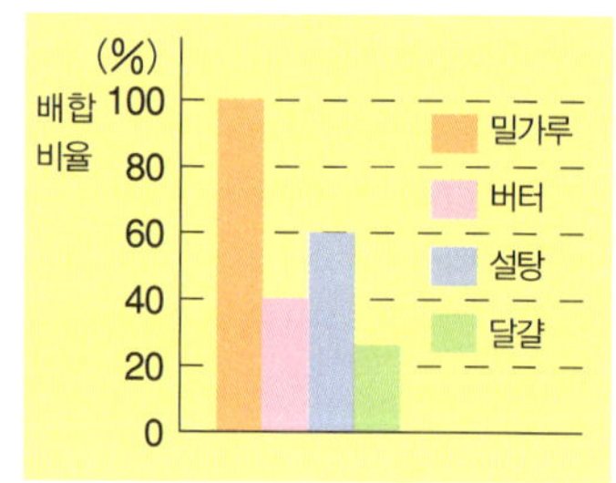

2. 아몬드파우더 같은 분말 형태의 견과류를 첨가할 경우

분말 형태의 견과류는 반죽의 수분을 빨아들이므로 이러한 점을 고려하여 견과류 중량의 30%만큼 밀가루의 양을 줄입니다.

3. 코코아를 첨가할 경우

첨가하고 싶은 코코아의 양을 밀가루의 양에서 제합니다.

이밖에도 전란을 달걀노른자로 바꾸는 방법 그리고 밀가루 종류를 바꾸거나 밀가루 가운데 일부를 전분으로 대체하여 단백질 질량을 바꾸는 방법 등 다양한 응용법이 있습니다. 지금 소개한 내용은 어디까지나 참고 기준일 뿐이며 실제로는 직접 만드는 과정을 통해 조정하는 작업이 필요합니다.

Chapter 5

버터의 가소성을 이용해 만드는
파이 반죽

밀푀유나 피티비에(Pithiviers) 등 대표적인 파이는 겹겹이 쌓인 얇은 층이 단숨에 바스러지는 식감과 고소한 버터의 향을 즐길 수 있는 과자입니다.

데트랑프라 불리는 밀가루 반죽으로 버터를 감싼 다음, 이를 접었다가 다시 얇게 미는 작업을 여러 차례 반복하면 수백 겹에 달하는 층이 만들어집니다. 반죽을 구웠을 때 얇은 층 하나하나가 예쁘게 부풀어 오르려면 버터의 질감과 데트랑프 반죽의 질감을 최대한 비슷하게 하고, 반죽을 얇게 미는 것이 중요합니다.

파이 반죽에는 기본 반죽인 접기형 파이 반죽 이외에노 앙베르세(inverse) 파이 빈죽과 래피드(rapide) 파이 반죽이 있습니다. 앙베르세는 프랑스어로 '거꾸로 했다'라는 뜻으로, 데트랑프로 버터를 감싸는 기본 방법과는 반대로 버터로 데트랑프를 싸서 접는 접기형 파이 반죽입니다. 또 래피드는 '빠르다'라는 의미로, 이 방법은 버터와 밀가루를 대충 섞어 간단하고 빠르게 만드는 방법으로 접기형 파이 반죽과는 다릅니다. 각 반죽 기법의 특징을 잘 이해하여 좀 더 다양하게 활용해 보기 바랍니다.

파이 반죽을 만드는 기본 방법

[참고 배합 사례]

- 데트랑프
  - 박력분 250g
  - 버터 80g
  - 강력분 250g
  - 찬물 250ml
  - 소금 10g
- 버터 370g

준비

- 박력분과 강력분은 합쳐서 체에 친다.

*오븐의 기종이나 형태에 따라 굽는 온도나 시간이 다소 차이 날 수 있다.

1 
데트랑프를 만든다.
박력분과 강력분에 소금을 첨가해 섞는다. 차가운 버터를 손으로 으깨어 섞는다.

2 
손으로 문지르며 섞는다.

3 
찬물을 붓고, 손으로 가볍게 섞는다.

4 
대충 한 덩어리가 되면 볼에서 꺼내어 둥글게 빚는다.

5 

표면이 조금 매끄러워지면 둥글게 모양을 다듬은 후, 십자 모양으로 칼집을 낸다. 비닐봉지에 넣어 냉장고에 1시간 이상 휴지시킨다.

6 

데트랑프로 버터를 감싼다.

덧가루를 뿌린 작업대에 차가운 버터 덩어리를 놓고 밀대로 두드려 질감을 조절한 다음 약 25cm 길이의 정사각형 모양으로 편다.

7 

칼집을 낸 부분을 사방으로 벌려 반죽을 네모나게 만든 다음 버터보다 좀 더 넓게 편다. 반죽의 중앙에 버터를 45도 기울여 올린다.

8 

반죽의 네 모퉁이가 한가운데에 오도록 버터를 감싼 후, 공기가 들어가지 않도록 주의하며 이음매를 여민다.

9 

반죽을 늘인 후 접는다.

반죽을 세로 방향으로 길게 늘인다. 폭은 그대로(약 25cm) 두고, 길이는 세 배(약 75cm)로 한다.

10 덧가루를 뿌린 앞쪽부터 반죽의 3분의 1을 접는다. 그리고 반대편 반죽을 그 위에 덮은 뒤 단단히 겹쳐지도록 밀대로 밀어 누른다.

11 반죽을 90도로 회전시킨 후 앞에서 한 것처럼 3배 길이로 늘인 다음 다시 3절 접기를 한다. 3절 접기를 두 번 마치면 비닐로 감싸 냉장고에 1시간 휴지시킨다. 9~11의 과정을 두 번 더 반복한다.

12 **굽는다.**

반죽을 늘여 성형한 후 피케한다. 윗불 200℃, 아랫불 200℃의 오븐에 15분 동안 구운 다음 윗불 180℃, 아랫불 160℃로 온도를 낮추어 15분 동안 더 굽는다.

*증기 배출 장치가 있는 오븐은 온도를 낮춘 후에 증기를 빼내면 반죽이 더욱 바삭하게 구워진다.

● 접기형 파이 반죽, 어떤 재료가 어떤 작용을 하나요?

1. 겹겹이 쌓인 층을 만드는 것은?

파이 반죽은 버터와 데트랑프(주로 밀가루와 물로 만든 반죽)의 층이 번갈아 겹겹이 쌓여 있습니다.

데트랑프, 버터, 데트랑프의 순서대로 세 개의 층이 겹쳐진 반죽을 늘이고 다시 접어 펴는 과정을 반복하면서 층이 수백 겹으로 늘어납니다. 반죽을 접어 겹치는 과정에서 데트랑프 층이 서로 달라붙기 쉽지만, 그 사이에 버터가 있으면 그럴 일이 없습니다.

2. 층이 되어 떠오르는 것은?

버터나 데트랑프의 일부 수분이 가열 과정에서 수증기로 변해 데트랑프를 들어올리면서 빈틈이 겹겹이 생깁니다. 이것이 접기형 파이 반죽의 층이 됩니다.

접기형 파이 반죽의 단면

분홍색 : 데트랑프(적색 식용 색소로 물들임)

흰색 : 버터

● 접기형 파이 반죽의 조리 과정을 통해 살펴보는 구조의 변화

접기형 파이 반죽을 굽는 과정

파이 반죽을 오븐에 넣어 가열하면 버터는 단시간에 온도가 상승하여 녹습니다. 얇게 펴진 데트랑프는 녹은 버터 사이에서 열을 받아 익기 시작합니다.

버터에 포함된 수분(버터의 약 16%)이 열을 받아 수증기로 변하면서 얇게 펴져 있던 데트랑프를 들어 올리면 겹쳐 있던 데트랑프 사이에 틈이 생깁니다.

데트랑프에 들어 있던 수분의 일부는 전분의 호화에 사용되고, 그와 동시에 글루텐(단백질)도 익습니다.

가열이 계속 진행되면 데트랑프는 마치 녹은 버터의 유지에 튀겨지듯이 익기 시작합니다. 익지 않은 데트랑프가 건조되어 구워질 때, 수분이 수증기가 되어 빠져나가면서 데트랑프 사이의 틈이 한층 벌어집니다.

데트랑프가 수분이 빠져나간 부분에 유지를 흡수하면서 더욱 바삭하게 구워집니다.

● 접기형 파이 반죽의 조리 과정 상상하기

데트랑프, 버터, 데트랑프의 순서대로 겹쳐진 반죽을 밀대로 밀어서 펼 때 버터와 데트랑프를 거의 비슷한 수준으로 얇게 펴는 것이 중요합니다.

즉, 버터는 데트랑프와 하나가 되어 마치 점토처럼 늘일 수 있다는 뜻입니다. 버터가 지닌 이러한 가소성이라는 성질은 파이 반죽의 경우 13℃ 전후에서 발휘되므로 항상 버터를 이 온도대로 유지하는 것이 중요합니다.

*가소성은 외부의 힘으로 변형된 형태가 그대로 유지되는 성질로, 파이 반죽에서 버터는 13℃ 전후에 가장 가소성이 좋다. 이 온도대에서는 버터가 적당한 굳기를 유지하여 밀대로 밀어도 끊어지지 않고 얇게 펴진다.

● 파이 반죽을 만드는 다른 방법

1. 푀이타주 앙베르세(Feuilletage inversé)

앙베르세는 프랑스어로 '거꾸로 하다'라는 의미입니다. 기본 반죽인 접기형 파이 반죽에서는 데트랑프로 버터를 감싸지만, 푀이타주 앙베르세 파이 반죽에서는 이와 반대로 버터로 데트랑프를 감싼 후 반죽을 접어 파이를 만듭니다.

1. 접기용 파이 반죽에 들어가는 버터가 잘 늘어나도록 밀가루를 섞어 주무른다.

2. 1의 버터를 세로 방향으로 길게 늘인 다음 그 위에 데트랑프를 올린다. 버터, 데트랑프, 버터의 순서대로 겹쳐지도록 3절 접기를 한다. 이후의 방법은 기본 파이 반죽과 동일하다.

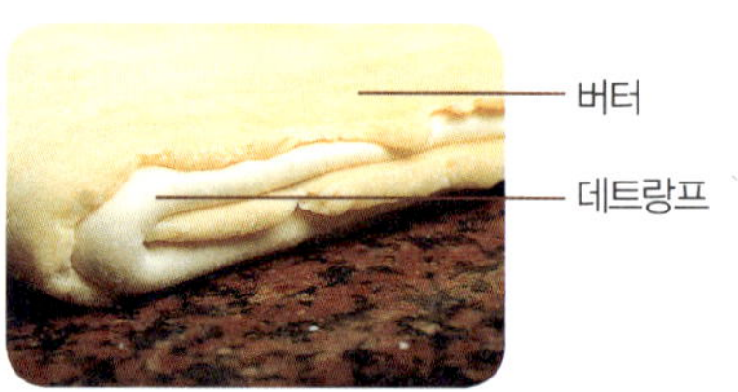

3. 3절 접기를 한 번 끝마친 모습

2. 푀이타주 래피드(Feuilletage rapide)

래피드는 프랑스어로 '빠르다'라는 뜻입니다. 기본적인 접기형 파이 반죽처럼 데트랑프를 만들어 버터와 함께 접는 과정을 거치지 않고, 버터와 밀가루를 대충 섞어 한 덩어리로 뭉칩니다.

밀가루 반죽 사이에 들어간 버터가 압축판처럼 단속적으로 겹쳐진 구조를 이룹니다. 이처럼 층이 끊어져 있으면 글루텐이 반죽을 수축시키는 힘이 약해집니다. 따라서 휴지 시간도 그만큼 줄어듭니다. 기본 접기형 파이 반죽은 데트랑프를 만든 후 그리고 반죽을 두 번 접은 후에 1시간 정도 휴지시키지만, 래피드 파이 반죽에서는 20~30분 전후로 휴지시키는 것에 그칩니다. 즉, 그만큼 반죽을 빠르게 완성할 수 있습니다.

　이렇게 만든 반죽을 구우면 사르륵 부서지는 식감의 파이를 즐길 수 있지만, 파이의 층이 제대로 살지 않아 확실히 부푸는 정도가 떨어지는 편입니다. 따라서 얇게 굽는 파이를 만들기에 적합합니다.

1. 차갑고 단단하게 굳힌 버터를 네모나게 자른 후 밀가루를 묻힌다.

2. 물과 소금을 넣어 적당히 섞은 후 반죽을 뭉친다. 냉장고에 넣어 10~15분 정도 휴지시킨다. 기본 접기형 파이 반죽과 마찬가지로 3절 접기 또는 4절 접기를 한다. 단, 휴지시키는 시간은 20~30분 정도면 된다.

3. 처음 반죽을 늘린 모습
(밀가루 반죽과 버터가 얼룩덜룩하게 섞여 있다)

4. 반죽을 접어 늘이는 과정이 반복될수록 반죽이 더 매끄러워진다.

반죽 방법을 달리한 파이의 모습

왼쪽 : 기본 접기형 파이 반죽
가운데 : 푀이타주 앙베르세
오른쪽 : 푀이타주 래피드. 래피드 법은 파이의 층이 많이 형성되지 않아 그리 많이 부풀지 않는다.

파이 반죽 Q&A

 접기형 파이 반죽은 구웠을 때 층이 얼마나 생기나요?

 3절 접기를 6번 한 반죽을 구우면 계산상으로는 층이 모두 730개가 생깁니다.

접기형 파이 반죽은 접는 횟수가 늘어날수록 데트랑프와 버터의 층이 매우 얇게 겹겹이 쌓이면서 층이 늘어나게 됩니다. 3절 접기를 6번 반복하면 이론상으로는 버터와 데트랑프의 층이 총 1,459개 생기며, 반죽을 구운 뒤에는 버터가 녹아 730개가 됩니다. 하지만 실제로는 도중에 데트랑프의 층이 제대로 펴지지 않고 끊어지는 경우가 있어 계산한 만큼 층이 형성되지 않을 수도 있습니다. 반죽을 균일하게 펼수록 점점 더 계산상의 수치에 가까워진다고 보면 됩니다.

접기형 파이 반죽의 단면

3절 접기를 2번 반복 : 구우면 층의 개수가 10개가 된다.

3절 접기를 4번 반복 : 구우면 층의 개수가 82개가 된다.

3절 접기를 6번 반복 : 구우면 층의 개수가 730개가 된다.

*분홍색 : 데트랑프(적색 식용 색소로 물들임), 흰색 : 버터

 데트랑프를 만들 때 반죽을 얼마나 해야 하나요?

 가급적 주무르지 않고 표면이 매끄러워질 때까지 가볍게 섞습니다.

접기형 파이 반죽의 데트랑프는 빵을 만들 때처럼 반죽을 주무르지 않고, 살살 섞어가며 둥글게 빚습니다. 오래 주물러 글루텐의 탄력이 강해지면 반죽을 접어 늘이는 과정에서 반죽이 제대로 펴지지

않으므로 이 단계에서는 탄력을 적당히 억제해 두는 것이 좋습니다. 반죽의 표면이 매끄러워질 때까지 반죽을 가볍게 뭉쳐 둥글게 모양을 다듬어 줍니다.

STEP UP 물을 고르게 흡수시키는 방법

밀가루에 물을 부었을 때 물이 밀가루에 골고루 흡수되지 않으면 아무리 반죽을 오래 해도 반죽에 덩어리진 밀가루가 남게 됩니다. 물을 밀가루에 고르게 흡수시키는 것은 반죽을 뭉치는 방법만큼이나 중요합니다.

밀가루에 물을 넣을 때는 물을 약간 남겨 두는 것이 좋습니다. 반죽을 가볍게 섞다 보면 물을 충분히 흡수한 밀가루와 흡수하지 못한 밀가루가 나옵니다. 그러면 미리 남겨 두었던 물을 물기가 부족한 부분에 뿌려 물을 고르게 흡수시키면서 반죽을 뭉쳐 나갑니다.

왼쪽 : 정상적인 반죽
오른쪽 : 물이 고르게 흡수되지 않은 반죽
오른쪽 반죽은 아무리 오래 주물러도 덩어리진 밀가루가 남게 된다.

 데트랑프는 어느 정도 휴지시키는 것이 좋은가요?

 데트랑프를 손가락으로 눌렀을 때, 누른 자국이 그대로 남는 성노가 적당합니다.

데트랑프를 휴지시키는 기준

왼쪽 : 충분히 휴지시키지 못한 반죽
오른쪽 : 충분히 휴지시킨 반죽
오른쪽 반죽처럼 손가락으로 누른 자국이 사라지지 않을 때까지 휴지시킨다.

데트랑프를 휴지시키는 목적은 두 가지입니다. 뭉친 직후의 데트랑프는 글루텐의 탄력이 너무 강해 아무리 펴려고 해도 수축해 버립니다. 그렇기 때문에 강한 탄력이 약해지도록 반죽을 휴지시키는 것입니다. 뿐만 아니라 반죽의 수분이 전체에 고르게 퍼지게 하려는 목적도 있습니다. 즉, 휴지를 시키는 동안 전분이 물을 서서히 흡수하면서 반죽이 점차 부드럽고 매끄러워지는 것입니다.

일반적으로 휴지 시간은 1시간 정도입니다. 손가락으로 데트랑프를 눌렀을 때 누른 자국이 그대로 남을 때까지 휴지시킵니다.

데트랑프를 충분히 휴지시키지 않으면 반죽의 탄력이 강해 손가락으로 눌러도 금세 자국이 사라져 버립니다. 휴지 시간을 늘리면 이처럼 반죽을 눌렀을 때 되돌아오는 탄력이 약해집니다.

STEP UP 글루텐의 그물 구조 리셋

데트랑프는 세게 주무르지 않고 살살 섞어서 만들므로 사방팔방으로 힘이 가해집니다. 반죽을 끝낸 직후에는 마치 팽팽하게 당겨진 것처럼 힘을 가한 방향으로 글루텐의 그물 구조가 마구 뻗어 있습니다. 이러한 상태에서 데트랑프를 늘이면 이러한 그물 구조가 더욱 흐트러지게 됩니다.

글루텐의 그물 구조는 원래 규칙적인 그물 모양을 하고 있습니다. 따라서 이처럼 데트랑프를 늘여서 구조가 흐트러져 버리면 원래의 규칙적인 형태로 되돌아가려는 힘이 작용합니다. 이때 글루텐이 데트랑프 전체를 수축시켜 버립니다.

이처럼 흐트러진 글루텐의 그물 구조도 1시간 정도 휴지시키는 동안, 팽팽하게 당겨져 있던 부분에서 글루텐의 재구축이 일어나면서 자연스럽게 규칙적인 배열로 변화합니다. 이러한 과정이 모두 끝난 후에 반죽을 늘이면 그물 구조에 무리한 힘이 작용하지 않으므로 반죽이 수축하지 않고 늘어난 크기를 그대로 유지하게 됩니다.

 참고 … 254~255쪽

 **데트랑프를 만들 때 박력분과 강력분을 섞어서 사용하는 이유가 뭔가요?**

 **밀가루의 단백질량이 층의 부풀기나 굳기에 영향을 끼치므로 단백질량이 차이나는 박력분과 강력분을 배합해 알맞은 식감을 완성하려는 것입니다.**

파이 반죽은 데트랑프와 버터의 층으로 이루어져 있는데, 그중에서 반죽을 구웠을 때 바삭한 층을 형성하는 부분은 데트랑프입니다. 따라서 데트랑프에 사용하는 밀가루의 종류에 따라 층의 부풀기나 굳기, 풍미가 달라집니다. 이때 중요한 것은 밀가루 속 단백질에서 생성되는 글루텐입니다. 강력분은 박력분보다 단백질이 많이 들어 있는 만큼 생성되는 글루텐의 양도 더 많습니다.

글루텐이 많이 형성되면 데트랑프의 탄력이 더 강해져 데트랑프와 버터를 분리하는 층이 더 쉽게 형성되고, 더 잘 부풀어 오릅니다. 또 박력분만을 사용했을 때보다 데트랑프의 층이 더욱 단단해집니다.

이러한 글루텐의 성질을 얼마만큼 이끌어내고 싶은지에 따라 밀가루 속 단백질의 양을 조절합니다. 강력분과 박력분 어느 한쪽만을 사용하는 방법도 있지만, 두 가지를 섞으면 그 중간에 해당하는 성질을 얻을 수 있습니다.

강력분만 사용했을 때와 박력분만 사용했을 때 데트랑프의 성질이 어떠한가를 먼저 이해하고, 그 가운데 어떤 성질을 전면에 내세울 것인지를 고려해 자신이 원하는 식감에 최대한 가까운 비율을 결정합니다.

*글루텐은 단백질에 물을 첨가해 섞어야 형성된다. 밀가루 속 단백질의 양을 늘리면 그만큼 많은 글루텐이 형성되고, 이 과정에서 더 많은 물이 필요해지므로 데트랑프에 사용하는 물의 양도 늘어난다(→257쪽).

표 19 박력분과 강력분을 구웠을 때의 차이

		박력분	강력분
성분	단백질 함량	6.5〜8.0%	11.5〜12.5%
	글루텐의 양	적다.	많다.
구운 모습	구운 후의 부피	낮게 부푼다.	높게 부푼다.
	층의 부풀기	나쁘다.	좋다.
	층의 굳기	부드럽고 사르륵 부서진다.	단단하고 바삭바삭하다.

밀가루의 종류가 층의 부풀기에 끼치는 영향

왼쪽은 박력분을, 가운데는 박력분과 강력분을 50%씩 섞은 것을, 오른쪽은 강력분을 사용해 데트랑프를 만들어 파이 반죽을 구운 모습

STEP UP 글루텐에 작용하는 소금의 효과

데트랑프에 소금을 넣으면 글루텐의 그물 구조가 치밀해져 데트랑프의 탄력이 알맞은 정도로 강해집니다. 탄력이 강해지면 그만큼 데트랑프를 얇게 밀 수 있고, 파이 반죽을 만들어 구웠을 때 데트랑프 층 하나하나가 단단해집니다.

데트랑프의 배합을 결정할 때는 소금을 넣는 것을 전제로 하고, 박력분과 강력분의 비율이나 섞는 정도 등으로 탄력을 좀 더 조절하는 것이 좋습니다.

데트랑프에 넣는 소금이 파이 반죽에 끼치는 영향

왼쪽 : 표준(소금을 넣는다)
오른쪽 : 소금을 넣지 않은 것. 소금을 넣으면 층이 더 단단해진다.

 버터 덩어리는 어떤 방법으로 얇게 펴야 하나요?

 차가운 버터를 밀대로 두드려 폅니다.

냉장고에서 바로 꺼낸 버터의 굳기를 조정할 때는 덧가루를 뿌린 작업대 위에 버터를 놓고 밀대로 두드려 정사각형 모양으로 얇게 폅니다. 이때 손으로 만지거나 상온에 오래 놓으면 버터가 최상의 상태를 넘어서 지나치게 부드러워질 수 있습니다. 버터는 한 번 녹으면 가소성을 잃어버리므로 주의해야 합니다.

 …304쪽

버터의 굳기 조절과 성형

1. 밀대로 두드려 평평하게 편다.

2. 버터를 90도 돌린 다음 같은 방법으로 두드려 정사각형 모양으로 얇게 편다.

 접기형 파이 반죽에 사용하는 버터는 굳기를 어느 정도로 하는 것이 좋을까요?

 반죽을 접는 작업을 반복하는 동안 버터가 부드러워지므로 조금 단단하게 조정해 둡니다.

접기형 파이 반죽을 만들 때는 데트랑프로 감싼 버터가 얇게 펴진다는 점에 주의해야 합니다. 데트랑프는 온도에 따른 굳기의 변화가 거의 없지만, 유지인 버터의 굳기는 온도에 크게 좌우됩니다.

일반적으로는 버터와 데트랑프의 질감을 비슷한 수준으로 조정하는 것이 좋다고 알려져 있지만, 반죽을 쉽게 펴려면 버터를 데트랑프보다 좀 더 단단한 상태로 조정해 두는 것이 좋습니다. 반죽을 얇게 펴면 데트랑프가 수축하려 드는데, 이때 버터가 데트랑프보다 좀 더 단단하면 이처럼 수축하려는 힘에 대항해 원래 형태를 그대로 유지할 수 있습니다. 그러면 결과적으로 반죽 전체가 쉽게 수축되지 않아 좀 더 쉽게 펼 수 있습니다.

버터는 가소성이 발휘되는 온도대인 약 13℃ 전후에서 얇게 펴집니다. 이 온도대를 일반적인 기준으로 삼고, 반죽의 온도 즉 버터의 온도를 조정하면서 반죽을 접어 얇게 펴는 작업을 반복합니다. 작업 중에 온도가 올라가는 점을 고려하여 버터가 조금 단단할 때, 버터의 온도가 10℃ 전후일 때 작업을 시작하는 것이 좋습니다.

 …148쪽/304쪽

 버터를 완전히 감싼 반죽을 밀대로 밀었더니 버터에 균열이 생겼어요. 이유가 뭘까요?

 반죽이 너무 차갑거나 가소성이 낮은 버터를 사용한 것이 원인입니다. 이렇게 된 반죽은 구웠을 때 제대로 부풀지 않습니다.

반죽을 냉장고에 너무 오래 두거나 가소성이 낮은 버터를 사용하면 반죽을 밀어도 버터가 데트랑프와 함께 펴지지 않고 균열이 생길 수 있습니다. 이런 경우에는 반죽의 표면만 보더라도 버터가 균열된 것을 알 수 있습니다. 이대로 반죽을 접는 작업을 계속하면 이 부분의 층이 분단되어 구웠을 때 제대로 부풀어 오르지 않게 됩니다. 이에 대해 좀 더 자세히 알아봅시다.

1. 반죽이 너무 차가워진 경우

저온의 냉장고에 너무 오랜 시간 휴지시켜 차갑게 굳은 반죽이나 완전히 해동하지 않은 냉동 반죽을 그 상태에서 펴면 차갑게 굳어 버린 버터가 가소성을 잃어 반죽을 늘였을 때 버터에 균열이 생깁니다.

3절 접기를 두 번 반복할 때까지는 버터의 층이 아직 두꺼우므로 이런 현상이 더 쉽게 일어납니다. 따라서 냉장고나 냉동실에 장시간 보관할 경우에는 3절 접기를 4번 정도 반복하여 버터의 층을 얇게 만든 후에 넣는 것이 좋습니다.

2. 가소성이 낮은 버터를 사용했을 경우

가소성이 낮은 버터를 사용한 경우에도 버터가 잘 펴지지 않아 균열이 발생할 수 있습니다. 버터에는 다양한 종류가 있는데, 그중에서 수분이 많은 것이나 입자가 거친 것은 일반적으로 가소성이 낮아 잘 펴지지 않는다고 합니다. 파이 반죽에 넣는 버터를 고를 때는 풍미뿐만 아니라 수분이 적고 잘 펴지는지를(→300쪽) 함께 살펴보는 것이 좋습니다.

실패 사례

버터가 잘 펴지지 않아 갈라진 반죽

표준 사례

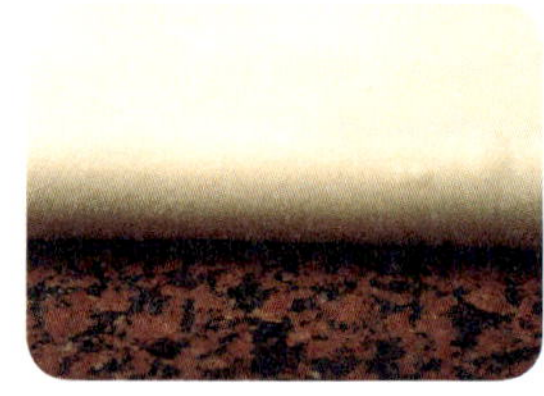

정상적인 반죽

버터의 단면

왼쪽 : 입자가 곱고 부드러운 버터
오른쪽 : 입자가 거친 버터. 입자가 거친 버터는 가소성이 낮아 잘 펴지지 않는다.

Q 접기형 파이 반죽을 늘였더니 반죽이 너무 부드러워졌어요. 어떻게 해야 하나요?

A 작업 도중이라 하더라도 일단 냉장고에 넣어 차갑게 굳힙니다.

반죽이 부드러워진 이유는 실온이 높거나 작업시간이 길어져 반죽 속에 든 버터의 온도가 올라갔기 때문입니다.

반죽이 조금이라도 부드러워졌다 싶을 때는 반죽을 한창 밀고 있던 중이었다고 해도 바로 냉장고에 넣어 차갑게 식히기 바랍니다.

버터는 일단 한 번 심하게 녹으면 다시 차갑게 굳혀도 원래 상태대로 완전히 되돌릴 수 없습니다. 또한 냉장고에 넣어 일시적으로 굳힌다고 해도 다시 상온에 꺼내어 작업을 하면 금세 부드

실패 사례

데트랑프 속에서 버터가 흘러나와 끈끈해진 반죽

러워질 것입니다. 그러므로 냉장고에서 꺼낸 후에도 최대한 신속하게 작업을 마무리해야 합니다.

부드러워진 반죽을 그대로 사용하면 버터가 데트랑프에서 빠져나와 반죽이 끈끈해져 작업대나 밀대에 달라붙어 버립니다. 이 상태가 되면 더 이상 복구가 불가능합니다.

 참고 … 301~302쪽

 접기형 파이 반죽을 늘였더니 반죽 표면이 흰색과 노란색으로 얼룩덜룩해졌어요. 이유가 뭘까요?

 반죽이 건조해진 것이 원인으로 이런 반죽은 구웠을 때 제대로 부풀지 않습니다.

반죽에 든 버터의 온도가 올라가면 반죽 전체가 끈끈해져서 덧가루를 많이 뿌리게 됩니다. 그러면 반죽 자체에 덧가루가 잔뜩 묻을 뿐만 아니라 반죽 표면에 달라붙은 덧가루가 반죽의 수분을 흡수하면서 그 부분이 마르게 됩니다. 또 반죽을 휴지시킬 때 비닐로 덮어두지 않을 경우에도 반죽이 건조해질 수 있습니다.

심한 경우에는 건조해진 부분이 딱딱하게 굳어 버려 밀대로 밀어도 제대로 펴지지 않고, 반죽 속에 들어 있던 버터가 빠져나와 표면이 흰색과 노란색으로 얼룩덜룩해집니다. 이런 반죽은 접는 과정에서 굳은 부분이 층 안에 들어가 버리므로 구워도 제대로 부풀지 않고 식감도 딱딱해집니다. 따라서 반죽을 할 때는 덧가루를 최소한의 양만 사용하고, 반죽에 묻은 덧가루를 요리붓으로 틈틈이 털어내는 것이 좋습니다.

실패 사례

표면에 밀가루가 잔뜩 묻은 반죽

밀대로 밀어도 매끄럽게 밀리지 않고 표면에 흰색과 노란색 얼룩이 생긴다.

표준 사례

정상적인 반죽

 **접기형 파이를 반죽할 때 3절 접기를 2번 한 다음 반죽을 냉장고에 넣어 휴지시키는데, 그 이유가 무엇인가요?**

 **데트랑프의 글루텐 조직을 이완시켜 반죽이 잘 펴지게 하고, 녹은 버터를 다시 굳히기 위해서입니다.**

접기형 파이 반죽은 3절 접기를 2번 하고 난 후에 반드시 반죽을 냉장고에 넣어 휴지시킵니다. 데트랑프 속 글루텐의 탄력을 줄이고, 접은 버터를 차갑게 식히기 위해서입니다. 아래에서 좀 더 자세히 살펴보겠습니다.

1. 데트랑프의 탄력을 줄이다

파이 반죽을 늘이다 보면 반죽의 탄력이 점차 증가합니다. 밀대로 반죽을 밀면 반죽 속 데트랑프에 짓누르는 듯한 힘이 가해지고, 그 결과 글루텐이 수축하려 들기 때문입니다.

따라서 접어 밀기 작업은 한 방향으로 오직 한 번만 할 수 있습니다. 그 이상 반죽을 늘이려고 하면 탄력이 너무 강해져 생각만큼 잘 밀리지 않습니다. 파이 반죽을 한 번 접어 밀대로 민 다음, 다시 반죽을 접어 90도 방향으로 돌려 밀고 나면 일단 반죽을 냉장고에 넣어 휴지시킵니다.

이 과정에서 그동안 흐트러져 있던 글루텐의 그물 구조가 자연스럽게 규칙적인 배열로 재구축됩니다. 휴지 과정을 거치고 나면 글루텐의 그물 구조에 무리한 힘이 작용하지 않아 반죽이 잘 밀리게 됩니다.

2. 버터를 식힌다

작업 도중에 녹아서 흐물흐물해진 버터를 굳히기 위해서라도 반죽을 냉장고에 넣어 휴지시킬 필요가 있습니다. 반죽 속 버터가 녹아서 부드러워지면 버터가 가소성을 잃어 반죽을 얇게 밀 수 없습니다.

또 버터가 녹으면 반죽이 수축되기 쉽습니다. 반죽을 밀면 데트랑프 속 글루텐이 수축하려 드는데, 이때 버터가 어느 정도 굳어 있으면 데트랑프에 수축 현상이 일어나더라도 버터가 형태를 유지할 수 있어 반죽 전체가 수축 현상을 견뎌낼 수 있습니다.

 ··· 148쪽/304쪽

 접기형 파이 반죽을 늘일 때 3절 접기를 할 때마다 반죽을 90도씩 돌리는 이유가 무엇인가요?

 반죽을 한쪽 방향으로만 늘이면 수축하는 힘이 그 방향으로만 작용하기 때문입니다.

접기형 파이 반죽은 3절 접기를 한 번 할 때마다 반죽을 90도 회전시킵니다. 먼저 정사각형 반죽을 세로 방향으로 세 배 늘여 직사각형을 만들고, 이를 다시 3등분하여 접습니다. 그런 다음 반죽을 90도 회전시켜 다시 같은 방법으로 반죽을 늘인 후 접습니다. 이렇게 3절 접기를 2번 마친 반죽은 처음의 정사각형 반죽에서 가로세로 모두 동일한 길이만큼 늘어나며, 이렇게 늘어난 반죽이 접혀 정사각형 반죽 9개가 층층이 겹쳐진 상태가 됩니다.

3절 접기를 2번 마치고 나면 이론상으로는 반죽을 펼쳤을 때 아래 오른쪽에 나온 그림처럼 큰 정사각형이 됩니다. 가로세로 모두 동일한 길이만큼 늘어났으므로 반죽을 밀었을때 글루텐이 수축하려 들어도 그 힘이 가로세로에 모두 균일하게 작용하여 수축한 후에도 반죽의 모양이 비뚤어지지 않습니다.

만약 반죽을 90도 회전시키지 않고 3절 접기를 2번 반복하면 한쪽 방향으로만 반죽이 늘어나게 됩니다. 그러면 세로 방향으로 수축하려는 힘이 강하게 작용하여 실제로는 두 번째 3절 접기를 할 때 생각만큼 반죽이 늘어나지 않게 됩니다.

그림 4 3절 접기를 2번 한 반죽의 전개도

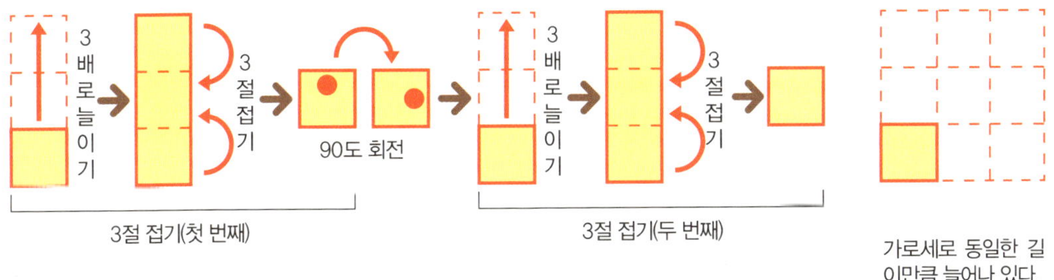

Q 파이 반죽에 피케하는 이유가 뭔가요?

A 반죽이 고르게 부풀어 오르게 하기 위해서입니다.

피케(Piquer)는 프랑스어로 '찌르다', '찍다'라는 뜻으로 피케 롤러나 포크를 이용해 파이 반죽이나 타르트 반죽에 작은 구멍을 뚫는 것을 말합니다. 참고로 파이 반죽을 오븐에 구우면 반죽이 부풀어 오르는데, 이는 버터나 데트랑프 속에 있던 수분 가운데 일부가 가열되어 수증기로 변하면서 데트랑프 층을 밀어올리기 때문입니다. 피케하는 이유는 구멍을 통해 수증기를 어느 정도 내보내면 데트랑프 층이 부풀어 오르는 것을 적당히 억제하여 층이 고르게 부풀 수 있게 합니다. 또 구멍을 뚫으면 그 부분의 데트랑프 속 글루텐이 끊어져 반죽의 수축을 막는 역할을 하기도 합니다.

참고 … 133~134쪽

피케가 구운 반죽에 미치는 영향

왼쪽 : 피케한 반죽(표준)
오른쪽 : 피케하지 않은 반죽. 피케하지 않으면 층이 고르게 부풀지 않는다.

STEP UP 피케 롤러를 사용하는 방법

피케는 밀푀유를 만들 때처럼 반죽을 크게 늘여 전체를 고르게 부풀리고 싶은 경우에도 효과적입니다. 이 경우에는 피케 롤러를 반죽의 중심에서 상하좌우로 대칭을 이루게 굴립니다. 피케하면 글루텐이 조각조각 끊어지지만, 피케 롤러를 사용하면 롤러를 굴린 방향으로 반죽이 살짝 당겨지므로 그 방향에 수축이 발생합니다. 따라서 어느 한쪽으로 치우치지 않도록 롤러를 대칭으로 굴려야 반죽의 변형을 막을 수 있습니다.

밀푀유.
전체적으로 균일하게 부풀도록 피케한다.

 **데트랑프에 버터를 첨가하기도 하지만 첨가하지 않는 방법도 있다고 들었어요. 버터가 하는 작용이 무엇인지 가르쳐 주세요.**

 **데트랑프에 버터를 넣으면 층이 잘 부풀어 오르므로 파이 반죽을 구웠을 때 잘 쪼그라들지 않습니다.**

겹겹이 쌓인 파이 층을 만들려면 데트랑프를 얇게 밀어야 합니다. 그러기 위해서는 글루텐의 점성과 탄력이 필요한데 앞서 이야기한 것처럼 점성과 탄력이 강하면 반죽을 늘일 때 수축하려는 힘이 작용해 오히려 반죽을 얇게 밀기 어려워집니다. 이때 데트랑프에 버터를 넣으면 유지인 버터가 글루텐의 형성을 조금 억제하여 반죽이 잘 늘어나게 합니다. 그러면 데트랑프가 글루텐의 탄력을 유지하면서도 부드럽게 늘어나 더욱 얇은 층을 형성할 수 있고, 그 결과 반죽이 잘 부풀어 오르게 됩니다. 또 반죽을 굽는 사이에 데트랑프가 수축하는 것을 막을 수도 있습니다.

데트랑프에 첨가한 버터가 구운 반죽에 미치는 영향

왼쪽 : 데트랑프에 버터를 첨가한 반죽
오른쪽 : 버터를 첨가하지 않은 반죽. 버터를 첨가하면
층이 더 잘 부풀고, 굽는 과정에서 쪼그라들지도 않는다.

 **데트랑프의 배합에 식초를 첨가하면 파이 층이 잘 부풀어 오르는데 그 이유가 뭔가요?**

 **식초에 들어 있는 산 성분이 파이 층을 너 잘 부풀게 합니다.**

데트랑프에 들어 있는 글루텐은 밀가루에 들어 있는 글리아딘과 글루테닌이라는 단백질 성분이 결합해서 형성됩니다. 그 가운데 글루테닌은 산 성분에 잘 녹는 것이 특징입니다.

그렇기 때문에 데트랑프에 와인 식초 같은 산을 첨가하면 생성된 글루텐이 연화되어 더욱 잘 늘어나게 됩니다. 데트랑프가 얇고 부드럽게 늘어나면 층을 형성하기가 더욱 쉬워져 파이의 층이 잘 부풀어 오릅니다.

실제로는 데트랑프에 넣는 물 가운데 일부를 와인 식초로 대체해 배합을 계산합니다. 산은 소량만 첨가해도 효과를 발휘하므로 와인 식초는 풍미를 느끼지 못할 만큼 밀가루 중량의 5~10% 정도만 넣어도 충분합니다. 식초가 아닌 알코올을 첨가해도 비슷한 효과를 얻을 수 있습니다.

식초를 첨가한 데트랑프를 구운 모습

왼쪽 : 표준
오른쪽 : 데트랑프 배합에 와인 식초를 첨가한 것
식초를 넣으면 데트랑프가 훨씬 잘 부풀어 오른다.

접기형 파이 반죽의 층이 늘어날수록 부푸는 정도가 더 커지나요?

꼭 그렇지만은 않습니다. 층이 늘어나면 각 층의 두께가 더욱 얇아져 일정 부피 이상 커지지 않으므로 더욱 바삭한 식감을 내게 됩니다.

파이 반죽의 층이 늘어난다고 해서 반드시 구웠을 때 잘 부풀어 오르지는 않습니다. 또한 무조건 많이 부풀어야 좋은 파이인 것도 아닙니다.

이론상으로는 접는 횟수가 적으면 각 층의 두께가 두꺼워져 반죽이 잘 부풀어 올라 부피가 커집니다. 층이 두꺼우면 바삭하지가 않습니다. 접는 횟수를 늘려서 층이 많아지면 층 하나하나가 얇아지므로 입 안에서 바스러지는 파이 특유의 식감이 나옵니다.

보통 접기형 파이를 만들 때 3절 접기를 6번 하는데, 그러면 계산상으로 총 730개의 층이 생깁니다. 하지만 접는 작업 중에 층이 지나치게 얇아져서 찢어지거나 무너지는 경우가 있어 실제로 생기는 층의 개수는 그보다 적을 수 있습니다.

이렇게 만든 파이 반죽을 구우면 버터나 데트랑프에 들어 있는 수분이 수증기로 변하면서 얇게 늘인 데트랑프 층을 들어 올리는데, 이렇게 층이 많은 반죽은 층이 적은 반죽보다 각 층의 두께가 얇아 그만큼 높이 들리지 않으므로 오히려 부풀어 오르는 정도가 억제됩니다. 접는 버터의 중량에 따라서도 부푸는 정도가 차이 나는데 4절 접기(142쪽의 10에서 반죽을 세 겹이 아닌, 네 겹으로 접는 방법)는 4번 정도, 3절 접기는 6번 정도 해야 층이 적당히 부풀어 입 안에서 바스러지는 식감을 낼 수 있습니다.

접는 횟수가 다른 파이 반죽을 구운 모습

왼쪽부터 4절 접기 3회(65층), 3절 접기 4회(82층), 4·3·3·4 접기(145층), 3절 접기 6회(730층).
층의 개수와 높이가 반드시 비례하는 것은 아니다.

Chapter 6

전분의 호화와 달걀의 유화성을 이용해 만드는
슈 반죽

슈 반죽으로 만드는 슈는 슈크림이나 에클레어 등에서 많이 보았을 것입니다.

슈는 반죽이 안쪽에서부터 풍선처럼 부풀어 그 모양 그대로 구워집니다. 이처럼 내부에 빈 공간이 크게 생기는 이유는 슈 반죽에 들어 있던 수분이 오븐 안에서 가열되어 수증기로 변하면서 반죽 안쪽이 증기의 힘으로 부풀기 때문입니다.

슈 반죽은 이처럼 반죽을 부풀리기 위해 반죽을 만드는 단계에서 반죽을 가열하는 것이 특징입니다. 가열을 통해 밀가루 속 전분을 충분히 호화시키고, 달걀을 유화시켜 첨가하는 작업이 중요합니다.

슈 반죽을 만드는 기본적인 방법

[참고 배합 사례] 25개 분량

- 물 200g
- 버터 90g
- 소금 2g
- 박력분 120g
- 달걀 225g

준비

- 박력분은 체에 친다.
- 버터와 달걀은 상온에 미리 꺼내 둔다.
- 오븐팬에 버터(분량 외)를 발라 둔다.

*오븐의 기종이나 형태에 따라 굽는 온도나 시간을 다소 차이 날 수 있다.

1 

냄비에 물, 버터, 소금을 넣고 불에 올려 끓인다. 끓기 시작하면 일단 불에서 내린 뒤 박력분을 넣고 한 덩어리가 될 때까지 젓는다. 다시 불에 올려 반죽을 이기듯이 섞는다.

2 

냄비 바닥에 반죽이 달라붙어 얇은 막이 생길 정도가 되면 불에서 내려 볼에 옮긴다.

3 

달걀을 여러 차례에 나누어 넣고 섞는다.

4 

매끄럽고 윤기가 흐르는 반죽을 만든다. 달걀을 전부 넣은 다음 볼의 바닥을 만졌을 때 온기가 살짝 느껴질 정도의 온도가 좋다.

5 

지름이 13mm인 원형 깍지를 끼운 짤주머니에 반죽을 넣고, 오븐팬에 지름 5cm 크기로 짠다. 반죽을 모두 짜면 분무기로 반죽 전체에 물을 뿌린다.

6  윗불 190℃, 아랫불 200℃의 오븐에 굽다가 반죽이 부풀어 오르면 윗불 180℃, 아랫불 160℃로 온도를 낮추고, 색이 제대로 날 때까지 약 45분 동안 굽는다.

*온도 조절이나 증기 배출을 좀 더 세세하게 하려면 173~174쪽을 참고한다.

● 슈 반죽, 어떤 재료가 어떤 작용을 하나요?

1. 내부에 빈 공간을 만드는 것은?

(1) 재료 속 수분(주로 물이나 달걀)

슈 반죽은 다른 구운 과자에 비해 수분이 많이 들어가는 것이 특징입니다. 이러한 수분은 오븐에서 반죽이 가열되는 동안 수증기로 변해 부피가 늘어나면서 반죽을 크게 부풀리는 역할을 합니다.

*물은 수증기가 되면 부피가 1,700배나 증가한다. 실제로 슈 반죽을 구울 때 이러한 수치가 그대로 적용되는 것은 아니지만, 그만큼 물이 많이 팽창하므로 이러한 힘이 점성을 지닌 반죽을 들어 올려 부풀린다고 볼 수 있다.

2. 슈의 껍질을 만드는 것은?

(1) 밀가루

뜨거운 물에 밀가루를 넣어 가열하면 전분 입자가 물을 흡수해 불어나면서 부드러워지고, 풀 같은 점성이 생깁니다(호화). 그 후 오븐 안에서 호화가 더욱 진행됩니다. 그때부터 수분이 어느 정도 증발하면서 폭신폭신한 반죽이 구워집니다.

(2) 버터

반죽을 만들 때 유지가 글루텐 형성을 억제해 전분의 과도한 점성을 떨어뜨려 반죽이 잘 늘어나게 합니다.

(3) 달걀

반죽을 만드는 단계에서 달걀노른자는 버터를 반죽 속에 분산시켜 유화시키는 역할을 합니다.

굽는 단계에서는 달걀 속 수분이 슈 내부의 빈 공간을 만드는 역할을 합니다. 또한 달걀 속 단백질이 가열을 통해 응고되면서 부풀어 오른 반죽의 형태 유지에 도움을 줍니다.

●슈 반죽, 조리 과정을 통해 살펴보는 구조의 변화

1. 슈 반죽을 굽는 과정

오븐 안의 뜨거운 공기가 슈 반죽의 표면에 직접적으로 닿으면서 수증기를 가두는 얇은 막을 형성합니다.

가장 온도가 오르기 쉬운 반죽의 밑바닥이 100℃에 도달하면 물이 급속히 수증기로 변해 팽창하면서 내부에 빈 공간을 만들기 시작합니다. 이를 중심으로 반죽 내부에 커다란 빈 공간이 생깁니다.

빈 공간은 하나만 생기는 것이 아닙니다. 반죽 전체가 아직 100℃에 도달하지 않은 상태에서 수증기가 서서히 발생하기 시작하면 소량의 공기가 열팽창하면서 유동성이 있는 반죽 가운데로 모여들어 빈 공간을 만듭니다.

반죽 가운데에 생긴 빈 공간이 가운데 부분에 생긴 빈 공간을 위로 밀어 올리면 위로 올라간 빈 공간이 껍질 윗부분에서 눌린다고 생각할 수 있습니다.

빈 공간이 점차 커지면 반죽이 얇게 늘어나고 반죽 전체가 풍선처럼 부풀어 오릅니다.

반죽 표면이 완전히 익으면 수증기가 내부의 빈 공간을 넓히려고 해도 더 이상 반죽이 늘어나지 않아 껍질이 부풀어 오르지 않게 됩니다. 그러나 내부에서는 여전히 반죽을 밀어 올리려고 하는 수증기의 압력이 강하게 작용하므로 반죽 표면에 균열이 생기고, 그 틈을 이용해 껍질이 좀 더 부풀어 오릅니다.

반죽이 갈라진 안쪽 부분은 아직 완전히 익지 않은 상태이므로 내부에 갇혀 있던 수증기가 그 부분을 통해 밖으로 빠져 나갑니다. 잠시 후 안쪽 부분까지 완전히 익어서 굳어 버리면 전체적으로 단단하게 굳어 밑으로 가라앉지 않는 슈가 완성됩니다.

슈를 자른 단면

●슈 반죽의 조리 과정 상상하기

슈 반죽 내부의 빈 공간은 반죽에 들어 있던 수분이 오븐 안에서 수증기로 변하는 과정에서 형성되는 것이므로 반죽에 미리 다량의 수분을 넣어 둘 필요가 있습니다. 또한 반죽 내부에 빈 공간이 생기는 동시에 반죽 자체가 잘 부풀어 오르도록 부드러운 점성을 내는 것이 중요합니다.

이 두 가지 조건을 충족시키기 위해 슈 반죽은 다른 반죽과 전혀 다른 방법으로 만듭니다. 먼저 끓는 물에 밀가루를 넣어 섞은 반죽을 만든 다음, 반죽을 가열해 밀가루 속 전분을 호화시켜 수분이 충분히 든 점성 있는 반죽을 만듭니다.

또 유지인 버터가 반죽 속에 미세한 입자로 균일하게 분산될수록 반죽이 잘 늘어납니다. 따라서 달걀을 첨가해 달걀이 지닌 유화력을 이용해 유지의 분산을 안정시킵니다. 그리고 달걀 속 수분으로 반죽의 수분량과 점성을 최종적으로 조절합니다.

슈 반죽 Q&A

끓는 물에 밀가루를 섞는 이유가 무엇인가요?

밀가루에 물을 고르게 흡수시켜 호화가 단숨에 진행될 수 있게 하기 위한 것입니다.

슈 반죽은 구워지는 동안 반죽 속에 수증기를 발생시켜 내부에 빈 공간을 만듭니다. 따라서 그 재료가 되는 물을 미리 반죽 속에 다량 흡수시켜 두는 것이 중요합니다. 또한 내부의 빈 공간이 풍선처럼 크게 부풀 수 있도록 반죽이 부드러운 점성을 지니게 해야 합니다. 끓는 물에 밀가루를 섞는 과정은 이를 위한 중요한 첫 단계입니다.

이러한 과정을 거치기에 슈 반죽은 다른 구운 과자에 비해 수분이 매우 많이 들어가는 것이 특징입니다. 끓는 물에 밀가루를 넣으면 뜨거운 물을 흡수한 전분 입자가 불어나 부드러워지고 마치 풀 같은 점성을 띠게 됩니다. 뜨거울 물에 호화된 전분은 찬물과 섞였을 때보다 더 많은 수분을 흡수하고, 반죽 또한 더욱 잘 늘어나게 됩니다.

이때 밀가루에 물을 골고루 흡수시켜 호화가 단숨에 진행될 수 있도록 온도를 높이는 것이 중요합니다. 이를 위해서라도 밀가루를 찬물이 아닌 끓는 물에 넣고 잘 섞어 한 덩어리의 반죽으로 만들어야 합니다.

참고 ··· 258~259쪽

밀가루의 호화

1. 뜨거운 물에 버터를 넣고 끓인다.

2. 전분이 호화되도록 밀가루를 한 번에 넣어 물을 흡수시킨다.

뜨거운 물에 버터를 넣어 끓이는 이유는 무엇인가요?

반죽이 잘 늘어나게 하기 위해서입니다.

슈 반죽이 부풀어 오를 때 반죽이 찢어지지 않고 잘 늘어나려면 반죽이 부드러운 점성을 지녀야 할 뿐만 아니라 반죽 자체가 잘 늘어나야 합니다. 반죽의 점성이 지나치면 오히려 슈가 부풀어 오르는 것을 방해합니다. 유지가 전분의 과도한 점성을 억제하는 작용을 하므로 끓는 물에 버터를 넣어 미리 분산시킨 뒤 밀가루를 섞으면 호화된 전분이 적당한 점성을 띠게 되고, 그 결과 반죽이 잘 늘어나게 됩니다.

버터의 유무에 따른 반죽의 점성 차이

뜨거운 물, 버터, 소금에 밀가루를 섞은 반죽(참고 배합 사례)

왼쪽의 참고 배합 사례에서 버터를 뺀 반죽. 점성이 지나치게 강하다.

버터의 유무에 따른 반죽의 구운 모습 비교

왼쪽 : 참고 배합 사례(버터 넣음)
오른쪽 : 버터를 넣지 않은 반죽. 버터를 넣지 않은 반죽은 과도한 점성이 반죽이 부풀어 오르는 것을 방해하므로 상대적으로 덜 부푼다.

STEP UP 뭉침을 방지하는 버터의 역할

밀가루를 뜨거운 물에 넣으면 점성이 급격히 강해진 전분 입자가 서로 달라붙으면서 덩어리지기 시작합니다. 밀가루를 찬물에 섞으면 이러한 현상이 일어나지 않지만, 뜨거운 물에 넣으면 호화가 단숨에 진행되므로 이러한 일이 발생합니다. 이처럼 밀가루가 덩어리지면 물을 균일하게 흡수하지 못하게 되어 반죽이 고르게 익지 못합니다.

따라서 뜨거운 물에 미리 버터를 녹인 뒤에 밀가루를 첨가해서 과도한 점성이 생기는 것을 억제해야 이처럼 밀가루가 덩어리지는 것을 방지할 수 있습니다.

 **뜨거운 물에 밀가루를 넣은 뒤 다시 불에 올려 볶는 이유는 무엇인가요?**

 **전분의 호화를 더욱 촉진시키기 위해서입니다.**

슈 반죽을 만들 때 뜨거운 물에 밀가루를 섞어 한 덩어리로 만든 반죽을 냄비에 담은 채로 다시 불에 올려 볶는 것을 '데세쉐(dessécher)'라고 합니다. 끓는 물에 밀가루를 넣어 섞으면 온도가 떨어지므로 반죽을 다시 가열해서 온도를 높여 호화를 더욱 촉진시키는 것입니다.

데세쉐에서는 반죽 전체의 온도를 균일하게 올리는 것이 중요합니다. 반죽의 겉면은 뜨거운 냄비 바닥과 직접 닿아 온도가 금세 올라가지만, 반죽의 안쪽 부분은 온도가 충분히 올라가지 않아 반죽이 고르게 익지 않을 수 있습니다.

한 덩어리로 뭉쳐 있는 반죽을 눌러서 냄비 바닥에 넓게 폈다가 다시 뭉치는 작업을 반복하여 반죽 전체에 열이 고르게 전달될 수 있도록 합니다.

호화가 충분히 진행되지 않은 슈를 구운 모습

왼쪽 : 표준
오른쪽 : 밀가루를 넣기 전의 물의 온도도 낮았을 뿐만 아니라,
데세쉐도 충분히 이루어지지 않은 슈

 **반죽이 어떤 상태가 될 때까지 불에 볶는 것이 좋은가요? 데세쉐를 얼마나 하는 것이 적당한지 기준을 알려 주세요.**

 **반죽의 중심온도가 80℃ 전후에 도달하는 것이 중요합니다. 참고 배합 사례의 경우, 냄비 바닥에 막이 생길 때까지 볶는 것이 좋습니다.**

데세쉐를 하는 경우에는 반죽의 온도를 고려해 불을 조절하는 것이 중요합니다. 이 책에 나온 참고 배합 사례의 경우에는 냄비 바닥에 막이 생길 때까지 볶는 것이 좋습니다.

이때 냄비에 담긴 반죽의 중심 온도는 80℃ 전후에 달합니다. 사실 데세쉐의 목적은 호화를 촉진시키는 것이지만, 80℃는 밀가루 전분의 호화로 점성이 최고조에 달하는 95℃에 미치지 못하는 온도입니다. 하지만 이 상태에서 가열을 계속하면 반죽에서 버터가 스며 나오므로 데세쉐를 80℃에서 멈추는 것입니다. 그 후 반죽을 오븐에 구우면 전분이 완전히 호화되는 온도까지 올라갑니다.

경험을 쌓아 익숙해지면 반죽 표면에 손등을 대어 온도를 확인할 수도 있습니다. 먼저 반죽이 한 덩어리로 뭉쳐졌을 때 손등을 대어 봅니다. 이때는 얼마든지 손등을 댈 수 있는 온도입니다. 반죽을 재가열하면서 손등을 몇 번 대어 처음보다 온도가 높아진 것을 확인하면 데세쉐가 거의 끝났다고 보면 됩니다.

*밀가루의 배합량이 많거나 약불에서 데세쉐를 한 경우에는 냄비 바닥에 막이 생기지 않는 경우도 있다. 또 불이 세면 데세쉐가 끝나기 전에 막이 형성될 수도 있다.

참고 … 261쪽

슈 반죽의 데세쉐

냄비 바닥에 얇은 막이 생기면 데세쉐가 끝난 것으로 본다.

 **데세쉐를 해서 호화가 진행된 슈 반죽에 전란을 섞는 이유는 무엇인가요?**

 **슈가 부풀기 위해 필요한 수분을 첨가하고, 유지를 고르게 분산시켜 오븐 안에서 부풀어 오른 반죽이 다시 가라앉지 않도록 굳히는 역할을 합니다.**

1. 슈가 부풀기 위해 필요한 수분을 공급한다

가열을 끝낸 반죽은 전분이 물을 흡수해 호화되면서 한 덩어리로 뭉쳐집니다. 하지만 슈 반죽을 오븐에 구워 내부에 빈 공간을 만들려면 더 많은 수분이 필요합니다. 이를 위해 반죽에 달걀을 넣어 필요한 수분을 공급합니다.

2. 유화 작용으로 유지의 분산을 안정시킨다

가열을 마친 반죽은 점성이 생긴 반죽에 유지인 버터가 섞여 있는 상태입니다. 이러한 유지가 더 작은 입자로 나뉘어 반죽에 고르게 분산될수록 반죽이 더 잘 늘어나 부풀어 오르게 됩니다. 이때 중요한 역할을 하는 것이 바로 달걀노른자입니다. 반죽이나 달걀에 든 '수분'과 버터의 '기름'은 원래 쉽게 분리되지만, 달걀노른자에 들어 있는 레시틴 같은 유화제가 물과 기름을 유화시켜 기름을 미세한 입자로 나누어 고르게 분산시켜 줍니다.

전란과 달걀흰자로 슈 반죽을 만들어 비교해 보면 달걀노른자의 유화제 역할이 얼마나 필요한지 알 수 있습니다. 달걀흰자는 유화제 기능이 없으므로 달걀흰자로 만든 반죽은 분리되어 매끄럽지 못하게 되고, 구워도 부풀어 오르지 않습니다. 슈 반죽을 부풀리려면 유화가 잘 일어나게 하여 매끄럽고 잘 늘어나는 반죽을 만드는 것이 중요합니다.

3. 껍질을 단단하게 한다

수분이 필요한 것이라면 달걀을 넣지 않고 처음 반죽에 사용하는 뜨거운 물의 양을 늘리면 되지 않을까라고 생각할 수도 있습니다. 수분 공급이 유일한 목적이라면 그럴 수 있습니다. 하지만 달걀에 든 단백질 또한 반죽에 중요한 역할을 합니다. 반죽 속에 든 달걀의 단백질은 오븐 안에서 부풀어 오른 슈 반죽이 익을 때 열에 응고되어 슈가 가라앉지 않도록 반죽을 튼튼하게 해 줍니다.

 참고 … 244~245쪽/248~250쪽/258~259쪽

달걀노른자의 유화 작용이 반죽의 팽창에 미치는 영향

왼쪽 : 전란을 넣은 반죽(표준)
오른쪽 : 달걀흰자만 넣은 반죽. 달걀흰자만 넣은 슈 반죽은 달걀노른자의 유화 작용이 일어나지 않으므로 반죽이 분리되어 부풀어 오르지 않는다.

STEP UP 반죽의 질감을 좌우하는 것은 달걀의 양?

슈 반죽에 들어가는 전란의 양이 개수로 표시되어 있을 경우에는 달걀의 크기가 고르지 않아 양을 다소 조정해야 할 경우가 생깁니다. 하지만 특별한 경우※를 제외한 대부분의 경우, 분량의 달걀(그램 표시)을 첨가하면 짜기 쉬운 이상적인 질감을 낼 수 있습니다.

분량의 달걀을 첨가해도 반죽이 너무 딱딱하거나 부드러운 경우에는 작업 중에 어떤 문제가 발생한 것이라고 볼 수 있습니다. 달걀은 반죽을 부풀리거나 부풀어 오른 반죽을 지탱하는 역할도 합니다. 그저 단순히 반죽의 질감을 조절하기 위한 것이 아니라는 점을 알아두기 바랍니다.

 참고 … 170~171쪽

※특별한 경우 : 깍지의 모양을 살려 반죽을 짜고 싶을 때는 달걀의 양을 줄여 반죽의 질감을 조절하는 경우가 있다.

 데세쉐를 한 슈 반죽에 전란을 넣었는데, 제대로 섞이지가 않아요. 좋은 방법이 있으면 가르쳐 주세요.

 **반죽이 분리되지 않도록 달걀을 조금씩 나누어 넣습니다.**

슈 반죽을 가열한 다음 달걀을 풀어 넣을 때, 달걀을 한 번에 모두 부으면 제대로 섞이지 않습니다. 달걀이 분리되지 않고 유화가 잘 되도록 달걀을 조금씩 나누어 넣어 섞어야 합니다.

우선 전란을 절반 정도 넣습니다. 데세쉐를 한 반죽은 온도가 높으므로 반죽의 열에 달걀이 익지 않도록 처음에는 달걀을 넉넉히 넣어 반죽의 온도를 떨어뜨립니다.

그런 다음 나무 주걱으로 반죽을 잘게 자르듯이 섞습니다. 그러면 반죽의 표면적이 증가해 달걀이 반죽에 흡수되듯이 자연스럽게 섞입니다.

달걀이 반죽에 어느 정도 섞이면 이번에는 반죽을 이기듯이 섞습니다. 나머지 달걀을 여러 차례에 나누어 넣은 다음 반죽에 달걀이 섞이면 나무 주걱의 넓적한 면으로 반죽을 누르듯이 강하고 신속하게 움직여 가며 반죽이 매끄러워질 때까지 잘 섞습니다.

참고 ··· 248~250쪽

데세쉐를 한 반죽에 전란을 섞는 방법

1. 달걀을 넣고 반죽을 잘게 자르듯이 섞는다.

2. 달걀이 반죽에 어느 정도 섞이면 나무 주걱으로 이기듯이 섞는다. 반죽이 매끄러워진다.

 **슈 반죽이 제대로 완성되었는지 판별하는 기준을 가르쳐 주세요.**

 **반죽이 매끄럽고 윤기가 흐르며 적당히 되직해야 합니다.**

반죽이 제대로 완성되었는지 판단할 때는 다음과 같은 세 가지 점을 보아야 합니다.

① 반죽이 따뜻하다

볼 바닥을 만져서 바닥에 온기가 남아 있는지를 확인합니다.

반죽의 온도가 내려가면 전분의 점성이 증가해 딱딱해집니다. 그러면 반죽이 제대로 만들어졌는지를 질감으로 판단할 수 없게 되거나 슈를 제대로 된 형태로 짤 수 없게 됩니다. 또 오븐에 구울 때 반죽의 온도가 올라가는 데에 시간이 걸리므로 반죽이 제대로 부풀지 않게 됩니다.

② 반죽이 매끄럽고 윤기가 흐른다

③ 반죽이 적당히 되직하다

나무 주걱으로 반죽을 떠서 기울였을 때, 반죽이 역삼각형 모양으로 늘어지는 상태 혹은 반죽에 손가락을 넣어 선을 그었을 때 반죽이 다시 서서히 올라오면서 선의 폭이 좁아지는 정도가 적당합니다. 선의 폭이 좁아지기는 하지만 완전히 사라지지는 않고 남아야 합니다.

*③의 기준은 참고 배합 사례의 경우에 해당

참고 … 261쪽

슈 반죽의 완성 기준

반죽이 매끄럽고 윤기가 흐른다.

반죽을 떴을 때 바로 떨어지지 않고 역삼각형 모양으로 늘어진다.

손가락으로 선을 그었을 때 선이 완전히 사라지지 않고 폭이 좁아지는 상태

Q 정해진 배합대로 만들었는데 달걀을 넣은 후에 슈 반죽의 질감이 원하는 대로 알맞게 나오지 않아요. 이유가 뭘까요?

A 만드는 과정 중 어디선가 반죽의 온도가 떨어져 버린 것이 원인입니다.

정해진 분량의 달걀을 넣어 섞었는데도 완성된 반죽이 너무 단단해지거나 부드러워진 경우에는 다음에 나온 과정 중 어디선가 반죽의 온도가 떨어진 것이 원인입니다.

실패 사례

반죽이 단단하다. 반죽을 뜨면
두툼하게 뭉친 채로 떨어진다.

반죽이 부드럽다. 끈처럼 끊어지
지 않고 떨어진다.

표준 사례

반죽이 역삼각형 모양으로 늘어
진다.

1. 달걀을 넣은 후 반죽이 단단해진 경우

달걀을 넣은 후에 반죽이 단단해지는 이유는 반죽의 온도가 떨어지면서 밀가루 속 전분의 점성이 증가해 반죽이 단단해졌기 때문입니다. 또한 버터가 식으면서 유동성이 떨어지는 것도 다소 영향을 끼칩니다.

(1) 차가운 달걀을 사용한 경우

냉장고에서 바로 꺼낸 차가운 달걀을 넣으면 반죽의 온도가 급격히 떨어집니다. 달걀은 미리 상온에 꺼내 두었다가 사용하는 것이 좋습니다.

(2) 달걀을 넣는 작업에 시간이 오래 걸린 경우

달걀이 분리되는 것을 우려해 달걀을 너무 여러 차례에 나눠 넣으면 작업에 오랜 시간이 걸려 반죽 전체가 식어 버립니다. 작업은 가급적 신속하게 하는 것이 좋습니다.

2. 달걀을 넣은 후 반죽이 부드러워진 경우

달걀을 넣은 후 반죽이 부드러워지는 이유는 달걀을 넣기 전 단계에서 밀가루 속 전분의 호화가 충분히 진행되지 않아 점성이 부족하기 때문입니다. 점성이 부족한 반죽에 정해진 분량의 달걀을 넣으면 당연히 반죽이 너무 부드러워집니다.

(1) 밀가루를 넣을 때 뜨거운 물의 온도가 충분히 높지 않은 경우

뜨거운 물에 밀가루를 넣을 때는 물이 펄펄 끓는 100℃까지 올라가야 합니다. 물의 온도가 그보다 낮으면 밀가루 속 전분이 충분히 호화되지 않습니다.

(2) 데세쉐의 부족

데세쉐를 해서 반죽을 80℃ 전후까지 가열합니다. 반죽의 온도가 그에 미치지 못하면 전분이 충분히 호화되지 않아 정상적인 반죽보다 부드러워집니다. 가열이 충분히 진행되지 않아 반죽의 수분이 정상적인 경우보다 덜 증발하는 것 또한 반죽이 부드러워지는 데 영향을 끼칩니다.

참고 … 71~72쪽/258~259쪽/261쪽

Q 짤주머니로 짠 슈 반죽에 분무기로 물을 뿌리는 이유는 무엇인가요?

A 반죽 표면이 건조해지는 것을 늦추어 더욱 잘 부풀어 오르게 하기 위해서입니다.

반죽을 짠 다음 그대로 방치해 두면 표면이 건조해져서 오븐에 구울 때 반죽이 제대로 부풀지 않게 됩니다. 반죽을 짜면 표면이 건조해지지 않도록 바로 분무기로 물을 뿌린 뒤, 오븐에 넣어 굽습니다. 분무기로 반죽 표면에 수분을 공급해 두면 슈의 표면이 익는 시간을 늦출 수 있어 그만큼 반죽이 크게 부풉니다. 또 표면에 푼 달걀(물을 첨가하는 경우도 있다)을 바르면 건조 방지는 물론이고 색을 진하게 낼 수 있습니다.

참고 … 162쪽

분무기의 유무가 반죽의 팽창에 미치는 영향

왼쪽 : 표준(분무기 사용)
오른쪽 : 분무기 사용하지 않음. 분무기로 물을 뿌리지 않으면 구웠을 때 반죽이 충분히 부풀지 않는다.

Q 오븐 안에서 잘 부풀어 올랐던 슈가 오븐에서 꺼내는 순간 가라앉아 버리는 이유가 뭘까요?

A 충분히 굽지 않았기 때문입니다.

오븐 안에서 슈가 충분히 부풀어 다 구워졌다고 생각해 오븐에서 꺼냈는데 순식간에 가라앉을 때가 있습니다. 이는 반죽이 충분히 구워지지 않았기 때문입니다. 다음과 같은 점을 기준으로 반죽이 잘 구워졌는지를 판단하도록 합시다.

① **슈가 충분히 부풀었다.**

② **슈의 갈라진 틈새까지 노릇노릇한 색을 띤다.**

슈는 쪼그라들 때 가장 잘 익지 않는 갈라진 틈새부터 내려앉듯이 쪼그라듭니다. 그러므로 갈라진 틈새 부분까지 노릇노릇한 색을 띨 때까지 충분히 굽는 것이 중요합니다.

③ **손으로 만졌을 때 반죽이 무너지지 않을 정도의 질감이 느껴진다.**

④ 불필요한 수분이 증발해 손으로 들었을 때 가볍게 느껴진다.

충분히 굽지 않은 반죽이 가라앉는 이유는 슈 내부의 빈 공간을 채우고 있는 습한 공기(수증기를 포함한 공기)가 고온의 오븐 안에서는 부피가 늘어나 있다가 오븐 밖으로 나와 온도가 떨어지는 순간 부피가 줄어들면서 아직 덜 익은 부드러운 반죽을 끌어당기기 때문입니다. 반죽을 충분히 구우면 부풀어 오른 형태를 그대로 유지할 수 있습니다.

굽는 시간이 슈의 팽창에 미치는 영향

왼쪽 : 표준
오른쪽 : 굽는 시간이 짧은 반죽. 굽는 시간이 짧으면
부풀었던 반죽이 금세 가라앉아 버린다.

 **슈를 잘 구우려면 온도조절을 어떻게 해야 하나요?**

 **처음에 윗불을 너무 세게 하지 않고, 증기를 방출시켜 슈가 잘 부풀어 올라 보기 좋게 갈라지게 굽습니다.**

슈를 입체적으로 잘 부풀게 하려면 오븐의 온도를 잘 조절해야 합니다. 구울 때 온도를 너무 높게 설정하거나 윗불이 처음부터 너무 세면 슈의 윗부분이 빨리 익어서 반죽이 더 이상 부풀지 못하게 됩니다. 반대로 온도가 너무 낮으면 반죽에 든 수분이 수증기로 변하는 데 시간이 오래 걸리므로 수증기가 나오기 시작할 때쯤에 이미 표면이 말라 버려 반죽이 제대로 부풀지 못합니다.

반죽이 충분히 부푼 다음 빈 공간을 만들어 냈던 수증기나 반죽 속 수증기가 빠져나가고 반죽이 완전히 구워질 때쯤에는 오븐 안이 수증기로 가득 찹니다. 오븐에 증기 배출 기능이 있는 경우에는 증기를 배출해 줍니다. 오븐 내부가 건조해야 반죽에서 수증기가 더 잘 빠져나가기 때문입니다.

굽는 온도가 반죽의 팽창에 미치는 영향

왼쪽 : 온도가 낮은 경우(윗불과 아랫불 모두)
가운데 : 표준
오른쪽 : 윗불이 강한 경우. 온도가 낮으면 반죽이 작고 제대로 부풀지
않는다. 윗불이 세면 제대로 부풀지 않아 모양이 찌그러진다.

STEP UP 슈를 구울 때 오븐 조절하기

처음에는 반죽 표면이 너무 빨리 익지 않도록 윗불의 온도를 아랫불보다 낮게 설정합니다.

반죽이 충분히 부풀면 윗불의 온도를 조금 높이고, 아랫불의 온도를 조금 낮춥니다.

오른쪽 사진과 같은 단계에 이르면 윗불을 약하게 합니다.

전체적으로 노릇노릇해지기 시작하면 증기를 배출합니다. 윗불과
아랫불 모두 온도를 조금 낮춘 후, 슈를 건조한다는 느낌으로 굽습니다.

 **슈 반죽을 만들 때 사용하는 밀가루의 종류를 바꾸면 구울 때 어떤 변화가 생기나요?**

 **박력분을 사용하면 껍질이 얇아지고, 강력분을 사용하면 껍질이 두꺼워집니다.**

　박력분과 강력분은 단백질 함량이 다릅니다. 박력분은 단백질 함량이 적고, 강력분은 단백질 함량이 많은 것이 특징입니다. 밀가루의 단백질(글리아딘, 글루테닌)은 물과 함께 섞이면 점성과 탄력을 지닌 글루텐을 형성합니다.

　하지만 슈 반죽을 만들 때는 일반적인 찬물이 아닌 끓는 물을 첨가하고, 끓는 물 안에 미리 글루텐의 형성을 방해하는 버터를 넣어 분산시킵니다. 이러한 두 가지 조건은 글루텐 형성을 한없이 억제하고 전분의 호화를 이끌어냅니다.

　하지만 강력분은 단백질의 양이 많아 글루텐이 생성되기 쉬우므로 강력분으로 슈 반죽을 만들면 반죽 속에 비록 소량이기는 하지만 글루텐이 형성됩니다. 따라서 밀가루의 종류를 바꿀 때는 글루텐이 미치는 영향을 생각해야 합니다.

강력분으로 만든 반죽은 박력분을 사용했을 때보다 탄력이 조금 강한데, 이처럼 강한 탄력은 반죽이 부푸는 것을 방해합니다. 따라서 그만큼 반죽이 덜 부풀어 껍질이 두꺼워지고 질감이 좀 더 단단해집니다.

 ··· 254~256쪽

표 20 　밀가루의 종류에 따른 슈의 비교

	박력분	박력분 + 강력분	강력분
부푼 정도	크다.	←――――――――――→	작다.
껍질의 두께	얇다.	←――――――――――→	두껍다.
껍질의 질감	부드럽다.	←――――――――――→	단단하다.

*강력분은 박력분보다 단백질의 양이 많은 만큼 전분의 함량이 적으므로 전분이 호화 과정에서 흡수하는 물의 양이 전체적으로 줄어든다. 따라서 강력분에 들어가는 수분의 양(물, 달걀)을 줄여서 표를 작성했다.

 슈 반죽을 만들 때 달걀의 양을 바꾸면 반죽을 구웠을 때 어떤 변화가 일어나나요?

 달걀의 배합량이 많을수록 반죽이 크고 옆으로 넓게 부풀어 반죽이 얇고 부드러워집니다.

달걀의 배합량이 많으면 슈 반죽이 부드러워지고, 구울 때 발생하는 수증기도 많아져 내부의 빈 공간이 커집니다. 또한 슈의 형태도 달라집니다.

표 21 달걀의 배합량에 따른 슈의 형태 비교

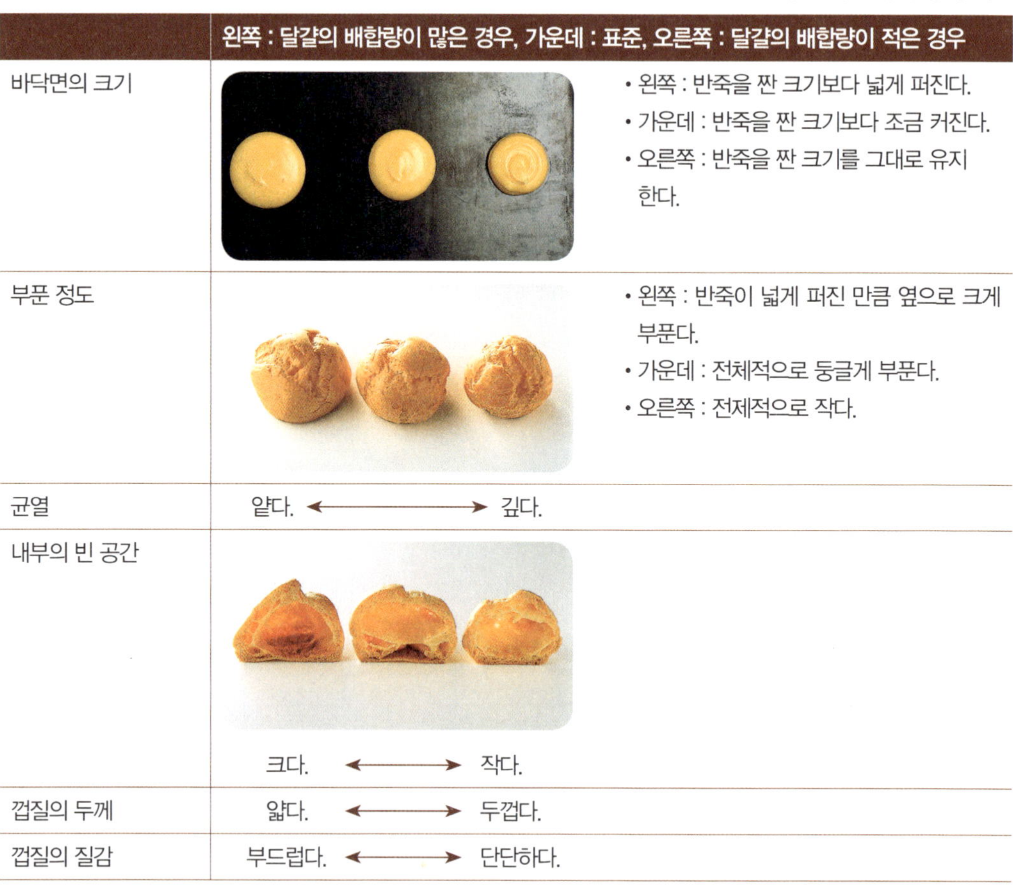

	왼쪽 : 달걀의 배합량이 많은 경우, 가운데 : 표준, 오른쪽 : 달걀의 배합량이 적은 경우
바닥면의 크기	• 왼쪽 : 반죽을 짠 크기보다 넓게 퍼진다. • 가운데 : 반죽을 짠 크기보다 조금 커진다. • 오른쪽 : 반죽을 짠 크기를 그대로 유지한다.
부푼 정도	• 왼쪽 : 반죽이 넓게 퍼진 만큼 옆으로 크게 부푼다. • 가운데 : 전체적으로 둥글게 부푼다. • 오른쪽 : 전제적으로 작다.
균열	얕다. ◀——▶ 깊다.
내부의 빈 공간	크다. ◀——▶ 작다.
껍질의 두께	얇다. ◀——▶ 두껍다.
껍질의 질감	부드럽다. ◀——▶ 단단하다.

1. 크기

달걀의 배합량이 많을수록 반죽이 부드러워집니다. 이처럼 부드러운 반죽을 짜면 반죽이 옆으로 넓게 퍼지므로 바닥면이 넓은 슈가 만들어집니다.

2. 부푼 정도와 껍질의 두께

슈 반죽을 오븐에 구우면 온도가 상승해 반죽 속 수분이 수증기로 변하면서 반죽을 중심부에서 넓게 밀어내어 내부에 빈 공간을 만듭니다. 이때 달걀의 배합량이 많으면 반죽이 그만큼 부드러워져 잘 늘어나 내부의 빈 공간이 그만큼 커지고 반죽이 얇게 퍼집니다. 그 결과 슈가 많이 부풀어 오르고, 껍질이 얇아집니다.

3. 균열

슈 반죽을 오븐에 구우면 반죽 내부에서는 수분이 대부분 수증기로 변하고, 이와 동시에 반죽 표면은 오븐의 열이 직접 닿아 서서히 익기 시작합니다. 표면이 굳은 뒤에도 수증기가 계속 빈 공간을 넓혀 나가려고 하기 때문에 표면이 갈라져 균열이 생깁니다.

달걀의 배합량이 적어 반죽이 뻑뻑하면 반죽이 찢어지듯이 부풀어 올라 쩍쩍 갈라지듯이 균열이 생기고, 슈가 전체적으로 울퉁불퉁하게 구워집니다.

반면 달걀의 배합량이 많으면 반죽이 잘 늘어나므로 균열이 넓고 얕게 생기며, 전체적으로 둥그스름한 슈가 구워집니다.

 **슈 반죽의 풍미를 좋게 하려면 어떻게 해야 할까요?**

 **우유를 넣으면 좋습니다.**

슈 반죽에 들어가는 물 가운데 일부를 우유로 대체하면 반죽의 풍미가 좋아집니다. 우유를 첨가하면 반죽을 구웠을 때 색이 더 진하게 나기도 합니다.

이처럼 색이 짙어지고 향이 좋아지는 것은 반죽 속에 든 단백질이나 아미노산과 환원당이 고온에 가열되어 아미노카르보닐 반응이 일어난 결과입니다.

슈 반죽에서 이러한 성분은 원래 밀가루나 버터에 들어 있는데, 우유에도 같은 성분이 함유되어 있어 우유를 첨가하면 아미노카르보닐 반응이 더욱 촉진되어 구웠을 때 색이 진해지고 향도 더 좋아지는 것입니다.

… 282쪽

우유의 유무에 따른 슈의 색상 비교

왼쪽 : 표준
오른쪽 : 물의 일부를 우유로 대체한 슈
우유를 첨가하면 반죽을 구웠을 때 색이 더 진해진다.

 **슈 껍질의 식감을 바꾸고 싶을 때는 배합을 어떻게 조정해야 할까요?**

 **아래에 나온 배합표를 참고하기 바랍니다.**

물을 다른 재료의 기준으로 삼고 버터와 밀가루의 비율을 1:2로 지키면서 아래에 나온 그래프를 바탕으로 가장 무거운 반죽부터 가장 가벼운 반죽의 배합 사이에서 재료의 비율을 조정하기 바랍니다.

밀가루와 버터의 비율이 늘어나면 껍질이 두꺼워져 슈가 울퉁불퉁하고 딱딱하게 구워지고, 반대로 밀가루와 버터의 비율이 줄어들면 껍질이 얇아져 균열이 얕고 모양이 둥그스름한 슈가 구워지는 경향이 있습니다.

그래프 6

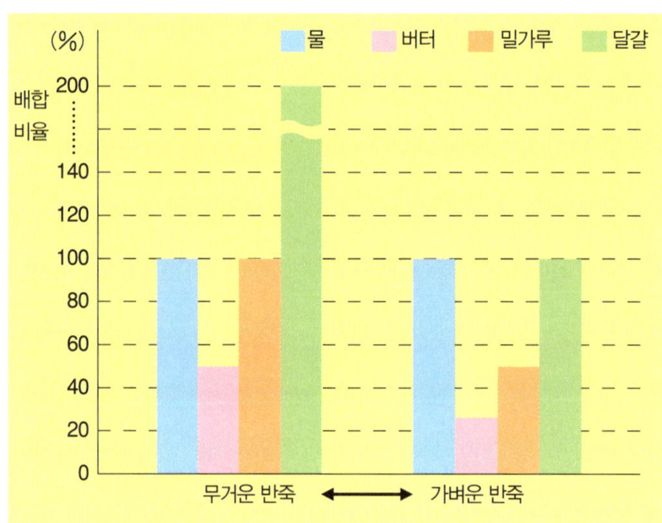

Chapter 7

결정성을 이용해 만드는
초콜릿

초콜릿을 녹여 굳혀 만드는 대표적인 과자로
는 모양틀로 만든 초콜릿이나 트러플 초콜릿 같
은 초콜릿 봉봉을 들 수 있습니다. 초콜릿은 표
면에 매끈한 광택이 흐르고, 입에 넣는 순간 스
르륵 녹아야 하며, 혀끝에 부드럽게 감겨야 합
니다. 이 세 가지 조건이 초콜릿의 맛을 좌우합
니다.

그런데 초콜릿은 일단 한 번 녹이면 다시 굳
혀도 예전과 같은 광택을 얻을 수 없습니다. 그
래서 초콜릿에서는 녹는 온도를 조절하는 템퍼
링(온도 조절)이 중요합니다. 초콜릿이 녹으면 분
자 배열이 흐트러져 결성이 불안정해지는데, 초
콜릿을 다시 굳힐 때 템퍼링을 통해 다시 원래
와 같은 안정된 결정을 만드는 것입니다.

초콜릿 봉봉을 만드는 기본 방법에서는 템퍼
링 방법 중에서 소량의 초콜릿만으로도 만들기
쉬운 '수냉법'을 소개합니다. 초콜릿의 양이 많
은 경우에는 '대리석법'이나 '접종법'이 적합합
니다. 어떤 방법이든 사용하는 초콜릿에 알맞은
온도로 정확히 템퍼링해야 광택이 흐르는 초콜
릿을 만들 수 있습니다.

가나슈가 들어간 초콜릿 봉봉을 만드는 기본적인 방법

[참고 배합 사례]

- 가나슈
  - 다크초콜릿(카카오 함량 56%) 400g
  - 생크림(유지방 함량 35%) 400g
  - 버터 60g
- 코팅용 초콜릿
  - 다크초콜릿(카카오 함량 72%) 적당량

준비
- 초콜릿은 잘게 부순다.
- 버터는 실온에 녹여 부드러운 크림 상태로 만든다.

가나슈를 만든다

1 볼에 초콜릿을 넣고 끓인 생크림 절반을 붓는다.

2 잠시 그대로 두었다가 초콜릿이 녹으면 섞는다.

3 남은 절반의 생크림을 두 차례에 나눠 넣고 섞는다(사진은 세 번째 생크림을 넣고 섞는 모습).

4 버터를 세 차례에 나누어 넣고 잘 섞는다.

5 틀이나 스테인리스 쟁반에 부은 후 18℃ 전후에서 약 8시간 동안 굳힌다. 다 굳으면 한 입 크기로 자른다.

6 템퍼링 한다(수냉법)

초콜릿을 중탕으로 녹인 후 온도를 약 50℃에 맞춘다. 볼을 찬물에 담그고 초콜릿을 저어가며 온도를 28℃까지 낮춘다.

7 초콜릿을 다시 중탕해서 온도를 31~32℃까지 덥힌 후, 그대로 온도를 유지한 채 사용한다.

8 코팅한다

가나슈를 템퍼링한 초콜릿에 담갔다 건진 후, 여분의 초콜릿이 떨어지기를 잠시 기다린다.

9 취향에 맞추어 모양을 낸 후, 상온에서 굳힌다.

● 초콜릿의 구조

초콜릿은 유지인 카카오 버터 속에 카카오 매스, 설탕, 분유와 같은 고형 미립자가 섞여 있는 제품입니다. 비탕의 수분도 포함되어 있지만, 수분이 설당이나 분유에 부착되어 고형을 유지합니다. 실온에서 딱딱한 상태일 때는 카카오 버터가 결정 형태로 굳어 이러한 고형 미립자를 가두고 있습니다.

그림 5

●템퍼링의 필요성

초콜릿 제품의 제조 공정에서 초콜릿을 중탕으로 녹인 시점에는 녹은 카카오 버터 속에 설탕이나 분유 입자가 고형인 채로 섞여 있습니다.

이를 다시 굳힐 때에는 카카오 버터가 설탕이나 분유 입자를 감싸야 할 뿐만 아니라, 초콜릿을 녹이는 과정에서 크게 흐트러진 카카오 버터의 결정 구조를 원래대로 복구하는 것이 매우 중요합니다. 이것이 템퍼링입니다.

템퍼링을 하지 않으면 초콜릿이 굳지 않거나 굳더라도 광택이 나지 않고 표면에 하얀 얼룩이 생겨 보기에도 좋지 않을 뿐만 아니라 조직이 엉성해져 식감이 떨어집니다.

●템퍼링 과정을 통해 살펴보는 구조의 변화

초콜릿에 든 카카오 버터는 여러 종류의 트리글리세리드(Triglyceride)[1]라는 지질로 구성되어 있으며, 이것이 결정화[2]하여 굳음으로써 카카오 버터가 굳게 됩니다. 단, 이러한 트리글리세리드는 어느 온도대에서 결정을 이루는 것도 있고 그렇지 않은 것도 있는 등 저마다 움직임이 다릅니다.

그 결과 카카오 버터는 온도대에 따라 구조가 다른 여섯 가지 결정형(Ⅰ~Ⅵ형)으로 변화합니다. 표면에 광택이 흐르고 식감이 좋은 초콜릿을 만들기에 가장 적합한 결정형은 Ⅴ형입니다.

템퍼링의 목적은 녹인 초콜릿의 카카오 버터를 최종적으로 Ⅴ형의 결정형으로 굳히는 것입니다. 카카오 버터의 성질상, 템퍼링이 종료된 시점에서 Ⅴ형 결정이 소량 생기게 하여 초콜릿이 서서히 굳으면서 이를 핵(씨결정)으로 삼아 전체가 동일한 Ⅴ형 결정을 이루게 합니다.

※1 : 트리글리세리드는 글리세롤에 세 가지 지방산이 결합되어 생성된 것

※2 : 결정이란 원자나 분자가 삼차원적으로 규칙적인 배열을 한 상태

초콜릿(다크초콜릿의 경우)을 약 50℃로 덥혀 카카오 버터의 결정을 완전히 녹인 다음, 28℃까지 식힙니다. 불안정한 Ⅳ형을 비롯해 Ⅲ형 결정도 생긴 상태

31~32℃로 온도를 올립니다. 불안정한 Ⅲ형과 Ⅳ형 결정이 녹는 동시에 안정적인 Ⅴ형 결정이 생기지만, 모든 결정이 지금의 온도에서 단숨에 Ⅴ형이 되는 것이 아니라, Ⅲ형과 Ⅳ형이 남아 있는 가운데 Ⅴ형이 일부 존재하는 상태에서 템퍼링이 끝납니다.

상온에서 초콜릿이 굳습니다. 초콜릿이 실온에서 굳는 동안 안정적인 Ⅴ형이 남고 Ⅲ형과 Ⅳ형이 Ⅴ형으로 바뀌어 마지막에는 결국 전체가 Ⅴ형으로 굳어집니다.

표 22　카카오 버터의 결정형의 종류 · 융점(고체에서 액체로 변화하는 온도) · 결정의 안정성

I형	16~18℃	매우 불안정
II형	22~24℃	불안정
III형	24~26℃	불안정
IV형	26~28℃	불안정
V형	32~34℃	안정
VI형	34~36℃	가장 안정

●다른 템퍼링 방법

앞에서는 템퍼링을 간편하게 할 수 있도록 소량의 초콜릿을 템퍼링하기에 적합한 '수냉법'을 소개했습니다. 하지만 대량의 초콜릿을 템퍼링할 때 수냉법을 사용하면 초콜릿 전체의 온도를 균일하게 낮추기가 어렵습니다. 그러므로 초콜릿의 양이 많을 때에는 다음과 같은 두 가지 방법을 사용하는 것이 적합합니다.

1. 대리석법 *온도는 다크초콜릿의 경우

녹인 초콜릿을 대리석 작업대 위에 넓게 펴서 온도를 낮추는 방법입니다. 대리석은 차갑고 열이 잘 전달되지 않으므로 초콜릿을 대리석 작업대에 넓게 펼치면 초콜릿의 온도가 내려갑니다.

① 초콜릿을 중탕하여 약 50℃로 녹인 다음, 3분의 2~4분의 3에 해당하는 양을 대리석 작업대 위에 넓게 펼친다.

*녹이는 온도는 초콜릿의 종류나 제조사에 따라 다르다. 45℃ 전후에서 녹이는 경우에는 전체의 3분의 2에 해당하는 분량을 대리석 작업대에 붓는다. 50℃ 전후에서 녹이는 경우에는 4분의 3 정도가 적당하다.

② 팔레트 나이프로 대리석 작업대에 초콜릿을 넓게 펼쳤다가 스크레이퍼로 다시 모으는 작업을 반복하면서 온도를 28℃까지 낮춘다.

③ 볼에 남아 있는 따뜻한 초콜릿에 ②를 담고 잘 섞어 온도를 31~32℃로 올린다.

1. 녹인 초콜릿의 3분의 2~4분의 3 분량을 팔레트 나이프로 넓게 펼친다.

2. 넓게 펼친 초콜릿을 스크레이퍼로 모아 가며 온도를 낮춘다.

3. 남아 있던 따뜻한 초콜릿에 다시 합쳐 온도를 올린다.

2. 접종법 *온도는 다크초콜릿의 경우

녹인 초콜릿에 잘게 다진 초콜릿을 넣어 온도를 떨어뜨리는 방법입니다. 세 가지 템퍼링 방법 중에서 가장 간편하지만, 잘게 다진 초콜릿을 전부 넣고 알맞은 온도까지 딱 맞게 떨어뜨려야 하므로 익숙해질 때까지 먼저 녹일 초콜릿과 잘게 다져서 넣을 초콜릿의 분량을 조절하는 것이 쉽지 않습니다.

① 정해진 분량의 초콜릿 가운데 일부를 중탕으로 약 50℃까지 녹인다.
② 녹이기 쉽도록 잘게 다진 초콜릿을 녹인 초콜릿에 넣고 잘 섞어 온도를 31~32℃까지 낮춘다.

녹인 초콜릿에 잘게 다진 초콜릿을 넣어 온도를 낮춘다.

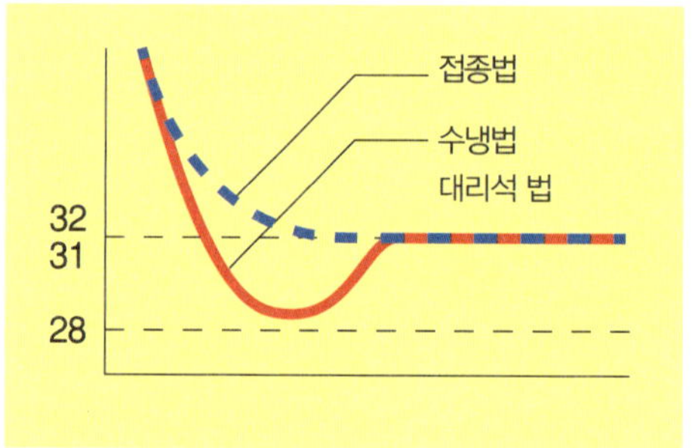

STEP UP 고형 초콜릿을 첨가하는 접종법

기본적인 템퍼링에서는 초콜릿을 녹여 액상으로 만든 다음 온도를 28℃까지 떨어뜨린 후, 다시 31~32℃까지 덥힙니다. 이것이 '수냉법'과 '대리석법'의 기본 개념입니다.

하지만 템퍼링 방법 중에는 녹인 액상 초콜릿에 잘게 다진 고형 초콜릿을 넣어 온도를 31~32℃까지 낮추는 '접종법'이 있습니다.

액상 초콜릿의 온도를 이렇게 변화시키면 초콜릿이 매끄럽게 굳지 않는데, 접종법에서는 어째서 이러한 온도 변화가 가능한 것일까요?

50℃ 정도의 액상 초콜릿에 잘게 다진 고형 초콜릿을 첨가하면 고형 초콜릿이 녹는 단계에서 온도가 자연히 내려갑니다. 고형 초콜릿 속 카카오 버터의 결정형이 Ⅴ형이므로 액상 초콜릿의 온도가 31~32℃에 가까워지면서 마지막 남은 고형 초콜릿이 서서히 녹을 때, 이것이 액상 초콜릿 전체를 가장 안정적인 Ⅴ형으로 이끄는 핵(씨결정)으로 작용합니다. 그렇기에 이러한 방법이 가능한 것입니다.

 다크초콜릿, 밀크초콜릿, 화이트초콜릿은 각각 어떤 차이가 있나요?

 **다크초콜릿에 유성분을 첨가한 것이 밀크초콜릿, 카카오 매스를 넣지 않고 유성분을 첨가한 것이 화이트초콜릿입니다.**

초콜릿의 원료는 카카오 콩입니다. 카카오 콩에는 초콜릿의 맛을 결정하는 '카카오 매스'와 유지인 '카카오 버터'가 들어 있습니다. 초콜릿에는 이밖에도 단맛을 더하는 설탕과 초콜릿을 부드럽게 하는 분유 같은 유성분이 들어갑니다.

다크초콜릿, 밀크초콜릿, 화이트초콜릿은 원료에 따라 다음과 같이 분류됩니다.

표 23　각종 초콜릿의 성분

종류	다크초콜릿(블랙, 비터)	밀크초콜릿	화이트초콜릿
카카오 매스	○	○	×
카카오 버터	○	○	○
설탕	○	○	○
유성분	×	○	○

 커버추어 초콜릿은 어떤 초콜릿인가요?

 **카카오 버터가 많은 순(純) 초콜릿입니다.**

국제규격에 따르면 '커버추어(couverture)'는 카카오 버터의 함유량이 많은 것이 특징인 초콜릿입니다.

카카오 버터는 입 안에서 살살 녹는 초콜릿의 식감을 형성하는 유지 성분입니다. 실온에서는 뚝 부러질 정도로 단단한 초콜릿이 입에 넣는 순간 스르륵 녹는 이유는 식물성 유지에서는 보기 드물게 실온에서는 고체이지만 체온에 가까워지면 급격히 녹는 카카오 버터의 독특한 성질 때문입니다.

그렇기 때문에 카카오 버터의 함유량이 많은 초콜릿은 녹였을 때 유동성이 뛰어나 굳으면 광택이 흐르고 입 안에서 잘 녹으므로 초콜릿 봉봉 등에 코팅용 초콜릿으로 사용하면 센터(충전물)를 얇게 덮을 수 있습니다. 국제규격으로 정해진 커버추어 초콜릿의 카카오 버터 함유량은 31% 이상이며, 보통 유동성이 뛰어난 35% 이상의 초콜릿을 말합니다. 일본에서 정한 초콜릿 규격은 이와 다르며, 다음과 같은 세 가지로 분류됩니다.

① 순(純) 초콜릿

카카오 버터를 18% 이상 함유하며, 대용 유지나 레시틴(lecithin) 이외의 유화제가 첨가되지 않은 것

② 초콜릿

카카오 버터를 18% 이상 함유하며, 대용 유지나 레시틴 이외의 유화제의 첨가가 인정된 것

③ 준(準) 초콜릿

카카오 버터를 3% 이상, 대용 유지를 15% 이상 함유한 것

〈우리나라의 경우〉

① 초콜릿 : 코코아가공품류에 식품 또는 식품첨가물 등을 가하여 가공한 것으로서 코코아고형분 함량 30% 이상(코코아버터 18% 이상, 무지방 코코아고형분 12% 이상)인 것을 말한다.

② 밀크초콜릿 : 코코아가공품류에 식품 또는 식품첨가물 등을 가하여 가공한 것으로 코코아고형분을 20% 이상(무지방 코코아고형분 2.5% 이상) 함유하고 유고형분이 12% 이상(유지방 2.5% 이상)인 것을 말한다.

③ 화이트초콜릿 : 코코아가공품류에 식품 또는 식품첨가물 등을 가하여 가공한 것으로서, 코코아버터를 20% 이상 함유하고, 유고형분이 14% 이상(유지방 2.5% 이상)인 것을 말한다.

④ 준초콜릿 : 코코아가공품류에 식품 또는 식품첨가물 등을 가하여 가공한 것으로서 코코아고형분 함량 7% 이상인 것을 말한다.

⑤ 초콜릿가공품 : 견과류, 캔디류, 비스킷류 등 식용가능한 식품에 (1)(초콜릿) ~ (4)(준초콜릿)의 초콜릿류를 혼합, 코팅, 충전 등의 방법으로 가공한 복합제품으로서 코코아고형분 함량 2% 이상인 것을 말한다.

식품의약안전처 : 식품의 기준 및 규격 제2017-57호에서 발췌.

초콜릿 봉봉 코팅하기

템퍼링한 커버추어 초콜릿에 봉봉의 센터를 담근다.

↓

초콜릿 봉봉이 완성된 모습

일본 규격에 비추어 보자면 커버추어 초콜릿은 상당히 많은 양의 카카오 버터를 함유하고 있다고 볼 수 있습니다. 또한 준 초콜릿처럼 카카오 버터의 양이 매우 적은데도 초콜릿이 만들어지는 것은 일본에서는 카카오 버터를 대신하는 대용 유지를 인정하고 있기 때문입니다. 참고로 유럽에서는 이를 인정하지 않는 나라도 많습니다. 대용 유지는 기름야자, 야자, 대두 등에서 추출한 식물성 유지로 만드는데, 풍미가 부족하므로 너무 많이 첨가하면 초콜릿 본연의 맛을 떨어뜨리게 됩니다. 하지만 대용 유지의 조합이나 지방산 조성을 잘 조정하면 유동성이 뛰어나 코팅용으로 적합한 초콜릿을 만들 수 있습니다. 코팅에 적합하다는 의미에서 이러한 초콜릿을 코팅용 초콜릿으로 판매하기도 합니다.

 **초콜릿을 녹일 때 냄비에 넣어 직화로 가열하면 안 되나요?**

 **초콜릿을 고온으로 가열하면 분리되어 버리므로 중탕해야 합니다.**

초콜릿은 카카오 버터의 유지 속에 카카오 매스, 설탕, 분유 등의 고형 미립자와 미량의 수분이 섞여 있습니다. 초콜릿을 녹일 때는 열에 녹아 유동성을 띤 카카오 버터에 설탕이나 분유 입자가 고형인 채로 섞여 있는 상태를 유지해야 합니다. 냄비에 초콜릿을 담고 불에 올려 직접 가열하면 점도가 높으므로 열의 대류가 일어나지 않아 온도가 국소적으로 상승하여 타 버립니다. 그 결과 이러한 구조가 크게 무너져 설탕이나 분유처럼 기름에는 녹지 않고 물에 녹는 성분과 카카오 버터의 유지가 분리됩니다. 그러므로 초콜릿은 중탕으로 뭉근하게 가열하여 녹이는 것이 좋습니다.

 ··· 181쪽

 **초콜릿을 중탕으로 녹였는데 초콜릿이 분리되어 굳어 버렸어요. 이유가 뭘까요?**

 **중탕에 사용한 물이 초콜릿에 들어간 것이 원인일 수 있습니다.**

초콜릿을 중탕으로 녹일 때 중탕에 쓴 물이 초콜릿에 들어가면 초콜릿이 굳어서 더 이상 녹지 않는 경우가 있습니다. 초콜릿에 들어간 물이 초콜릿 속의 카카오 버터와 반발을 일으켜 섞이지 않는 것입니다. 그렇게 들어간 물은 흡수성이 높은 설탕에 흡수됩니다. 설탕 미립자는 물을 조금 흡수하면 점성이 생기므로 서로 들러붙어 더 이상 녹지 않게 되고, 그 결과 초콜릿이 덩어리져 보입니다.

 ··· 181쪽

Q ★ 밀크초콜릿이나 화이트초콜릿은 다크초콜릿보다 녹는 온도가 낮은데, 그 이유가 무엇인가요?

A 카카오 버터보다도 낮은 온도에서 녹는 유지방이 들어 있기 때문입니다.

초콜릿은 종류, 제품, 제조사에 따라 템퍼링할 때 녹는 온도가 다소 차이가 납니다. 제품에 온도가 표시되어 있는 경우에는 그에 맞추어 녹이면 됩니다. 일반적으로 밀크초콜릿이나 화이트초콜릿은 다크초콜릿보다 낮은 온도에서 녹습니다. 그 원인은 초콜릿에 들어가는 유지의 차이 때문입니다.

다크초콜릿에 든 유지는 대부분 카카오 버터이지만, 밀크초콜릿이나 화이트초콜릿에는 유성분이 첨가되어 있으므로 카카오 버터 이외에도 유지방이 함유되어 있습니다.

유지방은 카카오 버터보다도 융점(고체에서 액체로 변화하는 온도)이 낮으므로 유지방이 들어가면 그만큼 녹는 온도가 낮아집니다. 밀크초콜릿이나 화이트초콜릿을 고온에서 녹이면 유지방이 설탕과 함께 뭉치기 쉬우므로 주의하기 바랍니다.

밀크초콜릿을 고온에서 녹이면 유성분이 굳어서 뭉쳐 버린다.

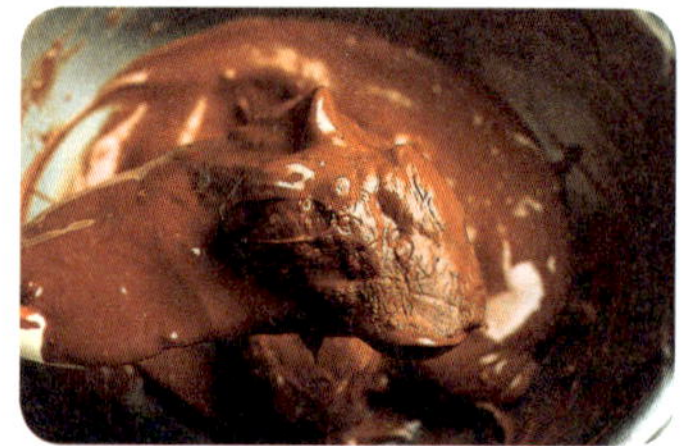

초콜릿의 용해, 냉각, 보온 온도의 예

표 24   일본 다이토 카카오사의 초콜릿

종류	용해 온도	냉각 온도	보온 온도
다크(블랙)초콜릿	50	28	32
밀크초콜릿	45	27	31
화이트초콜릿	40	26	30

표 25   프랑스 발로나(Valrhona)**사의 초콜릿**

종류	용해 온도	냉각 온도	보온 온도
다크(블랙)초콜릿	53~55	28~29	31~32
밀크초콜릿	48~50	27~28	29~30
화이트초콜릿	48~50	26~27	28~29

*제조사나 제품에 따라 온도가 다소 차이 난다. 템퍼링을 할 때는 제품에 표시된 온도를 참고한다.

 **템퍼링의 이론에 대해 설명해 주세요.**

 **초콜릿을 녹이면 카카오 버터의 결정구조가 변화하므로 초콜릿의 품질에 가장 적합한 결정형을 만들어 굳히기 위해 실시하는 작업입니다.**

초콜릿의 구조와 카카오 버터의 여섯 가지 결정형(→183쪽)에 대해서는 앞에서 이미 이야기했지만, 초콜릿 봉봉 같은 초콜릿 디저트를 만들기에 가장 적합한 카카오 버터의 결정형에 대해 좀 더 자세히 설명해 보겠습니다.

1. 템퍼링의 목적

템퍼링은 녹인 초콜릿의 카카오 버터를 최종적으로 Ⅴ형 결정형으로 굳히는 것이 목적입니다. 카카오 버터의 성질상, 템퍼링이 종료된 시점에서 Ⅴ형 결정이 소량 생기게 하여 초콜릿이 서서히 굳으면서 이를 핵(씨결정)으로 삼아 전체가 동일한 Ⅴ형 결정을 이루게 합니다.

2. 초콜릿에 가장 적합한 결정형을 결정하는 요소

그렇다면 왜 Ⅴ형 결정으로 만들어야 하는 걸까요?

Ⅰ형부터 Ⅵ형까지 있는 카카오 버터의 결정형 가운데 실온에서도 녹지 않고 에너지적으로 안정적인 결정형은 Ⅴ형과 Ⅵ형이며, Ⅴ형보다 융점이 높은 Ⅵ형이 더 잘 녹지 않고 안정도도 높다고 할 수 있습니다. 하지만 초콜릿은 실온에서는 고형이지만 입에 들어가는 순간 스르륵 녹는 부드러움을 갖는 것이 중요합니다. 그 점을 고려한다면 체온보다 낮은 온도에서 빠르게 녹는 Ⅴ형이 초콜릿에 더 적합하다고 할 수 있습니다.

또한 Ⅴ형은 Ⅵ형보다 결정이 작아 표면이 더 매끄럽고 광택이 흐릅니다. 게다가 Ⅵ형은 결정이 크기 때문에 블룸 현상(→190~191쪽)의 원인이 됩니다.

이러한 점에서 초콜릿에 가장 적합한 결정형은 Ⅴ형이라고 할 수 있습니다.

3. 녹인 초콜릿을 굳히는 온도

단순히 초콜릿을 덥혔다가 다시 식혀서 굳히기만 해서는 안 되는 이유가 무엇일까요?

카카오 버터는 식혀서 굳히는 온도가 낮을수록 더 빨리 결정화하여 굳어 버리기 쉬운데, 그러면 불안정한 Ⅱ형, Ⅲ형, Ⅳ형의 결정형이 생겨 납니다. 불안정한 결정은 더욱 안정적이 되기를 원하므로 스스로 형태를 바꾸어 최종적으로는 Ⅵ형에 도달하려는 성질이 있습니다. 그렇게 되면 초콜릿에 가장 이상적인 Ⅴ형을 유지한 채로 굳히지 못합니다(→190~191쪽).

4. 녹인 초콜릿의 온도를 일단 낮추었다가 다시 높이는 이유

다크초콜릿은 50℃ 전후, 밀크초콜릿과 화이트초콜릿은 45℃ 전후로 덥혀 카카오 버터 결정을 완전히 녹인 후 온도를 28℃까지 일단 떨어뜨립니다. 이때는 불안정한 Ⅵ형과 Ⅲ형 결정도 있습니다. 이러한 상태에서 다시 온도를 31~32℃까지 올리면 이러한 Ⅲ형과 Ⅳ형 결정이 녹는 동시에 안정적인 Ⅴ형 결정으로 바뀝니다.

하지만 모든 결정이 이 온도에서 단숨에 Ⅴ형으로 바뀌는 것은 아닙니다. 여전히 Ⅲ형과 Ⅳ형이 존재하는 가운데, Ⅴ형도 공존하는 상태에서 템퍼링이 끝납니다.

그 후 초콜릿을 틀에 붓거나 코팅하는 과정에서 초콜릿이 실온에서 서서히 굳어가면서 안정된 Ⅴ형 결정형이 남고 Ⅲ형과 Ⅳ형이 Ⅴ형으로 바뀌어 결국 마지막에는 전체가 모두 Ⅴ형으로 굳어집니다.

… 181~184쪽

굳은 초콜릿 표면에 흰색 무늬가 생겼는데, 이게 뭔가요?

블룸(Bloom)이라는 것입니다.

초콜릿은 매끄러운 광택이 생명이지만 간혹 초콜릿 표면이 하얗게 변하거나 흰색 얼룩이 생길 때가 있습니다. 바로 '블룸'이 발생한 것입니다. 블룸은 초콜릿이 부적절한 온도에 노출되었을 때 생깁니다.

이러한 현상은 원인에 따라 팻 블룸(Fat bloom)과 슈거 블룸(Sugar bloom)으로 나뉩니다. 이에 대해 알아봅니다.

1. 팻 블룸

'팻＝지방(카카오 버터)' 때문에 초콜릿이 하얗게 보이는 것으로 만드는 과정이나 보관 방법에 문제가 있을 경우 발생합니다.

자주 일어나는 두 가지 문제점에 대해 살펴봅시다.

① 템퍼링을 할 때 온도를 적절하게 조절하지 못한 경우
② 초콜릿이 보관 도중에 약 28℃ 이상의 온도에 노출되어 녹았다가 다시 굳어 버린 경우

②의 경우 결과적으로는 초콜릿을 템퍼링하지 않고 굳혀 버린 ①의 경우와 마찬가지입니다.

팻 블룸은 초콜릿이 이상적인 온도에서 굳지 못한 것이 원인으로 카카오 버터가 표면에 새어 나와 결

정이 커지고 여기에 빛이 난반사되어 하얗게 보이는 현상입니다. 카카오 버터의 결정은 초콜릿의 표면뿐만 아니라 내부에서도 커지므로 팻 블룸이 일어난 초콜릿은 까끌까끌해져 식감이 크게 떨어집니다.

참고로 이때 카카오 버터의 결정형은 Ⅵ형이 되어 있습니다. Ⅵ형은 초콜릿에 가장 이상적인 Ⅴ형보다 결정이 크므로 흰색으로 보입니다.

Ⅵ형은 템퍼링을 했을 때와 같은 액상의 카카오 버터에서는 직접 결정화되지 않고 일단 Ⅳ형이나 Ⅲ형 같은 결정으로 굳어진 것이 시간을 들여 Ⅵ형으로 변하면서 블룸 현상을 일으킨다고 알려져 있습니다. 즉, 템퍼링을 하지 않고 굳은 결정의 형태는 불안정한 Ⅳ형이나 Ⅲ형 등이며 이처럼 불안정한 결정은 더욱 안정적이 되고자 스스로 변화하여 결국 Ⅵ형에 이르는 것입니다.

템퍼링의 온도 조절이 적절하지 않을 때 일어나는 블룸 현상

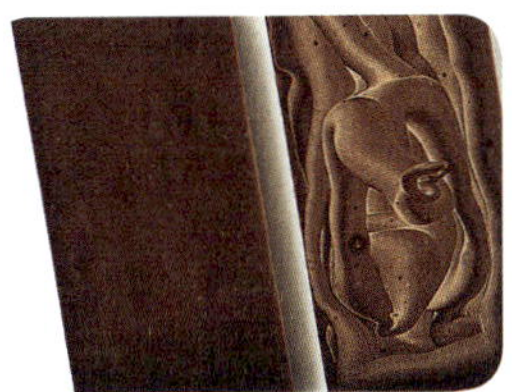

왼쪽 : 적정, 오른쪽 : 블룸

고온에 노출되었을 때 일어나는 블룸 현상

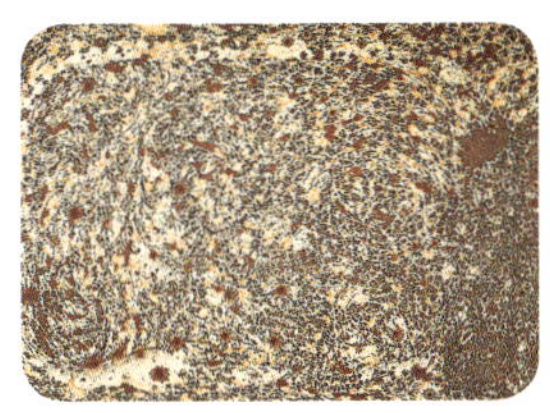

카카오 버터의 결정이 하얗게 보인다.

2. 슈거 블룸

'설탕(sugar)'이 원인이 되어 초콜릿이 하얗게 변하는 블룸 현상입니다. 냉장고에 넣어 두었던 초콜릿을 꺼내어 실온에 보관했을 경우에 발생합니다.

냉장고에 차갑게 두었던 초콜릿을 갑자기 실온에 꺼내면 초콜릿 표면에 결로가 발생하여 물방울이 맺힙니다. 예를 들지면 날씨가 추운 날 따뜻한 실내에 들어가면 안경이 뿌옇게 흐려지는 것과 비슷합니다.

그렇게 생긴 물방울에 초콜릿 속 설탕이 녹아 나와 그대로 실온에 오래 방치되면 수분이 증발하고 설탕 결정만이 남아 하얗게 보이는 것입니다.

슈거 블룸이 생긴 초콜릿

차가운 초콜릿을 실온에 꺼냈을 때 맺힌 물방울이 마르면 설탕이 하얗게 드러난다.

 **템퍼링이 제대로 되었는지 아닌지 불안해요. 확인할 방법이 있다면 가르쳐 주세요.**

 **사용하기 전에 종이나 주걱에 템퍼링한 초콜릿을 묻혀 보면 템퍼링이 제대로 되었는지 판단할 수 있습니다.**

초콜릿은 템퍼링을 한 다음, 온도 조절이 제대로 되었는지를 먼저 확인한 후에 사용합니다. 이를 확인할 수 있는 간단한 방법을 소개합니다. 종이나 주걱을 템퍼링한 초콜릿에 찍어 얇게 묻혀 봅니다. 초콜릿이 굳을 때까지 걸리는 시간과 표면의 상태를 보고 템퍼링이 잘 되었는지를 판단합니다. 템퍼링이 잘 되었다면 초콜릿이 금세 굳고, 표면에 광택이 흐를 것입니다.

만약 온도 조절에 실패했다면 초콜릿이 좀처럼 굳지 않고, 굳었다 하더라도 흰색 얼룩이 보이거나 광택이 나지 않을 것입니다. 초콜릿 표면에서 카카오 버터의 결정이 커져 빛이 난반사되어 하얗에 보이기 때문입니다(블룸 현상). 실패했을 경우에는 처음부터 템퍼링 작업을 다시 해야 합니다.

템퍼링 확인 방법

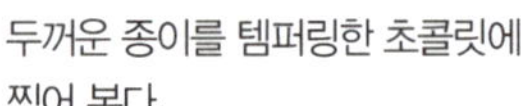

두꺼운 종이를 템퍼링한 초콜릿에
찍어 본다.

→

종이를 건지자마자 초콜릿이 바로 얇게
굳으면 템퍼링을 제대로 한 것이다.

 **초콜릿을 틀에 넣어 굳혔는데 틀에서 빠지지가 않아요. 이유가 뭘까요?**

 **여러 원인이 있을 수 있지만 주로 템퍼링을 실패했을 때 이런 현상이 발생합니다.**

녹인 초콜릿을 틀(몰드)에 부어 초콜릿을 만들었는데 굳은 초콜릿을 꺼내려고 했더니 틀에서 빠지질 않았다는 실패담을 들을 때가 있습니다. 그 원인으로 몇 가지를 생각해 볼 수 있습니다.

첫 번째로 템퍼링을 할 때 온도 조절을 잘못한 경우입니다. 온도를 제대로 조절하면 초콜릿이 틀에 들어가 굳을 때 약간 수축합니다. 그래서 초콜릿을 틀에 직접 부어도 쉽게 빠집니다.

초콜릿이 수축하는 이유는 무엇일까요? 템퍼링을 끝내고 초콜릿을 틀에 부은 시점에서는 카카오 버터의 결정형 중에 불안정한 Ⅲ형·Ⅳ형과 안정적인 Ⅴ형이 함께 있습니다. 그러나 초콜릿이 굳는 동안 Ⅴ형을 핵으로 삼아 Ⅲ형과 Ⅳ형이 Ⅴ형으로 변하면서 결국 전체가 Ⅴ형으로 굳어 버립니다. Ⅲ형과 Ⅳ형은 밀도가 낮고, Ⅴ형은 밀도가 높으므로 초콜릿이 굳고 나면 전체 부피가 줄어들어 초콜릿이 수축하는 현상이 일어납니다.

템퍼링에 실패한 초콜릿의 카카오 버터는 Ⅳ형이나 Ⅲ형으로 굳어 버립니다. 틀에 넣은 순간과 초콜릿이 다 굳고 난 후 밀도의 변화가 없으므로 초콜릿이 틀에 밀착한 채로 빠지지 않는 것입니다.

템퍼링에 문제가 없는 경우에는 틀에 이물질이 묻어 있었다거나 틀의 온도가 낮았던 것이 원인이 될 수 있습니다. 특히 금속 틀은 차가워지기 쉬우므로 주의해야 합니다. 보통 틀은 25~27℃ 전후로 사용합니다. 또 초콜릿을 틀에 얇게 흘려 넣을 때 초콜릿이 너무 소량이어서 두께가 얇아지는 경우에도 초콜릿이 굳으면서 거의 수축하지 않아 틀에서 잘 빠지지 않게 됩니다.

틀로 만든 초콜릿

템퍼링에 성공하면 틀과 초콜릿 사이에 틈새가 생긴다.

깔끔하게 떨어진다.

실패 사례

템퍼링에 실패하면 초콜릿이 수축하지 않아 틀에서 빠지지 않는다.

Q 가토 오페라 등에서 위에 뿌릴 때 사용하는 파트 아 글라세(Pâte à glacer)는 왜 템퍼링을 하지 않아도 되는 건가요?

A 코팅 전용 초콜릿이므로 녹이기만 해서 바로 쓸 수 있습니다.

가토 오페라 코팅

1 녹인 파트 아 글라세를 뿌린다.

2 템퍼링을 하지 않아도 얇고 매끄럽게 코팅된다.

가토 오페라 등 케이크에 초콜릿을 덮을 때 사용하기 편한 것이 바로 파트 아 글라세라고 하는 코팅 전용 초콜릿입니다. 일반 초콜릿은 카카오 버터로 만들어져 있어 녹여서 템퍼링하는 과정이 필요하지만, 파트 아 글라세처럼 코팅용으로 나온 초콜릿은 식물성 유지(대용 유지)를 사용하므로 템퍼링을 하지 않고 바로 녹여서 쓸 수 있습니다.

녹인 초콜릿은 물이 들어가면 분리되는데 가나슈는 왜 수분이 들어 있는 생크림과 섞이는 건가요?

생크림을 넣을 때는 유화되기 때문입니다.

녹인 초콜릿에 물이 들어가면 분리되어 버리는데(→187쪽), 수분을 많이 함유하고 있는 생크림이 분리되지 않고 잘 섞이는 이유는 무엇일까요? 초콜릿과 생크림의 구조를 살펴보고 유화하는 이유를 알아봅니다.

1. 초콜릿과 생크림의 구조

초콜릿은 카카오 버터라는 유지 속에 카카오 매스, 설탕, 분유 등이 고형 미립자의 상태로 섞여 있습니다. 한편 생크림은 수분 속에 유지방이 미세한 입자 상태로 분산된 유화 구조(수중유적형)를 이루고 있습니다. 마치 '물'과 '기름'의 관계라고도 할 수 있는 수분과 유지방이 분리되지 않고 서로 섞여 있는 이유는 유지방구 주변을 유화제가 둘러싸 수분과 유지방이 직접 접촉하는 일이 없기 때문입니다.

2. 초콜릿과 생크림을 유화시켜 섞는다

녹인 초콜릿에 소량의 생크림을 첨가하는 정도라면 초콜릿의 카카오 버터에 생크림 속 수분이 중간 역할을 하는 유화제의 힘을 빌려 분산되는 유중수적형 유화의 형태로 섞일 것입니다.

하지만 가나슈는 생크림의 분량이 초콜릿보다 많으므로 생크림을 나누어 넣는 과정에서 베이스인 카카오 버터보다 훨씬 많은 양의 수분이 들어갑니다. 그러면 도중에 상 전환이 일어나 생크림 속 수분에 카카오 버터와 유지방이 유화제에 둘러싸인 입자 형태로 분산됩니다(수중유적형).

3. 유화를 잘 시키려면

두 재료를 유화시킬 때는 재료를 조금씩 첨가해 가면서 골고루 섞는 것이 필요합니다. 따라서 가나슈를 만들 때는 생크림을 여러 차례에 나누어 넣고, 생크림을 첨가한 중심에서부터 작게 원을 그리듯이 잘 섞어 유화시키면서 주위의 초콜릿을 조금씩 집어넣어 전체적으로 고르게 섞습니다.

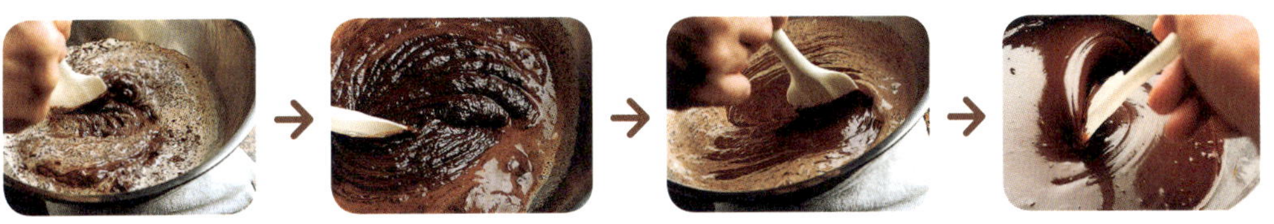

Q 가나슈를 만들 때 생크림은 35%에 가까운 저지방 제품을 많이 사용하는데 이유가 뭔가요?

A 분량에 따라서는 고지방 생크림을 사용하면 쉽게 분리되기 때문입니다.

가나슈는 최종적으로 생크림의 수분에 카카오 버터와 유지방이 분산되는 수중유적형 유화의 형태를 띱니다. 이때 바탕이 되는 수분이 충분하지 않으면 카카오 버터 같은 지방분이 분산될 공간이 부족해져서 쉽게 분리되므로 저지방 생크림(그만큼 수분이 많은)을 사용합니다.

참고 … 248~250쪽

Q 가나슈 같은 센터에 초콜릿을 덮었는데 초콜릿이 너무 두껍게 입혀져요. 왜 그럴까요?

A 템퍼링한 초콜릿과 센터를 적정 온도로 유지하지 않았기 때문입니다.

초콜릿 봉봉은 가나슈 같은 초콜릿 센터에 광택이 나는 초콜릿을 얇게 입히는 것이 이상적입니다. 이때 중요한 것이 온도 관리입니다. 초콜릿과 가나슈의 온도 차이를 10℃ 정도로 하면 윤기 있는 초콜릿이 얇게 입혀집니다.

1. 템퍼링한 초콜릿의 온도를 유지한다

템퍼링한 초콜릿을 작업 중에 적정 온도인 31~32℃로 유지합니다(다크초콜릿의 경우). 이보다 온도가 높거나 낮으면 애써 만든 V형 결정 상태가 무너져 블룸이 생기는 원인이 되기 때문입니다.

템퍼링한 초콜릿을 보온하는 전용 보온기를 사용하거나 양이 많지 않은 경우에는 볼에 담아 온도를 관리해 가면서 작업합니다. 이때 큰 볼에 소량의 초콜릿을 담으면 쉽게 식으므로 작은 볼에 초콜릿이 가득 담기도록 하는 편이 좋습니다. 온도가 내려가기 시작하면 초콜릿을 중탕으로 덥혀 온도를 조절한 다음 다시 작업을 지속합니다. 아니면 볼이 딱 맞게 들어가는 크기의 냄비에 32℃ 전후의 뜨거운 물을 담고, 그 온도를 유지하면서 중탕하여 초콜릿을 보온하면 비교적 오랜 시간 적정 온도를 유지할 수 있습니다.

초콜릿의 온도가 낮아지면 점성이 강해져 초콜릿이 두껍게 입혀지므로 주의합니다. 또 템퍼링한 초콜릿은 가끔씩 잘 섞어 균일한 온도를 유지합니다. 초콜릿은 점성이 있어 아무래도 공기가 들어가기 쉽고, 공기가 섞이면 코팅한 초콜릿에 기포가 생기므로 볼의 바닥에 실리콘 주걱의 끝을 댄 채로 공기가 들어가지 않도록 조심하며 살살 젓습니다.

2. 센터가 될 가나슈의 온도

초콜릿을 입힐 때 센터(초콜릿을 입게 될 것)의 적정 온도는 20℃ 전후입니다.

템퍼링한 초콜릿은 31~32℃이므로 온도차가 10℃ 정도 됩니다. 이렇게 온도를 조절하면 초콜릿이 알맞은 두께로 입혀지고, 초콜릿에도 윤기가 흐릅니다. 가나슈의 온도가 지나치게 낮으면 겉에 입힌 초콜릿이 안쪽부터 급격히 굳어 초콜릿의 광택이 사라집니다.

가나슈의 온도가 너무 낮아지지 않도록 주의한다.

공기가 들어가지 않도록 조심해 가며 가끔씩 살살 저어 균일한 온도를 유지한다.

 **초콜릿을 만드는 작업을 하거나 제품의 품질을 잘 유지할 수 있도록 보관하기에 알맞은 환경을 가르쳐 주세요.**

 **초콜릿을 만들 때는 실온을 18~23℃로, 보관 시에는 15~18℃로 유지하는 것이 좋습니다.**

초콜릿을 만드는 작업을 할 때는 실온이 약 18~23℃, 습도가 약 45~55%인 것이 좋습니다. 온도가 높으면 초콜릿이 굳는 데 오랜 시간이 걸려 애써 템퍼링한 초콜릿의 결정이 무너져 광택이 없는 초콜릿이 만들어지므로 주의합니다. 또 초콜릿 제품을 보관할 때는 빛과 온도, 습도에 신경을 써야 합니다. 직사광선이 닿지 않는 온도 15~18℃, 습도 45~55%의 환경이 가장 이상적입니다.

아무리 잘 만든 초콜릿 제품도 보관온도가 적절하지 않으면 초콜릿이 용해와 결정화를 반복하면서 불안정한 결정형으로 변해 블룸이 생기는 탓에 겉모습과 식감이 모두 떨어지게 됩니다.

Chapter 8

크림

Crème

과자는 파운드케이크나 피낭시에, 마들렌처럼 반죽 본연의 맛을 즐기는 타입 그리고 크림과 반죽을 함께 즐기는 타입으로 나뉩니다.

크림과 반죽이 함께 어우러진 과자 중에서도 반죽의 맛을 끌어올리기 위해 크림을 곁들인 타입 그리고 무스의 맛을 강조하기 위해 반죽을 곁들인 타입이 있습니다. 반죽과 크림이 모두 주연이 되기도 하고 조연이 되기도 하면서 저마다의 매력을 발휘합니다.

이번 장에서는 과자에 사용하는 대표적인 크림을 소개하려고 합니다. 샹티이 크림이나 커스터드 크림, 버터 크림 등은 그 자체만으로도 부드럽고 맛과 향이 풍부하지만. 여기에 좀 더 색다른 풍미를 더하거나 서로 다른 크림을 섞어서 다양하게 응용할 수 있습니다.

이밖에도 바바루아나 무스의 베이스로 많이 사용하는 앙글레즈 소스 그리고 버터 크림이나 무스 등에 가벼운 맛을 더하는 이탈리안 머랭. 타르트에 빠짐없이 들어가는 아몬드 크림도 알아 두면 많은 도움이 됩니다.

샹티이 크림

Crème chantilly

생크림을 거품 낸 것을 일반적으로 휘프드 크림(Whipped cream)이라 부르는데, 그중에서도 생크림에 설탕을 가미해 거품을 낸 것을 특별히 샹티이 크림(크렘 샹티이)이라고 부릅니다. 샹티이 크림은 케이크 시트 사이나 표면에 바르기도 하고 짤주머니 등으로 짜서 장식을 하는 등 다양한 곳에 쓰입니다.

반대로 설탕을 넣지 않고 거품을 낸 것을 크렘 푸에테(Crème fouettée)라고 합니다. 크렘 푸에테는 그대로 사용하기보다는 다른 크림과 섞어 쓰는 경우가 많은데 바바루아나 무스에 섞거나 초콜릿처럼 단맛이 강한 재료와 함께 씁니다.

샹티이 크림을 만드는 기본적인 방법

[참고 배합 사례]

- 생크림 350g
- 설탕 25g

준비

- 생크림을 차갑게 식혀 둔다.

1. 볼에 생크림을 넣고 볼을 얼음물에 담가 둔다.
2. 생크림에 설탕을 넣고 용도에 알맞게 거품을 낸다.

*핸드믹서나 믹서로 거품을 낼 경우에는 휘핑 속도를 중저속~중속으로 맞춘다.

*설탕 배합량은 사용 목적이나 입맛에 따라 차이가 나지만 보통 5~10% 정도가 적당하다.

STEP UP 설탕의 종류와 넣는 타이밍

생크림을 거품 낼 때는 사용하는 설탕의 종류에 따라 설탕을 넣는 타이밍이 달라집니다. 그래뉼러당은 입자가 굵어 쉽게 녹지 않으므로 처음부터 설탕을 넣고 거품을 냅니다. 반면 분당은 입자가 가늘어 쉽게 녹으므로 생크림을 어느 정도 거품 낸 후에 넣습니다. 생크림은 설탕을 넣는 것보다는 넣지 않고 거품을 내는 편이 공기를 더욱 많이 머금어 거품이 풍성해지므로 분당처럼 금세 녹는 설탕을 사용할 경우에는 거품을 어느 정도 낸 후에 설탕을 첨가하는 것이 좋습니다.

샹티이 크림 Q&A

 **생크림 거품을 좀 더 쉽게 내는 방법을 가르쳐 주세요.**

 **생크림을 흔든다는 느낌으로 거품을 내면 됩니다.**

생크림은 달걀흰자와 마찬가지로 거품을 내는 성질이 있지만 거품이 형성되는 방법은 전혀 다릅니다. 따라서 거품을 효율적으로 만들어 내기 위해서는 각 재료마다 거품이 생기는 원리에 따라 방법을 달리해야 합니다.

달걀흰자를 거품 낼 때는 크게 원을 그리듯이 달걀흰자를 움직여 공기가 많이 들어가게 해야 하지만 생크림은 거품기로 섞는 과정에서 지방구가 서로 부딪히면서 들러붙어 거품이 생기므로 생크림을 흔든다는 느낌으로 섞는 것이 효과적입니다.

생크림 거품 내는 법

 → 

거품기를 생크림에 갖다 대고, 좌우로 움직여가며 생크림을 흔든다.

 참고 … 293~294쪽

 **생크림을 거품기로 저었는데 거품이 제대로 나기 전에 퍼석퍼석해져 버렸어요. 이유가 뭔가요?**

 **거품을 낼 때 온도가 높았기 때문입니다.**

생크림은 보관할 때나 거품 낼 때 혹은 거품을 낸 휘프드 크림을 케이크에 바를 때 항상 저온 상태를 유지하는 것이 중요합니다.

생크림을 담은 볼을 얼음물에 담근 채로 거품을 내면 부드럽고 단단한 크림을 얻을 수 있습니다. 차갑게 식히지 않은 상태에서 거품을 내면 거품이 빨리 형성되기는 하지만 거칠고 단단하지 않은 노란빛의 거품이 형성됩니다.

한편 생크림은 3~5℃ 정도의 냉장고에 보관하는 것이 바람직한데 높은 온도에 보관했거나 한 번 온도가 올라가 버린 생크림은 나중에 아무리 차갑게 식혀도 제대로 거품을 내지 못합니다.

믹서를 사용할 경우에는 믹서 볼을 얼음물에 담글 수 없으므로 생크림의 온도를 5℃ 이하로 낮추고 믹서 볼 자체도 미리 차갑게 식혀서 최대한 온도가 상승하지 않게 합니다. 그리고 거품을 낸 후에 곧바로 냉장고에 넣어 온도를 떨어뜨립니다.

또한 실내 온도도 높아지지 않게 주의하는 것이 좋습니다.

실패 사례

생크림을 높은 온도에서 거품을 낸 휘프드 크림. 노란빛을 띤 거친 크림이 만들어진다.

표준 사례

얼음물에 담근 채로 거품을 낸 휘프드 크림. 부드럽고 단단한 크림이 만들어진다.

 **생크림을 거품 낼 때 어느 정도가 적당한지 어떻게 판단하나요?**

 **가장 간단한 방법은 거품기로 크림을 떴을 때 크림의 상태나 흐르는 정도를 보고 판단하는 것입니다.**

생크림을 거품 낼 때 어느 정도가 적당한지 판단하는 방법에는 여러 가지가 있지만 가장 일반적이고 손쉬운 방법은 거품기로 생크림을 떠보는 것입니다.

생크림은 거품기로 거품을 낼수록 점점 단단하게 섞이면서 점차 무게감이 느껴집니다. 어느 정도 되었다 싶을 때 생크림을 거품기로 한 번 떠 봅니다. 뜨자마자 바로 흘러내리는지 아니면 단단하게 떠지는지 같은 크림의 상태와 거품기 끝에 묻은 크림의 모양 등을 보고 판단을 내립니다. 거품기 끝에 묻은 크림이 뾰족한 뿔 모양을 이루어야 크림이 완성되었다고 할 수 있습니다.

그래프 8   생크림의 휘핑 정도에 따른 거품의 경도(硬度) 비교

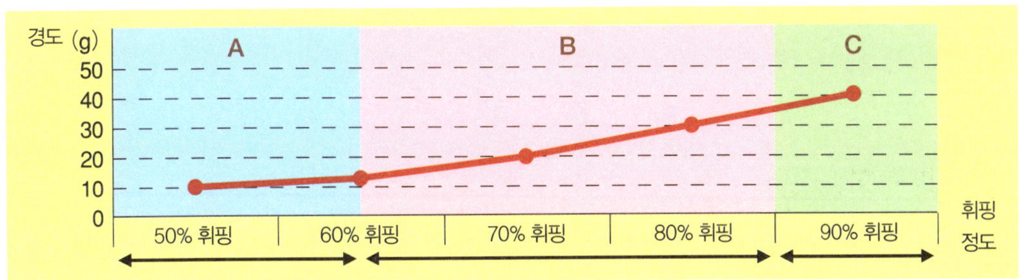

A 50~60% 휘핑

B 60~80% 휘핑

C 90% 휘핑

바바루아, 무스에 적합한 정도

케이크에 바르거나 짤주머니로 짜기에 적합한 정도

부드럽지는 않지만 단단한 크림

데이터 제공 : 일본 밀크 커뮤니티(주)

*데이터 측정 방법 : 크림 40%를 5℃에서 거품 낸 후 소정의 용기에 규정량을 담아 레오미터(점도 · 점탄성 측정 장치)의 어댑터(20mm)를 사용해 10mm 침투 시의 저항치(g)를 측정하고, 이를 경도로 보았다.

Q 스펀지케이크를 데코레이션할 때 생크림을 얼마만큼 휘핑해야 하나요?

A 일반적으로는 70~80% 정도 휘핑한 크림을 사용합니다. 채우기, 바르기, 짜기 등 용도에 따라 휘핑 정도를 알맞게 조절하기 바랍니다.

생크림은 거품을 낼수록 단단해지므로 용도에 따라 휘핑 정도를 구분해서 사용합니다.

(1) 표면을 코팅할 때 → '부드러운' 60~70% 휘핑

거품기로 간신히 뜰 정도, 뜬 크림이 시간이 지나면 결국 흘러내릴 정도로 부드러운 상태입니다. 반죽 위에 크림을 얹으면 크림이 옆으로 살짝 퍼지고 스패튤라로 얇게 펴 바를 수 있는 정도입니다.

(2) 짤주머니로 짤 때 → '약간 부드러운~약간 단단한' 70% 휘핑

거품기로 크림을 뜰 수 있으며 거품기 끝에 묻은 크림에 뾰족한 뿔이 서고, 뿔 전체가 부드러운 곡선을 그리는 상태입니다. 부드러운 느낌을 살리고 싶을 때는 약간 부드럽게, 짤주머니 깍지의 모양을 제대로 내고 싶을 때는 조금 단단하게 거품을 냅니다.

뿔이 뾰족하게 설 정도로 휘핑하면 깍지를 통과할 때 압력이 가해져 짜낸 크림의 선 부분이 갈라져 버리므로 크림이 너무 단단해지지 않도록 주의하기 바랍니다.

실패 사례

뿔이 뾰족하게 설 정도로 거품을 내면
크림을 짰을 때 선 부분이 갈라져 버린다.

(3) 스펀지케이크 사이에 크림을 바를 때 → '단단한' 70~80% 휘핑

거품기로 크림을 떴을 때 거품기에 묻은 크림의 끝부분이 뾰족하게 서고, 뿔의 끝부분이 부드러운 곡선을 그리는 상태입니다. 케이크 사이에 바르는 크림은 기포를 어느 정도 함유하고 있어야 하고 케이크를 지탱할 수 있을 만큼 보형성이 좋아야 하며 부드러운 상태를 유지해야 합니다.

표 26 용도별로 다른 휘핑 정도

코팅용 60~70% 휘핑

거품기로 간신히 뜰 수 있을 정도

케이크 위에 올리면 옆으로 살짝 퍼진다.

부드럽게 코팅된다.

짤주머니용 70% 휘핑

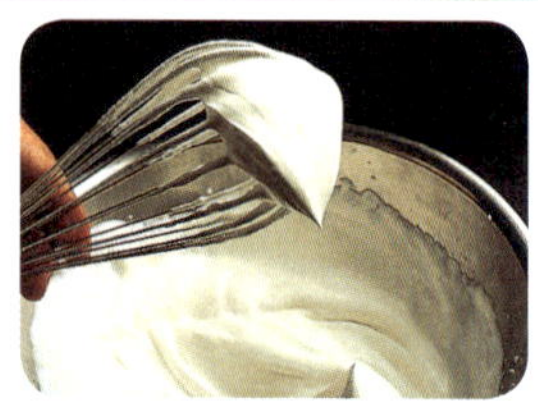

뿔이 너무 단단하게 서지 않을 정도가 좋다.

갈라지지 않고 매끄럽게 짜진다.

뿔이 단단하게 설 정도

스펀지케이크에 올려도 옆으로
퍼지지 않고, 보형성이 좋다.

크림이 상당히 단단해 그 위에
케이크를 올려도 지탱할 수 있다.

 **생크림을 믹서에 넣어 거품 낼 때 한 번에 많은 양을 넣으면 크림이 풍성해지지 않는데 그 이유가 뭔가요?**

 **믹서 볼에 너무 많은 양의 크림을 넣으면 거품을 낼 때 생크림이 공기와 접촉하는 면적이 좁 아 공기를 충분히 흡수하지 못하기 때문입니다.**

생크림을 믹서에 넣어 거품 낼 때는 생크림의 양에 관계없이 믹서에 달린 일정한 크기의 믹서 볼을 사용하므로 믹서 볼의 용량과 생크림 양의 비율이 거품의 풍성함에 영향을 끼칩니다.

예를 들어 동일한 믹서로 생크림 1리터를 휘핑할 때와 3리터를 휘핑할 때를 비교해 보면 양이 적은 쪽이 더 풍성한 거품을 낼 수 있습니다.

생크림은 거품을 내는 사이에 공기와 접촉하는 표면을 통해 공기를 흡수합니다. 생크림 1리터와 3리 터를 같은 크기의 믹서 볼에 넣으면 당연히 1리터인 쪽이 단위 용적당 표면적이 커집니다. 즉, 공기와 접촉하는 부분이 그만큼 많으므로 결과적으로 공기를 가득 머금은 풍성한 거품이 만들어지는 것입니다.

원칙적으로 생크림은 믹서 볼 용량의 3분의 1 정도를 넣는 것이 적정량으로 알려져 있습니다.

 **생크림의 유지방 농도(함량)에 따라 거품이 생기는 속도가 다른 이유는 뭔가요?**

 **생크림의 거품은 유지방구가 응집하여 생기므로 유지방 농도(함량)가 높아질수록 거품이 빨 리 형성됩니다.**

생크림의 유지방은 제품에 따라 농도가 다르므로 용도나 취향에 따라 구분해서 사용합니다.

유지방 농도의 차이에 따라 거품이 생기는 시간도 다릅니다. 생크림의 거품은 지방구끼리 서로 부딪 혀 응집하면서 생크림에 흡수된 기포 사이사이에 그물 구조를 형성하여 만들어집니다. 유지방 농도가 높은 생크림은 유지방 농도가 낮은 생크림보다 지방구의 수가 많으므로 거품을 냈을 때 지방구끼리 충돌할 확률이 높아져 거품이 빨리 형성됩니다. 즉, 생크림의 유지방 농도가 높을수록 거품이 빨리 난다고 할 수 있습니다(단, 동일한 브랜드의 동일한 타입의 제품을 비교했을 경우).

참고 … 293~294쪽

그래프 9 생크림의 유지방 농도(함량)가 거품 형성 속도에 미치는 영향

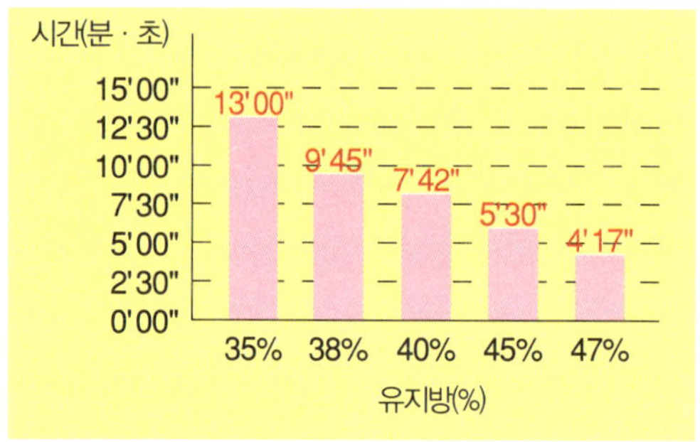

데이터 제공 : 일본 밀크 커뮤니티(주)

*데이터 측정 방법 : 각 지방분 크림을 규정량 칭량(저울로 무게를 잼) 후 5℃로 온도를 조절한 후 믹서에 회전수, 휘핑 종점 하중(70~80% 휘핑)을 설정해서 휘핑하고, 개시부터 종점까지의 시간을 측정한 것

 **휘핑용 생크림은 유지방 농도(함량)가 35%부터 50%까지 매우 다양한데 어떻게 구분해서 사용하나요?**

 **산뜻한 맛의 크림이 필요할 때는 35%, 짤주머니로 짜거나 케이크에 바르는 등 어느 정도 보형성이 필요할 때는 50%에 가까운 제품을 사용하는 것이 좋습니다.**

휘핑용 생크림의 유지방 농도는 35%부터 50%까지 매우 다양하므로 맛과 특성에 따라 구분해서 사용하는 것이 좋습니다. 개인의 취향이나 만들고 싶은 과자에 따라 알맞은 것을 선택하는 것이 좋지만, 일반적으로 산뜻한 맛을 원할 때는 유지방 농도가 낮은 제품을, 진한 맛을 원할 때나 데코레이션에 사용할 때처럼 보형성이 필요한 경우에는 유지방 농도가 높은 제품을 사용합니다.

1. 산뜻한 맛을 원할 때는 유지방 농도가 낮은 생크림을 사용

생크림에 공기를 가득 넣어 산뜻한 크림을 만들고 싶을 때에는 유지방 농도가 낮은 생크림을 사용합니다. 생크림은 유지방 농도가 낮을수록 크림 속 지방구의 수가 적습니다. 지방구의 수가 적으면 거품을 냈을 때 지방구끼리 충돌할 확률이 줄어들기 때문에 지방구끼리 응집하여 기포와 기포 사이에 그물 구조를 형성하는 데에 시간이 걸리게 됩니다. 그러면 그 사이에 크림 속에 공기가 충분히 들어가 오버런(over run) 수치가 높아지는 경향이 있습니다.

오버런이란 생크림을 거품 냈을 때 공기를 얼마만큼 포집해 부피가 늘어났는지를 나타내는 지표로 오버런 수치가 높을수록 공기를 더 많이 포집해 거품을 낸다고 볼 수 있습니다.

반대로 유지방 농도가 높은 생크림은 유지방 농도가 낮은 생크림보다도 지방구의 수가 많으므로 거품을 냈을 때 지방구가 서로 부딪힐 확률이 높아져 금세 거품이 납니다. 결과적으로 공기를 충분히 포집하기 전에 지방구가 그물 구조를 형성해 버리므로 오버런 수치가 낮아집니다. 참고로 오버런 수치를 구하는 공식은 다음과 같습니다.

$$오버런(\%) = \frac{거품낸\ 후의\ 생크림\ 용량 - 원래\ 생크림\ 용량}{원래\ 생크림\ 용량} \times 100$$

*유화제나 안정제 등을 넣지 않고 오직 유지방만으로 만든 '크림'일 경우. 단, 제조사에 따라 균질의 정도나 지방구의 분산 상태가 차이나므로 이론과 다른 경우도 있다.

그래프 10　생크림의 유지방 농도가 공기 포집 비율에 끼치는 영향

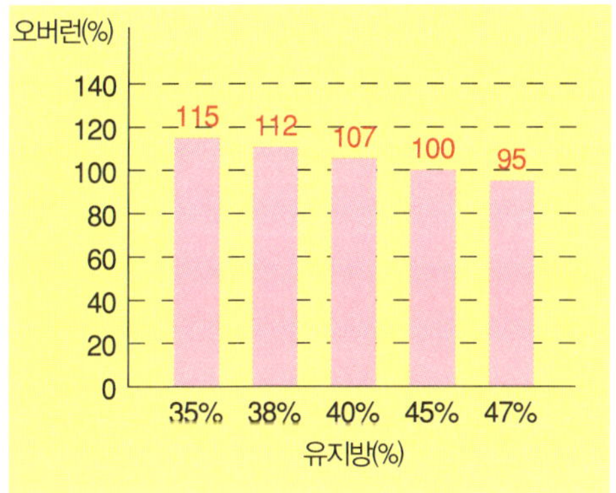

데이터 제공 : 일본 밀크 커뮤니티(주)

*데이터 측정 방법 : 각각의 유지방 농도를 띠는 크림을 규정량 칭량(저울로 무게를 잰) 후, 5℃로 온도를 조절한 다음 믹서에 회전수, 휘핑 종점 하중(70~80% 휘핑)을 설정하여 거품을 낸다. 종점에 도달하면 거품 낸 크림을 규정 오버런 컵에 덜어 측정한 후 계산식에 따라 오버런(%)을 산출한 것.

2. 보형성이 필요하다면 유지방 농도가 높은 생크림을 사용

거품을 낸 생크림을 바르거나 짤주머니로 짠 후에도 그 형태를 계속 유지하고 싶을 때는 유지방 농도가 높은 생크림을 사용합니다.

생크림은 거품을 내면 수분에 분산되어 있던 지방구가 서로 부딪혀 기포와 기포 사이에 그물 구조를 형성합니다. 이러한 그물 구조가 촘촘해질수록 거품을 낸 생크림이 더욱 단단해져 보형성이 좋아집니다. 즉, 유지방 농도가 높은 생크림은 지방구의 수가 많으므로 거품을 내면 그물 구조가 치밀해져 단단한 질감을 얻을 수 있는 것입니다.

3. 산뜻한 맛은 저지방, 진한 맛은 고지방 생크림을 사용

유지방 농도가 35%에 가까운 생크림을 사용하면 산뜻한 맛을, 50%에 가까운 생크림을 사용하면 진한 맛을 낼 수 있습니다. 좋아하는 맛은 사람마다 다를 수 있지만 생크림을 고를 때는 크림과 같이 사용할 재료와 얼마나 어울리는지도 생각해 봐야 합니다. 초콜릿 무스를 만들 때 초콜릿의 맛에 뒤지지 않을 만큼 유지방 농도가 높은 생크림을 사용해야 서로의 맛을 끌어올릴 수 있다고 생각하는 사람도 있지만, 오히려 반대로 좀 더 가벼운 초콜릿 무스를 만들고 싶어서 유지방 농도가 낮은 생크림을 사용하는 사람도 있습니다. 또 과일을 듬뿍 넣은 케이크를 생크림으로 장식할 경우에는 과일의 산뜻한 맛에 어울리도록 유지방 농도가 낮은 생크림을 사용하기도 합니다. 이처럼 어떤 생크림을 어디에 사용하는가 하는 기준은 사람마다 다릅니다.

참고 … 293~294쪽

생크림에 첨가하는 설탕의 양을 늘리면 휘프드 크림이 힘이 없어지나요?

설탕을 많이 넣어 거품을 내면 공기가 들어가기 힘들어져 보형성 또한 나빠집니다.

생크림에 설탕을 섞어 거품을 낼 때에는 일반적으로 5~10% 정도의 설탕을 첨가합니다. 단맛을 고려했을 때도 그 정도가 적당한데 이보다 설탕을 더 많이 넣으면 크림 속에 공기가 들어가기 힘들어져 짤주머니로 짰을 때 크림의 형태가 제대로 잡히지 않고 무너지기 쉬우므로 주의하기 바랍니다.

설탕의 유무에 따른 거품의 차이

무당

설탕 20% 첨가

그래프 11   생크림에 첨가하는 설탕의 양이 거품 낸 생크림의 보형성에 끼치는 영향

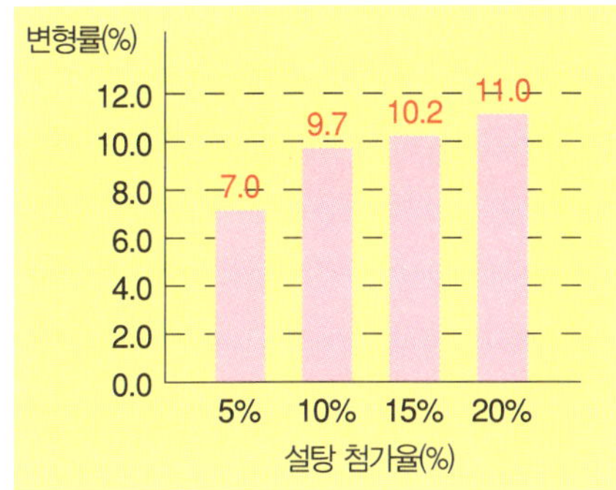

데이터 제공 : 일본 밀크 커뮤니티(주)

*변형률이 높을수록 거품을 낸 크림의 형태가 무너지기 쉽고, 보형성이 나쁘다.

*데이터 측정 방법 : 유지방 농도가 40%인 크림에 설탕을 각각의 비율로 첨가해 거품을 낸 다음, 짤주머니에 넣어 30~40mm 높이의 꽃모양을 싸서 ㄱ 높이를 측정한다. 25~27℃에서 1시간 동안 방치한 후 침강량을 측정하여 변형률(%)을 계산한 것

커스터드 크림

Crème pâtissière

크렘 파티시에르

달걀노른자, 설탕, 밀가루를 섞고 여기에 우유를 부어 가열하면서 달걀노른자의 응고력과 밀가루의 호화를 이용해 크림 상태로 만든 것을 커스터드 크림(크렘 파티시에르)이라고 합니다. 커스터드 크림을 그대로 사용하기도 하지만 휘프드 크림과 섞어 더 부드러운 크렘 디플로마트를 만들기도 하고 크림 상태의 버터와 섞어 크렘 무슬린(Crème mousseline)을 만들어 진한 버터의 풍미를 살리기도 하는 등 다양하게 활용할 수 있습니다.

커스터드 크림을 만드는 기본 방법

[참고 배합 사례]

- 달걀 노른자 360g(18개 분량)
- 그래뉼러당 300g
- 박력분 100g
- 우유 1,000g
- 바닐라 빈 2분의 1개

*박력분의 2분의 1 분량을 커스터드 파우더나 옥수수 전분으로 대체해도 된다.

1 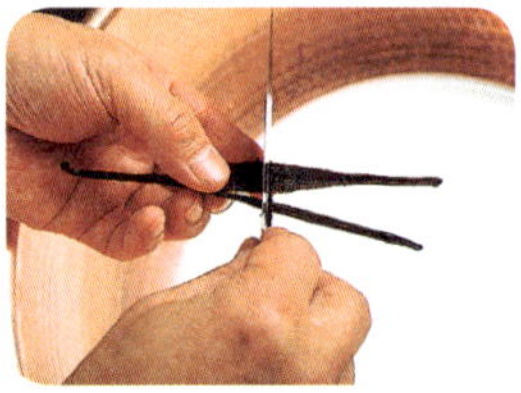

냄비에 우유를 붓고, 바닐라 빈 씨를 훑어 내어 깍지와 함께 넣은 다음 끓기 직전까지 덥힌다.

2 

볼에 달걀노른자와 그래뉼러당을 넣어 하얀 빛이 감돌 때까지 잘 섞은 다음 박력분을 넣어 골고루 섞는다.

3  덥힌 우유를 조금씩 부어가며 섞는다.

4  중불에 올리고 쉴 새 없이 저어가며 가열한다.

5  끓기 시작하면 강한 점성이 생기는데 멈추지 않고 계속 가열하면 점성이 살짝 떨어지면서 윤기가 나기 시작한다. 이렇게 크림이 완성되면 사각 쟁반에 부은 다음 마르지 않게 랩을 씌운 후 냉장고에 넣어 식힌다. 차갑게 굳은 크림은 체에 거른 다음 주걱으로 섞어 다시 매끄럽게 만들어 사용한다.

커스터드 크림 Q&A

 **커스터드 크림을 보통 '다시 묽어질 때까지' 끓인다고 하는데 구체적으로 어떤 상태를 말하는 건가요?**

 **크림은 펄펄 끓기 시작한 시점부터 점성이 증가해 금세 걸쭉해져 버리는데 이때 가열을 좀 더 하면 점성이 약해지고 유동성이 생깁니다. '살짝 묽어질 때'라는 것은 바로 이러한 상태를 가리킵니다.**

커스터드 크림은 충분히 가열하는 것이 중요한데 가장 큰 목적은 밀가루에 들어 있는 전분을 호화(전분 입자가 물을 빨아들여 부풀면서 점성이 생기는 현상)시키는 것입니다.

밀가루 속 전분은 95℃에 도달하면 걸쭉한 점성이 강해져 최고 점도를 나타냅니다(→211쪽 그래프 12 · ①). 이 단계에서 호화는 일어나고 있지만 커스터드 크림의 경우에는 이 시점에 불을 꺼 버리면 매끄러운 윤기가 사라져 점도가 강한 크림이 됩니다.

여기서 멈추지 않고 저어가며 더 가열하면 갑자기 점도가 떨어지면서 크림을 거품기로 떴을 때 흘러내릴 정도로 점성이 약하게 변화합니다(→211쪽 그래프 12 · ②). 이는 호화된 전분 분자의 일부가 열에 의해 끊어지는 브레이크 다운이라는 현상이 일어나기 때문입니다. 이러한 순간까지 가열해야 비로소 '다시 묽어진' 부드럽고 윤기가 나는 크림으로 변합니다.

커스터드 크림은 한 번 냉각한 다음에 사용하므로 호화된 전분은 냉각 후에 점성이 다시 매우 강해진다는 점을 고려해야 합니다(→211쪽 그래프 12 · ③). 따라서 이 시점에서 크림이 다시 묽어질 때까지 끓여 크림을 사용할 때 점도가 다시 올라가더라도 부드럽고 윤기 있는 상태를 유지할 수 있게 합니다.

 참고 … 258~261쪽

가열시 나타나는 커스터드 크림의 변화

95℃가 되면 크림의 점성이 강해진다. 크림이 부드럽지는 않다.

크림이 다시 묽어질 때까지 가열했다. 점성이 약해져 부드럽고 윤기가 흐르는 크림이 완성된다.

냉각 후 상태 비교

95℃에서 점성이 강해졌을 때 불을 끈 크림. 뻑뻑하고 매끄럽지 못하다.

다시 묽어질 때까지 가열한 크림. 부드럽고 매끄러우며 윤기가 흐른다.

그래프 12　밀가루 전분의 아밀로그램(amylogram)

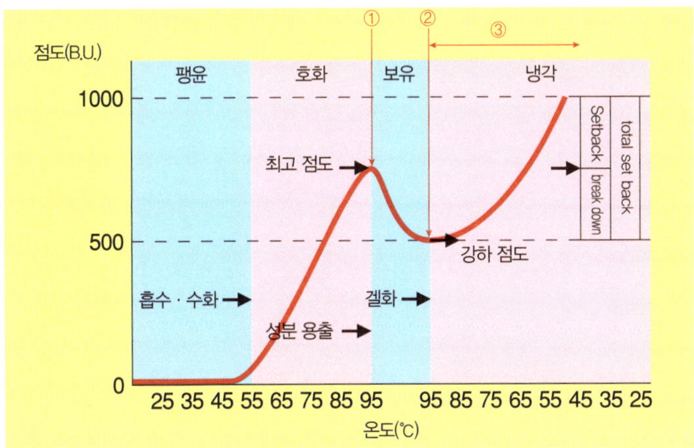

《밀의 과학 小麦の科学》나가오 세이치(長尾精一) 저

이탈리안 머랭

Meringue italienne

므랭그 이탈리엔느

달걀흰자에 뜨겁게 끓인 시럽을 부어 거품을 낸 것을 이탈리안 머랭(므랭그 이탈리엔느)이라고 합니다. 점성이 있어 단단한 거품을 얻을 수 있는 것이 특징입니다. 버터 크림이나 무스를 만들 때 좀 더 산뜻한 느낌을 주기 위해 사용합니다. 또 보형성이 있어서 케이크 표면에 바르거나 짤주머니로 짜서 장식을 할 때도 있습니다.

이탈리안 머랭을 만드는 기본적인 방법

[참고 배합 사례]

- 달걀흰자 120g(4개 분량)
- 그래뉼러당 40g
- 시럽
  - 그래뉼러당 200g
  - 물 60ml

1. 작은 냄비에 그래뉼러당과 분량의 물을 넣어 불에 올린 다음, 118~120℃가 될 때까지 가열해 시럽을 만든다.
2. 달걀흰자에 그래뉼러당을 넣고 믹서를 이용해 고속으로 거품을 낸다.
3. 약 80% 정도 휘핑이 되면 속도를 중속으로 낮추어 계속 젓다가 1의 뜨거운 시럽을 볼의 가장자리에 대고 일정 속도로 붓는다. 거품 전체에 시럽이 골고루 섞이도록 고속으로 한 번 섞은 다음 한 김 식을 때까지 중속으로 계속 젓는다.

이탈리안 머랭은 점성이 강하므로 믹서를 이용해야 거품을 내기가 쉽다.

머랭의 명칭		만드는 방법	용도
므랭그 프랑세즈 (Meringue française) 또는 므랭그 프르와 (Meringue froide)	다른 두 종류의 머랭과 달리 가열하지 않으므로 차가운(froide) 머랭이라고 부른다.	달걀흰자에 설탕을 넣어 거품 낸다.	원하는 형태로 짜서 저온(130℃)의 오븐에서 건조하듯이 구운 다음 구운 머랭 사이에 휘프드 크림을 샌드할 수도 있다. 이밖에도 몽블랑이나 바슈랭 같은 케이크에 사용한다.
므랭그 슈이스 (Meringue suisse) 또는 므랭그 쇼드 (Meringue chaude)	가열한 후에 거품을 내므로 뜨거운(chaude) 머랭이라고 부른다.	달걀흰자에 설탕을 넣은 뒤 50℃ 정도까지 중탕하여 거품을 낸다.	색소나 향료를 넣어 프티 푸르(Petit four, 차와 함께 내는 작은 과자) 등을 만든다. 므랭그 프랑세즈처럼 케이크에 사용할 때도 있다.
므랭그 이탈리엔느 (Meringue italienne)	달걀흰자에 뜨거운 시럽을 부어 거품 낸다.	설탕 중량의 3분의 1 정도의 물을 넣어 118~120℃로 끓여 시럽을 만든 후, 설탕과 달걀흰자를 넣어 거품을 낸 곳에 다시 부어 거품을 낸다.	버터 크림이나 무스에도 사용한다. 보형성이 있어 케이크에 바르거나 짤주머니로 짜서 장식을 하기도 한다.

이탈리안 머랭 Q&A

 **이탈리안 머랭을 만들 때 설탕을 시럽 상태로 넣는 이유는 무엇인가요?**

 **설탕을 물에 녹여 시럽으로 만들어야 많은 양의 설탕을 넣을 수 있기 때문입니다.**

이탈리안 머랭을 만들 때, 달걀흰자와 설탕을 1:1~1:2의 비율의 범위 내에서 조절할 수 있지만, 일반적으로는 설탕을 달걀흰자의 두 배 중량만큼 첨가합니다. 하지만 그 많은 양의 설탕을 그대로 첨가하면 설탕이 달걀흰자의 수분을 흡수해 거품이 거의 나지 않습니다. 설탕을 녹이려면 물이 필요한데 달걀흰자에 든 수분만으로는 부족하기 때문입니다. 그래서 이렇게 설탕을 많이 넣을 때는 설탕을 넣기 전에 미리 물에 녹여서 시럽으로 만듭니다. 설탕에 설탕을 녹이기에 충분한 양의 물(설탕의 3분의 1 정도)을 붓고 118~120℃까지 끓여 수분을 날려 보낸 후 머랭에 붓습니다. 시럽은 그 자체만으로도 점성이 있지만, 점차 식으면서 점성이 더욱 강해지므로 이를 첨가하면 거품 낸 달걀흰자의 보형성이 더 좋아집니다.

이탈리안 머랭

므랭그 프랑세즈

Q ★★ 이탈리안 머랭을 만들 때 설탕을 전부 시럽으로 넣으면 안 되나요?

A 달걀흰자에 설탕을 일부 넣어 거품을 낸 뒤에 뜨거운 시럽을 첨가해야만 결이 고운 머랭이 만들어집니다.

달걀흰자에 설탕을 넣어 거품을 낸 후 뜨거운 시럽을 부으면 달걀흰자를 그대로 거품 낸 후 뜨거운 시럽을 부었을 때보다 머랭의 결이 더 곱게 나옵니다.

거품을 낸 흰자에 뜨거운 시럽을 첨가하면 기포 속에 있던 공기가 열팽창하여 부피를 늘어나 기포가 커집니다. 따라서 이러한 점을 고려해 시럽을 붓기 전에 미리 작은 기포를 만들어 두는 것이 좋습니다.

작은 기포를 만들려면 달걀을 처음 거품 낼 때 설탕을 넣는 편이 좋습니다. 달걀은 설탕이 들어가면 거품이 잘 나지 않는 성질이 있습니다. 따라서 의도적으로 공기가 잘 들어가지 못하는 상황을 만든 후에 거품을 내면 작은 기포가 형성되는 것입니다. 이렇게 작은 기포를 만들어 두면 나중에 뜨거운 시럽을 부어도 기포가 그리 커지지 않아 결이 고운 이탈리안 머랭이 완성됩니다.

참고 … 239~240쪽

Q ★ 이탈리안 머랭을 만들 때 온도계로 측정하지 않아도 시럽이 118~120℃에 도달한 것을 알 수 있는 방법이 있을까요?

A 냄비에서 끓고 있을때 나타나는 기포의 크기나 혹은 시럽을 식혔을 때의 굳기로 판단할 수 있습니다.

시럽을 끓이다 보면 점성이 생기므로 온도계를 사용하지 않고도 시럽의 점도로 대략적인 온도를 가늠할 수 있습니다. 온도를 가늠할 수 있는 방법을 몇 가지 소개합니다.

1. 시럽이 끓을 때 생기는 거품의 상태를 관찰한다

시럽이 끓어오르기 시작했을 때는 아직 기포에 점성이 없지만, 110℃ 전후가 되면 점성이 생기기 시작합니다. 그 후 물이 서서히 증발되면 점성이 더욱 강해지고 기포의 크기도 작아집니다. 118℃ 전후가 되면 기포의 크기가 비슷해지므로 기포가 작고 균일해진 상태를 하나의 기준으로 삼을 수 있습니다.

2 시럽을 얼음물 속에서 동그랗게 뭉쳐 본다

손가락을 얼음물에 담가 차갑게 식힌 다음, 시럽을 얼음물에 살짝 떨어뜨려 손끝으로 둥글게 뭉치면 작은 공 모양(프티 불레, Petit boule)이 됩니다. 이러한 공을 손끝으로 눌렀을 때 물엿처럼 부드러운 느낌이 나면 118~120℃라고 볼 수 있습니다.

118~120℃를 가늠하는 방법

기포가 작고 균일해진 상태

시럽을 떨어뜨려 손으로 뭉쳤을 때 작은 공 모양이 된다. 물엿처럼 부드러운 상태

 **배합대로 이탈리안 머랭을 만들었는데 단단하지 않고 부드러운데다 윤기도 없어요. 그 이유가 뭔가요?**

 **시럽을 너무 오래 졸였거나 적정 온도로 졸은 시럽이 식어 버린 것이 원인일 수 있습니다.**

이탈리안 머랭을 만들 때는 시럽을 졸이는 타이밍과 달걀흰자를 거품 내는 타이밍을 잘 맞추는 것이 매우 중요합니다. 시럽을 졸이는 동안 달걀흰자 거품을 완성하지 못하면 거품을 내는 사이에 시럽이 식어 버립니다. 시럽이 식으면 달걀흰자에 부었을 때 잘 섞이지 않아 시럽이 볼의 바닥에 가라앉은 채로 굳어 버립니다.

이렇게 되면 달걀흰자에 정해진 분량의 설탕을 다 넣지 못한 것과 마찬가지인 상태가 되어 달걀흰자의 양에 비해 설탕의 양이 줄어들어 단단하지 않고 거친 머랭이 만들어집니다.

또 너무 오래 졸인 시럽을 첨가했을 때도 시럽이 쉽게 굳어 버리므로 마찬가지로 단단하지 않고 거친 머랭이 나옵니다.

시럽을 끓이면 온도가 처음에는 서서히 올라가다가 110℃를 넘어가면서 급격히 상승해 버립니다. 달걀흰자와 설탕의 비율에 따라 다르기는 하지만, 믹서로 달걀흰자를 거품 낼 경우에는 보통 시럽이 끓어오르기 시작했을 때쯤 믹서를 돌리기 시작하는 것이 좋습니다. 이밖에도 주의해야 할 점이 몇 가지 더 있습니다.

1. 냄비의 크기

시럽을 만들 때는 시럽의 양에 알맞은 크기의 냄비를 사용하는 것이 중요합니다. 냄비가 너무 크면 열기와 닿는 면적이 넓어 시럽 온도가 너무 빨리 상승해 버립니다. 반대로 표면적이 넓은 만큼 열을 빼앗기기도 쉬워 불을 끄면 금세 식어서 온도 조절이 어렵습니다. 또 시럽을 머랭에 부을 때도 냄비가 크면 냄비 바닥에 달라붙는 양이 많아 분량에 오차가 발생할 수 있습니다.

2. 볼의 크기

거품을 낼 때 달걀흰자의 양에 비해 볼이 너무 큰 볼을 사용하면 시럽을 부은 뒤 쉽게 식어 버리므로 적정한 크기의 볼을 사용하는 것이 좋습니다.

시럽 온도에 따른 머랭 비교

실패 사례

시럽 온도가 내려간 경우

표준 사례

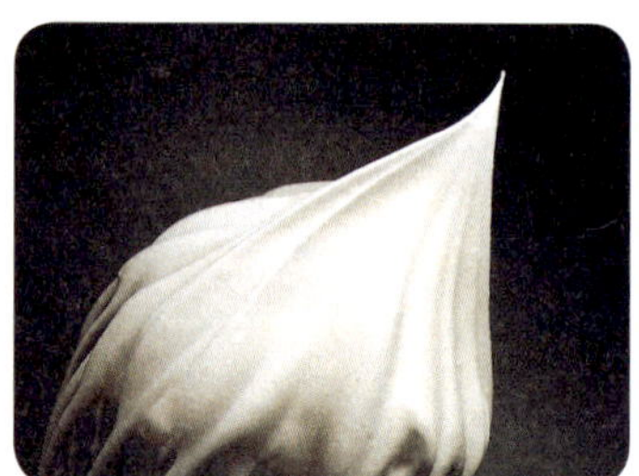

표준(시럽 온도 118~120℃)

STEP UP 이탈리안 머랭을 만들 때 달걀흰자의 거품 정도

이탈리안 머랭을 만들 때 거품에 섞을 시럽에 들어가는 설탕 배합량에 따라 거품 내는 정도를 조절합니다.

시럽에 들어가는 설탕의 양이 많을수록 시럽의 점성이 강해져 달걀흰자의 거품 생성을 억제하므로 단단해질 정도로 충분히 거품을 낸 후에 시럽을 붓는 것이 좋습니다. 시럽에 사용하는 설탕의 양에 따라 달라지는 달걀흰자의 거품 정도를 아래와 같이 정리해 보았습니다.

① 달걀흰자 대비 설탕의 양이 150% 이하…50~60% 휘핑

② 달걀흰자 대비 설탕의 양이 150~200%…60~90% 휘핑

 이탈리안 머랭을 만들 때 뜨거운 시럽을 부은 후 한 김 식는 동안 계속 거품을 내는 이유는 무엇인가요?

 온도가 높은 상태에서 젓는 것을 그만두면 머랭의 기포가 쉽게 터지기 때문입니다.

달걀 기포는 온도가 높은 상태에서는 터지기 쉬운 반면, 온도가 내려가면 표면장력이 강해져 쉽게 터지지 않게 됩니다. 또한 졸인 시럽이 식는 동안 거품에 적당한 점성이 생깁니다.

그러므로 어느 정도 거품을 낸 달걀흰자에 뜨거운 시럽을 부은 뒤 가장 이상적인 상태의 거품이 만들어지면 믹서의 속도를 낮추어 한 김 식을 때까지 섞는다는 느낌으로 젓는 것입니다.

 …66~67쪽

 이탈리안 머랭을 이용해 케이크를 장식하는 방법을 가르쳐 주세요.

 장식을 한 다음 토치 등으로 살짝 그을려 주는 것이 특징입니다.

이탈리안 머랭은 부드러움과 보형성을 지닌 특성을 살려 케이크에 바르거나 짤주머니로 짜서 장식을 하는 데 사용합니다.

이탈리안 머랭으로 하는 케이크 장식의 특징은 마지막에 토치로 머랭을 그을릴 수 있다는 점입니다.

이 방법을 사용하면 하얀 머랭에 갈색빛이 감도는 아름다운 장식이 완성됩니다.

　토치를 쓰지 않고 고온의 오븐에 넣어도 같은 효과를 낼 수 있습니다. 오븐에 구우면 갈색빛이 고르게 들어가고 토치를 이용하면 색의 농담을 표현할 수 있어 저마다 다른 인상을 줄 수 있습니다. 또 머랭 위에 분당(슈가파우더)을 뿌려 오븐에 구워도 설탕이 녹아 결정이 생겨 아름다운 모습이 됩니다.

토치로 그을려 색을 입힌 모습

오븐에 구운 모습

분당을 뿌려 오븐에 구운 모습

버터 크림

Crème au beurre à la meringue italienne

크렘 오 뵈르 아 라 므랭그 이탈리엔느

버터를 크림 상태로 만든 후 이탈리안 머랭이나 파트 아 봄브 또는 앙글레즈 소스를 첨가한 것을 버터 크림(크렘 오 뵈르)이라고 합니다. 이 책에서는 이탈리안 머랭을 섞어 산뜻한 맛을 낸 버터 크림을 소개하지만, 세 종류를 상황에 따라 구분해서 사용하면 활용 범위가 넓어집니다.

버터 크림을 만드는 기본적인 방법

[참고 배합 사례]

- 버터 450g
- 이탈리안 머랭(→212쪽) 300g

1. 버터는 상온에 녹인 후 거품기로 저어 크림 상태로 만든다.
2. 이탈리안 머랭을 넣어 섞는다.

*버터 크림은 냉장보관하면 버터가 굳어 버리므로 가급적 그때그때 만들어 사용하는 것이 좋다.

표 28 버터 크림의 주요 종류

명칭	기본 재료	특징
크렘 오 뵈르 아 라 므랭그 이탈리엔느 (Crème au beurre à la meringue italienne)	이탈리안 머랭을 사용해 만든다.	기포가 많아 가볍고 산뜻하므로 다른 향이나 맛을 더하기 쉽다.
크렘 오 뵈르 아 라 파트 아 봄브 (Crème au beurre à la pâte à bombe)	파트 아 봄브를 사용해 만든다.	진한 맛을 내는 버터 크림. 초콜릿이나 견과류, 커피 등을 첨가해 진하고 깊은 맛을 표현할 수 있다.
크렘 오 뵈르 아 라 크렘 앙글레즈 (Crème au beurre à la crème anglaise)	앙글레즈 소스를 사용해 만든다.	보형성이 다소 떨어지지만 수분이 많아 입안에서 살살 녹을 만큼 부드럽다.

STEP UP 파트 아 봄브란?

달걀노른자에 끓인 시럽을 넣어 거품 낸 것을 파트 아 봄브라고 합니다. 뭉치지 않게 푼 달걀노른자에 118~120℃로 가열한 시럽을 섞어 체에 거른 뒤 믹서로 거품을 내어 만듭니다. 달걀노른자는 차가운 상태에서는 거품이 잘 나지 않지만, 뜨거운 시럽을 부어 온도를 높이면 표면장력이 약해져 거품이 잘 납니다.

단단하게 거품을 낸 후, 한 김 식을 때까지 저속으로 계속 젓습니다. 그러면 끓인 시럽이 식으면서 점성이 생겨 적당히 걸쭉한 거품이 완성됩니다.

 → 

달걀노른자에 118~120℃로
가열한 시럽을 붓는다.

믹서로 거품을 내면 시럽이 식으면서
점성이 생겨 걸쭉한 거품이 된다.

버터 크림 Q&A

 버터 크림을 만들 때 버터의 굳기는 어느 정도로 하는 것이 좋은가요?

 **이탈리안 머랭을 첨가하는 버터 크림은 손가락으로 살짝 눌렀을 때 움푹 들어갈 정도로 굳기를 조절합니다.**

버터 크림을 만들 때 버터의 굳기는 손가락에 힘을 주지 않고 눌렀을 때 움푹 들어갈 정도, 온도로 따졌을 때는 20~25℃가 적당합니다. 여기에 다른 첨가 재료를 고려하여 크림의 상태를 조절해 사용합니다.

또 버터에 차가운 이탈리안 머랭을 첨가하면 버터가 딱딱하게 굳어 버리므로 이탈리안 머랭 역시 버터에 맞추어 25℃로 맞추는 것이 좋습니다.

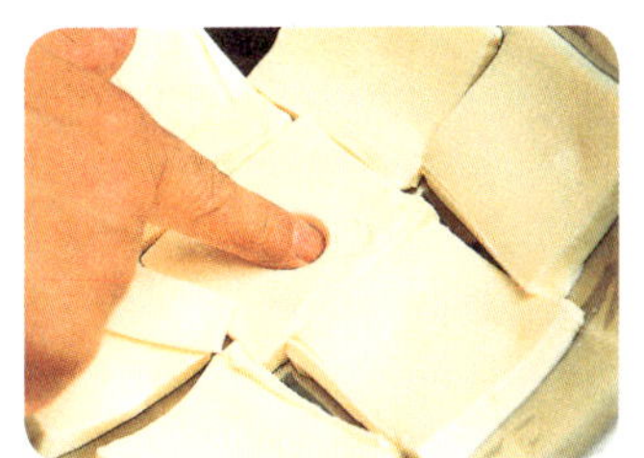

손가락으로 살짝 눌렀을 때 들어가는 정도가 적당하다.

크림 상태를 만든 후 이탈리안 머랭을 첨가한다.

 버터 크림을 만들 때 이탈리안 머랭을 첨가한 후 어떤 식으로 섞는 것이 좋은가요?

 **기포가 터지지 않도록 살살 섞으면 산뜻한 버터 크림이, 거품기로 골고루 섞으면 진한 맛의 버터 크림이 완성됩니다.**

1. 입 안에서 살살 녹는 듯한 가벼운 맛의 버터 크림

이탈리안 머랭의 기포가 터지지 않도록 섞습니다. 볼을 흔들면 움직일 정도로 부드러운 버터에 머랭을 몇 차례에 걸쳐 나눠 넣은 다음 거품기로 크림을 떴다가 다시 떨어뜨리듯이 가볍게 섞습니다. 어느 정도 섞이면 거품기 대신 실리콘 주걱을 이용해 균일하게 섞어 줍니다.

가볍게 섞는 방법

1. 부드러운 버터에 이탈리안 머랭을 올린다.

2. 거품기로 떴다가 다시 떨어뜨리는 동작을 반복해가며 섞는다.

2. 버터의 진한 풍미를 느낄 수 있는 깊은 맛의 버터 크림

크림 상태의 버터에 이탈리안 머랭이 골고루 섞이도록 거품기로 잘 섞습니다. 이렇게 섞으면 기포량이 줄어들어 윤기가 흐르는 매끄러운 버터 크림이 완성됩니다.

앙글레즈 소스

Crème anglaise

크렘 앙글레즈

달걀노른자와 설탕을 섞은 뒤 우유를 넣고 가열하여 달걀노른자의 응고력을 이용해 농도를 맞춘 것을 앙글레즈 소스라고 합니다. 케이크를 접시에 담을 때 소스로 뿌리거나 아이스크림, 바바루아, 무스의 재료로 사용하기도 합니다.

앙글레즈 소스를 만드는 기본적인 방법

[참고 배합 사례]

· 달걀노른자 120g(6개 분량)
· 그래뉼러당 150g
· 우유 500g

1. 볼에 달걀과 그래뉼러당을 넣고 흰빛이 돌 때까지 섞는다.

2. 우유를 끓기 직전까지 덥힌 다음 1에 조금씩 나누어 섞는다.

3. 냄비에 담아 불에 올린 뒤 80~85℃ 정도가 될 때까지 가열한다.

4. 재빠르게 식힌다.

앙글레즈 소스 Q&A

 앙글레즈 소스를 80~85℃ 이상 가열하지 않는 이유는 뭔가요?

 그 이상 가열하면 달걀노른자가 굳어서 분리되기 때문입니다.

앙글레즈 소스는 달걀노른자가 열에 응고하는 힘을 이용해 만드는 부드럽고 걸쭉한 소스입니다.

하지만 달걀노른자가 완전히 익을 정도로 온도가 올라가면 우유 속에 분산되어 있던 달걀노른자가 굳어서 혼자 분리됩니다. 따라서 온도를 서서히 올려 가며 점성을 활용하여 소스의 농도를 맞춥니다.

　이때 중요한 것은 달걀노른자가 굳는 온도입니다. 달걀노른자는 65℃부터 굳기 시작해 70℃가 되면 완전히 굳습니다. 단, 설탕을 첨가하거나 우유 같은 액체가 들어가면 응고 온도가 올라가므로 이들 재료를 섞어가며 80~85℃까지 가열합니다.

　또 많은 양을 한꺼번에 만들거나 두꺼운 냄비를 사용할 경우에는 잔열로 온도가 상승할 수 있으므로 1~2℃ 낮은 상태에서 미리 불을 꺼서 식히는 것이 좋습니다.

참고 … 244~246쪽

가열온도의 차이에 따른 앙글레즈 소스의 비교

실패 사례

표준 사례

85℃ 이상으로 가열하여
노른자가 분리된 모습

80~85℃ 정도까지 가열한 모습

아몬드 크림

Crème d'amande

크렘 다망드

아몬드파우더, 설탕, 버터, 달걀을 동일한 비율로 섞어 만든 것을 아몬드 크림(크렘 다망드)이라고 합니다. 아몬드 크림이나 혹은 여기에 커스터드 크림을 섞어 만든 크렘 프랑지판을 타르트 반죽에 채워 굽는 방법이 가장 일반적입니다.

아몬드 크림을 만드는 기본적인 방법

[참고 배합 사례]

- 버터 150g
- 달걀 150g(3개 분량)
- 분당(슈가파우더) 150g
- 아몬드파우더 150g

1. 버터는 실온에 녹인 후 거품기로 저어 크림 상태로 만든다. 여기에 분당을 넣어 흰빛이 돌 때까지 섞는다.
2. 실온에 둔 달걀을 풀어 1에 조금씩 부어가며 섞는다. 반죽이 분리되지 않도록 잘 섞는다.
3. 아몬드파우더를 넣고 골고루 섞는다.
4. 냉장고에 넣어 식힌다. 차갑게 굳힌 크림을 스크레이퍼나 실리콘 주걱으로 섞어 다시 부드럽게 만들어 사용한다.

아몬드 크림 Q&A

 배합대로 아몬드 크림을 만들었는데 크림이 너무 물컹거려요. 이유가 뭘까요?

 **버터와 달걀의 분리가 원인인 것으로 보입니다.**

버터와 분당(슈가파우더)을 섞은 후 달걀을 풀어 넣을 때 유지인 버터와 수분이 많은 달걀이 분리되지 않도록 섞는 '유화' 과정이 필요합니다. '유화' 과정에서 주의해야 할 점에 대해서는 앞서 여러 번 설명한 바 있습니다.

마찬가지로 여기서도 유화 과정을 제대로 거치려면 달걀을 여러 차례에 나누어 넣을 것, 골고루 섞을 것, 달걀 온도를 실온에 맞출 것 등의 주의사항을 잘 따라야 합니다.

달걀을 한 번에 너무 많이 넣거나 재료를 충분히 섞지 않았거나 달걀이 너무 차가웠을 경우에는 달걀 속 수분과 버터 속 유지가 균일하게 섞이지 않아 분리됩니다. 그러면 아무리 아몬드파우더를 첨가해도 아몬드 크림이 물컹물컹해져 버립니다.

유화가 잘 되어야 버터의 유지 속에 달걀의 수분이 알갱이 형태로 분산되어 적당히 단단한 크림이 완성됩니다.

 ··· 248~250쪽

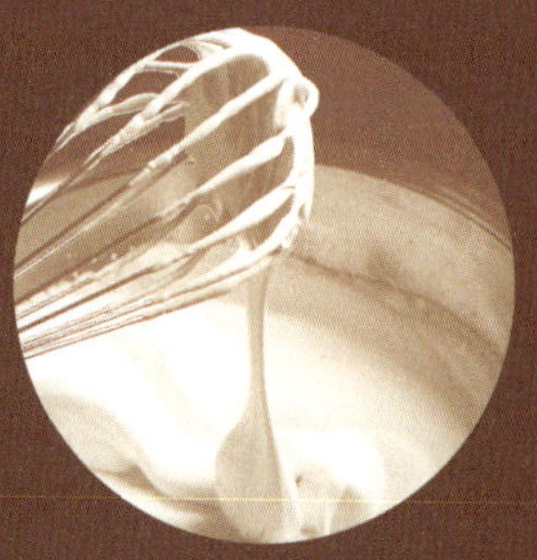

베이킹
재료에 대한
Q&A

Chapter 1

베이킹 재료 이해하기

달걀

직접 케이크를 구워 본 경험이 있는 사람이라면 누구나 케이크를 오븐에 넣은 뒤 반죽이 제대로 부풀어 오르기를 설레는 마음으로 기다려 본 적이 있을 것입니다. 케이크를 폭신폭신하게 부풀리는 결정적인 요소는 바로 달걀의 거품입니다.

같은 양의 달걀과 설탕을 사용하더라도 거품을 내는 방법에 따라 폭신하고 가벼운 거품이 만들어지기도 하고, 부드럽고 단단한 거품이 만들어지기도 합니다. 구우려고 하는 케이크의 종류에 따라 알맞은 방법을 선택하기 바랍니다. 달걀은 빵이나 과자의 풍미에도 큰 영향을 끼치는 중요한 재료입니다. 달걀이 지닌 부드럽고 친숙한 향기도 매력적이지만, 특히 노른자가 지닌 진한 풍미는 베이킹에서 매우 중요한 역할을 합니다. 가열하는 과정에서 만들어지는 노릇노릇한 색과 고소한 향 또한 빵이나 과자의 맛을 한층 끌어올립니다.

이번 장에서는 달걀 거품에 대한 이론을 중심으로 가열 시 나타나는 달걀의 변화 등을 함께 알아보려고 합니다.

달걀 선택하기 Q&A

 달걀은 크기가 다양한데 어떤 크기의 달걀을 사용하는 것이 좋을까요?

 베이킹 책은 일반적으로 M 사이즈의 달걀을 기준으로 쓰여 있습니다.

베이킹 레시피에서 재료란에 쓰여 있는 달걀은 일반적으로 M 사이즈라고 생각하면 됩니다. 달걀 1개는 크기에 따른 중량 차이가 그리 크지 않지만, 달걀을 여러 개 사용할 경우에는 그 차이가 커집니다. 하지만 노른자의 중량은 달걀의 크기와 상관없이 보통 20g 전후로, 특히 많이 사용하는 M~LL 사이즈의 경우 중량이 몇 그램밖에 차이 나지 않습니다. 즉, 달걀이 커질수록 흰자의 양이 늘어난다고 보면 됩니다. 또 산란을 시작한 지 얼마 되지 않은 어린 닭이 낳은 달걀은 일반적으로 크기가 작은 것으로 알려져 있습니다.

표 29   달걀 1개의 중량 규격

일본의 경우		한국의 경우	
LL	70g 이상 ~ 76g 미만	왕란	68g 이상
L	64g 이상 ~ 70g 미만	특란	60g ~ 68g
M	58g 이상 ~ 64g 미만	대란	52g ~ 60g
MS	52g 이상 ~ 58g 미만	중란	44g ~ 52g
S	46g 이상 ~ 52g 미만	소란	44g 미만
SS	40g 이상 ~ 46g 미만		

STEP UP 액상란

빵이나 과자의 종류에 따라서 달걀노른자 혹은 달걀흰자만을 사용하거나 흰자와 노른자를 다량으로 사용하는 경우가 있습니다. 빵이나 과자를 대량 생산할 때는 어느 한쪽이 남아 낭비되는 것을 막기 위해 노른자만 혹은 흰자만 팩에 담아 파는 액상란을 이용하는 경우가 있습니다. 이밖에도 달걀을 일일이 깨야 하는 번거로움을 줄이거나 달걀을 깰 때 살모넬라균이 들어가는 것을 방지하기 위해 액상란을 사용하기도 합니다.

 **흰색 달걀과 갈색 달걀은 성분 면에서 차이가 있나요?**

 **껍데기의 색깔이 다르다고 해서 성분이 다르지는 않습니다. 닭의 종류가 달라 껍데기의 색이 다른 것뿐입니다.**

달걀은 일반적으로 흰색 달걀과 갈색 달걀이 있습니다. 갈색 달걀의 가격이 더 비싼 편이므로 영양가도 그만큼 높지 않을까 생각하기 쉽지만, 실제로 껍데기의 색은 달걀 성분과 아무런 관련이 없습니다.

달걀 껍데기의 색은 닭의 종류에 따라 다를 뿐입니다. 그렇다면 갈색 달걀이 갈색을 띠는 이유는 무엇일까요? 닭의 체내에서 달걀 껍데기가 만들어질 때 혹은 산란할 때 껍데기 표면에 점액이 부착되어 큐티쿨라층이라는 막이 형성됩니다. 이때 프로토프로피린(protoporphyrin)이라는 형광색소가 막에 들러붙어 달걀 껍데기가 갈색을 띠게 됩니다. 갈색 달걀을 낳는 닭은 이러한 색소를 많이 내보내는 것입니다.

 **달걀의 선도를 구분하는 방법을 가르쳐 주세요.**

 **달걀을 깼을 때 노른자나 그 주변의 흰자가 봉긋하게 솟아 있는 것이 신선한 달걀입니다.**

표 30　달걀의 선도 구분법

		선도가 좋다	선도가 나쁘다
위에서 본 모습			
옆에서 본 모습			
노른자	높이	높다.	낮다.
	노른자막의 강도	강하다.	약해서 쉽게 터진다.
흰자	농후난백(진한 흰자)의 양	많다.	적다.
	수양난백(묽은 흰자)의 양	적다.	많다.

달걀의 선도는 달걀을 깼을 때 흰자와 노른자의 형태를 보고 판단하는 것이 가장 쉽습니다.

달걀흰자는 농후난백과 수양난백으로 나뉩니다. 농후난백은 달걀노른자 주변에 있는 걸쭉하고 진한 흰자를 말하며, 수양난백은 농후난백 주변의 투명한 액상 형태의 흰자를 가리킵니다.

선도가 좋은 달걀은 농후난백이 탱탱하여 위로 올라와 있는 것처럼 보입니다. 그러한 농후난백이 노른자 주위를 탄탄히 지탱하고 있고, 노른자를 덮고 있는 막 또한 강도가 높아 노른자 또한 봉긋 솟아 있습니다. 이처럼 흰자와 노른자의 상태를 보면 달걀의 선도를 대략 파악할 수 있습니다. 자세한 내용은 앞쪽의 표 30을 참고하기 바랍니다.

 **달걀흰자는 왜 신선할 때는 걸쭉하고 탱탱하게 뭉쳐 있다가 시간이 갈수록 물처럼 흐물흐물해지는 건가요?**

 **시간이 지날수록 걸쭉한 농후난백의 결합이 끊어져 흐물흐물한 수양난백으로 변하기 때문입니다.**

선도가 좋은 달걀의 흰자는 약 60~70%가 농후난백입니다. 그러나 시간이 갈수록 농후난백은 수양난백으로 서서히 변해 마지막에는 결국 농후난백이 거의 사라져 버리고, 수양난백만이 남게 됩니다.

농후난백이 걸쭉하고 탱탱한 이유는 섬유상 구조를 지닌 오보무신(ovomucin)이라는 단백질이 흰자 단백질의 주성분인 오보알부민(ovoalbumin)과 이어져 그물 구조를 형성하고, 그 그물 사이에 수분이 저장되기 때문입니다. 그러한 그물 구조의 결합이 끊어지면 수분이 빠져나가 전체적으로 흐물흐물한 액상 형태의 수양난백으로 바뀌는 것입니다.

이러한 변화는 흰자의 pH와 관련이 있습니다. 달걀흰자는 산란 직후에 수소이온농도지수(pH)가 7.5 정도로 중성에 가깝지만, 시간이 갈수록 알칼리성으로 변해 pH가 9.5까지 상승합니다. 이것이 농후난백의 단백질의 연결이 끊어지는 데에 영향을 끼쳐 농후난백을 수양난백으로 변하게 하는 것입니다.

그래프 13　저장 중에 일어나는 농후난백과 수양난백의 비율 변화

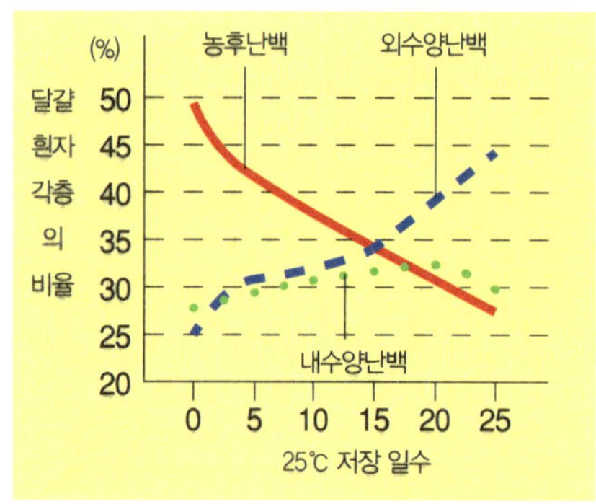

*날짜의 경과에 따라 농후난백의 비율이 감소하고, 수양난백(내수양난백+외수양난백)의 비율이 증가한다.
A.L.Ronamnoff, A.J.Romanoff:1949

STEP UP 달걀의 선도와 탄산가스

갓 낳은 달걀의 흰자는 희고 탁합니다. 산란 직후에는 달걀 껍데기 내부에 탄산가스(이산화탄소)가 많은데, 이러한 탄산가스가 달걀흰자에 녹아 있기 때문입니다. 산란 후 며칠이 지나면 탄산가스가 서서히 달걀껍데기에 뚫려 있는 무수히 많은 구멍(기공)을 통해 공기 중으로 빠져나가 달걀흰자가 투명해집니다.

탄산가스는 물에 녹으면 산성을 띠는 성질이 있으므로 산란 직후의 달걀은 pH 7.5 정도로 거의 중성에 가깝지만, 탄산가스가 흰자에서 조금씩 빠져나가면서 pH 9.5 정도의 알칼리성으로 서서히 변화합니다.

달걀 거품 내기(달걀의 기포성, 단백질의 공기 변성) Q&A

 달걀을 저으면 왜 거품이 생기는 건가요?

 달걀흰자가 비눗방울 같은 기포를 만들어 내기 때문에 거품이 나는 것입니다.

달걀흰자는 거품을 내기 쉬운 '기포성'과 거품을 낸 기포를 그대로 유지하려는 '기포의 안정성'을 지니고 있는 것이 특징입니다.

마찬가지로 기포성을 지닌 비눗방울은 금세 터져 버리지만, 기포의 안정성을 지닌 달걀흰자는 기포를 오래 유지한다는 차이가 있습니다.

이처럼 기포성과 기포의 안정성이라는 두 가지 요소를 균형적으로 유지해야만 베이킹에 필요한 거품을 얻을 수 있습니다.

1. 거품 내기 – 공기를 흡수해 기포를 만들어내는 성질인 '기포성'

액체를 마구 저었을 때 기포를 형성할 수 있느냐 없느냐 하는 점은 표면장력의 크기와 관련이 있습니다. 물처럼 표면장력이 크면 아무리 저어도 기포가 잘 생기지 않습니다. 달걀흰자에는 표면장력을 약화시키는 단백질이 포함되어 있어 거품을 낼 수 있는 것입니다. 달걀을 거품기로 저으면 달걀흰자의 표면이 흐트러지고, 표면장력의 작용으로 구형의 기포가 형성됩니다.

2. 기포를 유지하기 – 만들어진 기포를 지속시키는 성질인 '기포의 안정성'

달걀흰자의 기포가 비눗방울처럼 쉽게 터지지 않는 이유는 기포막을 단단하게 하는 단백질이 포함되어 있기 때문입니다. 달걀흰자 속에 공기가 들어가고, 그 공기 주변에 흰자 단백질이 모여들어 얇은 막을 만들어 기포를 형성합니다. 이러한 단백질은 공기와 접촉하면 굳는 성질(단백질의 공기변성)이 있습니다. 달걀흰자가 얇은 막처럼 늘어나면서 이러한 단백질이 공기와 접촉하여 단단해지므로 형성된 기포가 안정적으로 그 형태를 유지하는 것입니다.

STEP UP 표면장력

표면장력이란 액체와 기체가 접촉하는 경계에서 액체가 그 표면적을 최소화하려는 힘을 말합니다.

예를 들어 물이 가늘게 흘러나올 만큼 수도꼭지를 연 상태에서 수도꼭지를 잠그면 눈에 보이지 않을 만큼 물이 가늘게 흘러내리는 것이 아니라 어느 순간 구형의 물방울로 변합니다. 일정 부피를 지닌 물질이 표면적을 최소화하려는 형태가 바로 구형으로, 이때 작용하는 힘이 표면장력입니다.

물방울에 대해 한 번 생각해 봅시다. 물은 수많은 물 분자로 구성되어 있고, 물방울 내부는 분자들이 서로 강하게 끌어당겨 안정되어 있습니다. 그에 반해 물방울의 표면은 곁에 있는 분자들끼리 서로 끌어당기고는 있지만, 공기와 접촉한 부분은 그러한 힘이 작용하지 않습니다. 따라서 물방울 표면에 위치한 물 분자는 분자 간에 작용하는 힘이 남아 있습니다. 그만큼 물방울 표면의 물 분자는 내부로 강하게 끌어당겨지는 힘이 작용하게 되어 표면적을 최소화하려 들게 됩니다.

그림 6

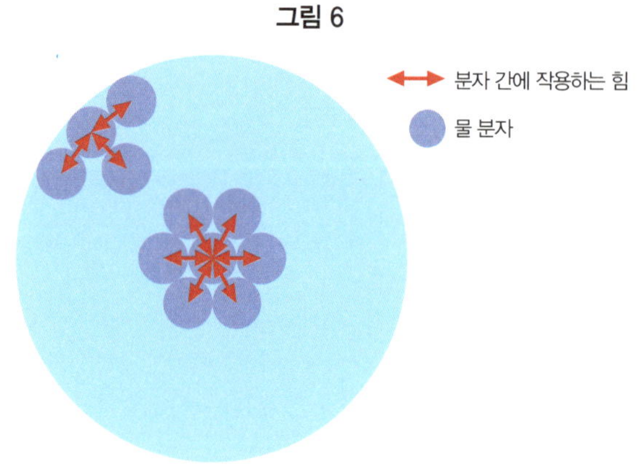

Q 달걀흰자는 거품이 잘 나는데 노른자는 거품이 잘 나지 않습니다. 그 이유는 무엇인가요?

A 달걀노른자는 지질이 함유되어 있어 기포가 잘 생기기 힘듭니다.

1. 달걀흰자, 달걀노른자, 전란의 거품 형성 비교

달걀흰자를 거품 내면 공기가 가득 들어가 거품이 풍성하게 잘 나지만, 달걀노른자는 부피가 크게 늘어나지 않습니다. 전란은 거품이 나기는 하지만, 흰자로만 거품을 냈을 때보다 부피가 작습니다.

전란의 경우 주로 달걀흰자가 거품을 만들지만, 그 안에 분산되어 있는 노른자가 거품 형성을 방해합니다.

흰자, 노른자, 전란을 거품 냈을 때의 부피 비교

*아직 거품을 내지 않은 동일한 부피의 흰자, 노른자, 전란을 준비하고, 각각에 적합한 양의 설탕을 첨가해 거품을 냈다. 달걀흰자 : 달걀흰자 120g+그래뉼러당 90g. 달걀노른자 : 달걀노른자 160g+그래뉼러당 120g. 전란 : 전란 180g+그래뉼러당 90g.

*오른쪽 용기는 거품을 내기 전의 달걀, 왼쪽 용기는 설탕을 첨가해 거품을 낸 달걀

2. 달걀노른자가 달걀흰자의 거품 형성을 방해하는 이유

어째서 전란은 흰자보다 거품을 내기가 어려운 것일까요? 이는 전란 속 노른사 구성과 관련이 있습니다. 달걀노른자의 3분의 1은 지질로 구성되어 있습니다. 이러한 지질이 달걀의 기포를 터뜨려 버립니다. 예를 들어 거품을 낸 달걀흰자(머랭)에 녹은 버터를 넣으면 갑자기 기포가 터집니다. 달걀뿐만 아니라 비눗방울이나 비눗물처럼 거품을 내는 성질이 있는 액체에 기름을 넣으면 물에 놓지 않고 액체와 공기의 경계에 퍼져 소포제로 작용합니다.

버터와 같은 동물성 유지나 샐러드유 같은 식물성 유지에 들어 있는 지질뿐만 아니라 달걀노른자에 든 지질 또한 이와 비슷한 작용을 합니다.

그렇지만 노른자 속 지질은 유화제(물과 기름을 섞는 작용을 하는 물질)로 둘러싸인 입상 형태를 하고 있어 다른 유지만큼 직접적으로 달걀의 기포를 파괴하지는 않습니다. 그렇기 때문에 노른자가 들어 있는 전란은 비록 달걀흰자만큼 풍성하게는 아니지만 어느 정도 거품을 낼 수 있는 것입니다.

달걀흰자의 기포에 유지가 미치는 영향

거품을 낸 달걀흰자를 그대로
방치한 것

거품을 낸 달걀흰자에 녹은
버터를 섞어 방치한 것

표 31　달걀의 성분〈일본식품표준성분표 5차 개정판〉

	수분	단백질	탄수화물	지질
달걀흰자	88.40%	10.50%	0.40%	미량
달걀노른자	48.20%	16.50%	0.10%	33.50%

3. 달걀노른자가 거품이 잘 나지 않는 이유

달걀노른자는 흰자와 달리 소포제와 같은 작용을 하지만, 달걀노른자만 젓는다고 해서 거품이 전혀 나지 않는 것은 아닙니다. 잘 섞으면 공기가 어느 정도 들어가 노른자 안에 분산되지만, 생성된 기포를 유지하는 성질이 흰자에 비해 현저히 떨어지기 때문에 육안으로 확인할 수 있을 만큼 큰 기포를 만들지는 못하는 것입니다.

달걀흰자와 노른자를 거품 낸 후의 현미경 사진

달걀흰자

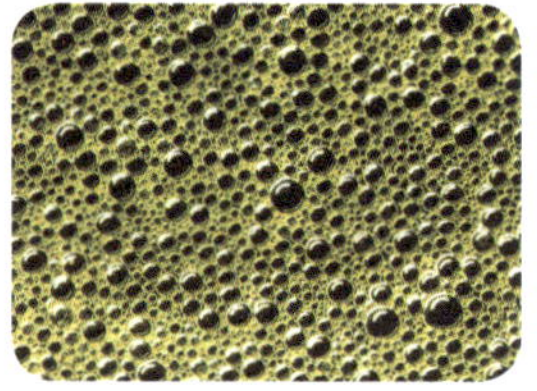

공기를 가득 머금은 기포가
형성되어 있는 것을 알 수 있다.

달걀노른자

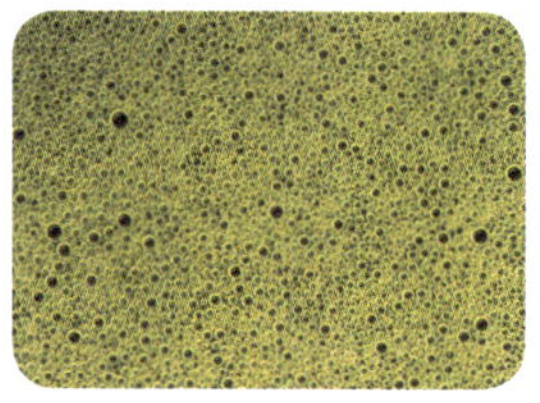

기포가 거의 없어 보이지만, 공기가
약간 들어가 있는 것을 알 수 있다.

사진 제공 : 큐피(주)연구소

*달걀흰자 : 그래뉼러당과 1:1의 비율로 섞고 20℃에서 믹서로 고속 회전시킨 것.

*달걀노른자 : 그래뉼러당과 1:1의 비율로 섞고 30℃에서 믹서로 고속 회전시킨 것. 이를 200배율의 현미경으로 촬영했다.

 **달걀을 거품 내는 도구의 선택 기준을 가르쳐 주세요.**

 **볼의 크기나 재질, 거품기의 종류, 볼의 크기와 거품기 길이의 적절한 균형이 중요합니다.**

똑같이 달걀을 거품 낸다고 해도 거품기를 이용해 손으로 젓는 경우와 핸드 믹서를 사용하는 경우, 소량을 거품 내는 경우와 대량을 거품 내는 경우 등 상황에 따라 방법을 달리해야 할 필요가 있습니다. 이를 위해 각 상황에 맞게 적절한 거품기와 볼을 사용하는 것이 중요합니다.

1. 도구 크기의 균형

⑴ 손으로 젓는 경우

① 볼과 거품기의 균형

달걀을 거품 낼 때는 거품기를 마치 허공을 가로지르듯이 달걀에 넣었다가 빼듯이 움직이며 섞는데, 이러한 동작을 통해 공기를 효율적으로 집어넣기 위해서는 거품기가 달걀에 들어갔을 때 달걀에 잠기는 비율을 최대한 크게 하는 것이 중요합니다.

볼의 크기에 비해 거품기가 너무 작거나 크면 달걀에 거품기가 잠기는 비율이 줄어들어 거품기를 제대로 젓지 못하게 되어 공기를 효율적으로 집어넣지 못하게 됩니다. '볼의 지름:거품기'의 길이가 1:1~1.5 정도가 되는 것이 적절합니다.

볼의 지름과 거품기의 길이가 1:1 ~ 1.5가 되는 것이 적절합니다.

② 달걀의 분량과 볼 크기의 균형

손으로 저을 경우, 달걀을 충분히 거품 냈을 때 볼 부피의 3분의 2 정도까지 찰 수 있는 크기의 볼을 선택합니다.

볼이 너무 크면 달걀물에 거품기가 잠기는 비율이 줄어들어 거품을 효율적으로 낼 수가 없습니다. 예를 들어 달걀 3개를 사용할 경우에는 지름이 24cm인 볼, 달걀흰자 3개 분량을 사용할 경우에는 지름이 21cm인 볼이 적당합니다.

(2) 핸드 믹서를 사용할 경우

핸드 믹서로 달걀을 거품 낼 경우에도 마찬가지로 볼이 너무 크면 와이어의 끝 부분만이 달걀에 잠기게 되어 기포를 충분히 만들지 못하게 됩니다.

달걀흰자 3개 분량을 거품 낼 경우, 손으로 저을 때보다 조금 작은 지름 18cm 크기의 볼을 사용하는 것이 좋습니다. 핸드 믹서는 손으로 저을 때처럼 거품기를 자유롭게 움직일 수가 없는데다 와이어도 일반 거품기보다 작기 때문에 아무래도 조금 작은 볼을 사용하는 것이 좋습니다.

2. 거품기의 종류

거품기에는 와이어가 많은 달걀용 거품기와 와이어가 적은 생크림용 거품기가 있습니다.

달걀을 거품 낼 때는 와이어의 수가 많은 거품기를 사용해야 곱고 촘촘한 거품을 얻을 수 있습니다. 달걀을 젓는 동안 거품기의 와이어에 큰 기포가 부딪혀 분화되어 작은 기포로 변하기 때문에 와이어가 많고 촘촘해야 더욱 고운 거품을 만들 수 있습니다.

단, 와이어가 많으면 그만큼 저을 때 저항을 많이 받으므로 거품을 낼 때 많은 힘이 필요해집니다.

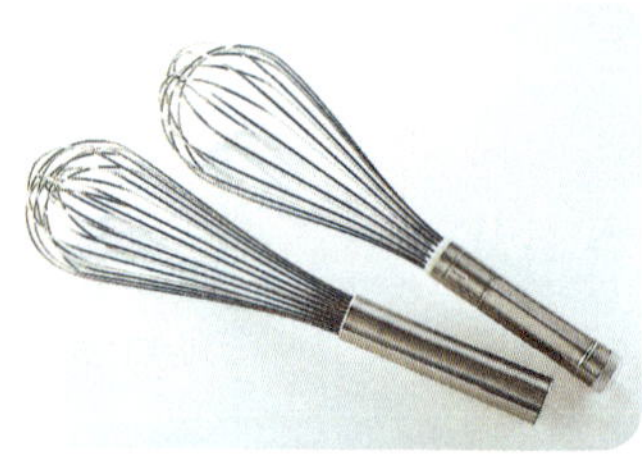

위는 크림용 거품기(와이어 8줄)
아래는 달걀용 거품기(와이어 12줄).

3. 볼의 재질

일반적으로 달걀을 거품 낼 때는 스테인리스 볼을 많이 사용하는데, 달걀을 손으로 저어 결이 고운 머랭을 만들 때에는 동 재질의 볼을 사용하는 것이 좋습니다.

동으로 된 볼을 사용하면 부드럽고 결이 고우면서도 촉촉하고 잘 부서지지 않는 기포가 만들어집니다. 공기 또한 많이 들어가 비중이 가벼워집니다.

이는 달걀흰자의 단백질 가운데 하나인 콘알부민(conalbumin)과 관련이 있습니다. 콘알부민은 공기에 쉽게 변성되므로 달걀흰자가 좀 더 쉽게 거품을 내도록 돕습니다. 하지만 공기에 과도하게 변성되면 기포의 안정성을 떨어뜨려 버립니다.

이러한 콘알부민은 동이나 철 같은 금속과 강하게 결합하는 성질이 있는데, 결합하면 변성에 대한 저항성이 증가합니다.

동 재질의 볼을 사용해 달걀을 거품 내면 콘알부민이 동과 결합해 과도한 공기 변성을 억제하므로 결이 매우 고우면서도 단단한 거품을 만들 수 있습니다.

볼의 재질에 따른 머랭의 비교

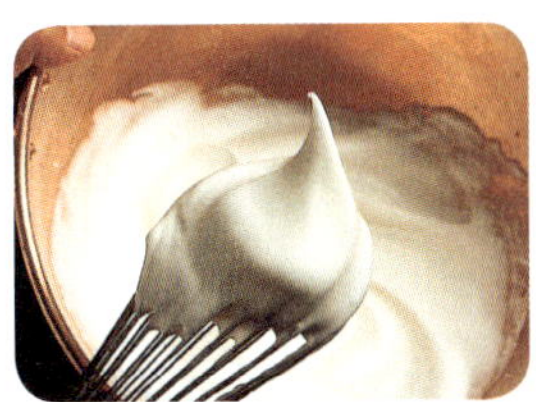

동 재질의 볼에서 거품을 낸 머랭.
결이 곱고 부드럽다. 비중 0.17

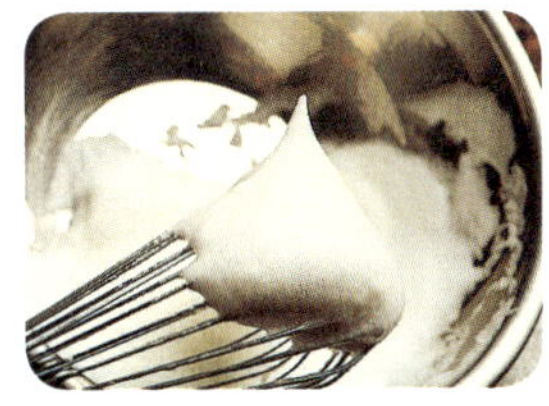

스테인리스 재질의 볼에서 거품을
낸 머랭. 비중 0.19

 달걀을 거품 낼 때 반드시 설탕을 넣어야 하는 이유가 무엇인가요?

 달걀을 거품 낼 때 반드시 설탕을 넣는 이유는 그래야만 결이 곱고 안정된 거품을 얻을 수 있기 때문입니다. 즉, 작고 단단해서 잘 터지지 않는 기포를 만들기 위해서입니다.

1. 작고 잘 터지지 않는 기포의 중요성

스펀지케이크 반죽을 예로 들자면 거품을 낸 달걀의 기포가 작고 결이 고와야만 케이크를 구웠을 때도 결이 곱고 식감이 좋아집니다. 또 거품을 낸 달걀에 밀가루나 버터 등을 첨가해 섞는 과정에서 기포가 어느 정도 손상되어 줄어들기 마련인데, 이처럼 기포가 잘 부서지지 않고 전체적으로 부드러워 반죽에 잘 스며들게 되면 반죽이 풍성한 상태를 유지하여 케이크를 구웠을 때 잘 부풀어 오릅니다.

2. 작고 잘 부서지지 않는 기포를 만들 수 있는 이유

달걀은 공기를 흡수해 기포를 만들어내는 성질(기포성)과 만들어진 기포를 유지하는 성질(기포의 안정성)이 알맞게 균형을 이루어야만 풍성한 거품을 얻을 수 있습니다. 설탕은 이러한 달걀의 기포성과 기포의 안정성에 영향을 끼칩니다.

(1) 설탕이 기포의 안정성에 미치는 영향

달걀의 기포막에 설탕이 녹아들면 설탕이 달걀 속 수분을 빨아들여 기포가 잘 부서지지 않게 안정시킵니다.

(2) 설탕이 기포성에 미치는 영향

달걀을 거품 내면 흰자 단백질이 공기에 변성되어 기포막이 단단해지면서 안정된 기포가 형성됩니다. 그러나 설탕은 단백질의 공기 변성을 억제하는 작용을 하므로 설탕을 첨가하면 기포가 쉽게 형성되지 않게 됩니다.

이러한 특성은 얼핏 단점처럼 보이지만 달걀을 거품 낼 때 설탕을 첨가해 공기의 흡수를 어느 정도 제한하면 오히려 작은 기포를 얻을 수 있습니다. 결과적으로 스펀지케이크 반죽을 구웠을 때 결이 고운 훌륭한 식감의 케이크가 완성됩니다.

즉, 설탕으로 거품 생성을 어느 정도 억제한다고 해도 거품을 충분히 낼 수 있다면 이러한 특성이 오히려 장점으로 작용하게 됩니다.

표 32　설탕의 유무가 달걀흰자의 거품에 미치는 영향

달걀흰자만을 거품 낸 경우	달걀흰자에 설탕을 세 번에 나눠 넣은 경우
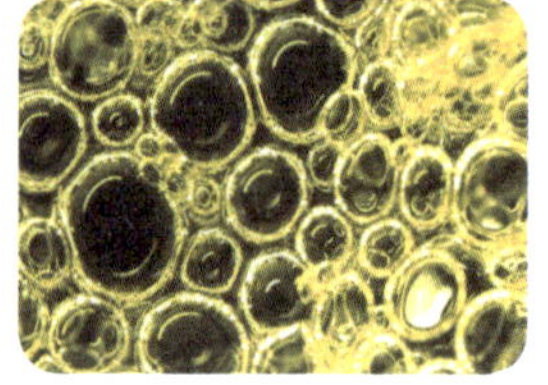	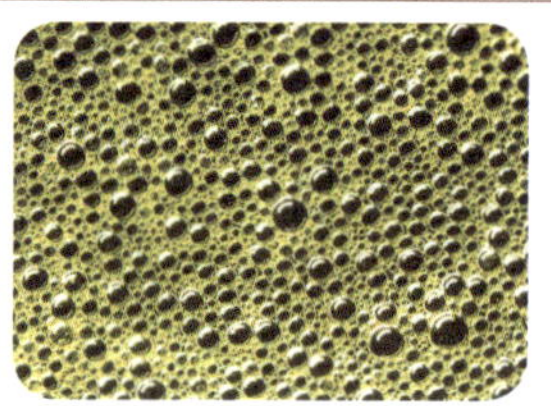
거품의 결이 거칠고 단단하지 않다.	거품의 결이 곱고 부드러우며 단단하다.

기포가 크고 부서지기 쉽다.	기포가 작고 잘 부서지지 않는다.

현미경 사진 제공 : 큐피(주)연구소

*위의 사진은 모두 손으로 거품을 낸 것이다.

*아래의 현미경 사진은 왼쪽은 달걀흰자만, 오른쪽은 달걀흰자와 그래뉼러당을 1:1의 비율로 20℃에서 핸드 믹서로 고속 회전한 것을 200배율로 촬영한 것이다.

Q 달걀을 거품 낼 때 설탕의 양에 변화를 주면 거품의 질감에 차이가 생기나요?

A 설탕을 적게 넣을수록 가볍고 폭신한 거품이, 설탕을 많이 넣을수록 무겁고 끈끈한 거품이 완성됩니다.

설탕의 양이 극단적으로 적으면 기포성은 좋아지지만, 기포의 안정성이 떨어져 기포가 쉽게 부서지는 폭신폭신하고 힘없는 거품이 만들어집니다.

반대로, 설탕의 양이 극단적으로 많으면 기포성이 떨어지고 기포가 거의 들어 있지 않은 점성이 강한 거품이 만들어집니다.

즉, 풍성하면서도 잘 부서지지 않는 거품을 만들기 위해서는 기포성과 기포의 안정성을 균형적으로 갖추는 것이 중요합니다. 설탕의 양이 극단적으로 많거나 적으면 이러한 균형이 무너져 풍성한 거품을 얻을 수 없습니다.

공립법으로 만드는 스펀지케이크를 예로 들어 봅시다. 88쪽에서도 이야기했지만, 설탕의 배합량은 전란 대비 40~100%입니다. 그 범위 안에서는 설탕을 적게 넣을수록 기포가 다소 크고 거칠어지기는 하지만 풍성하고 가벼운 거품이 만들어집니다. 반면 설탕을 많이 넣을수록 기포가 작고 고우며 부드럽지만 점성이 강한 거품이 만들어집니다.

표 33 설탕의 양이 전란의 거품에 미치는 영향

전란 대비 설탕의 배합량	보통 60~70%(사진은 60%)	적다 60% 미만(사진은 30%)	많다 100% 이상(사진은 150%)
거품을 낸 모습			
거품이 나는 정도	보통	설탕이 적을수록 거품이 쉽게 난다.	설탕이 많을수록 거품이 쉽게 나지 않는다. 설탕이 100%를 넘으면 거품을 내기가 어려워진다.
거품을 내는 데 필요한 힘	보통	약한 힘으로도 거품이 난다.	강한 힘이 필요하다.
기포의 안정성	기포가 쉽게 부서지지 않고 안정된다.	설탕이 적을수록 기포막이 약해 쉽게 부서진다.	설탕이 많을수록 기포막이 강해 쉽게 부서지지 않는다.
거품의 풍성함	거품이 풍성하다. (부피가 크다)	설탕의 양이 극히 적으면 기포가 부서지기 쉽고, 거품이 풍성하게 일어나지 않는다.	설탕의 양이 극히 많으면 거품이 잘 생기지 않고 거품이 풍성하게 일어나지 않는다.
기포의 크기	보통	설탕이 적을수록 기포 하나하나의 크기가 커진다.	설탕이 많을수록 기포 하나하나의 크기가 작아진다.
질감	공기를 적당히 머금은 윤기 있고 단단한 거품이 만들어진다.	설탕이 적을수록 부드럽고 가볍지만 윤기가 없는 거품이 만들어진다.	설탕이 많을수록 윤기 있고 점성이 강한 묵직하고 치밀한 거품이 만들어진다.

하지만 재료의 배합량을 결정할 때 단지 이러한 거품의 특성만을 봐서는 안 됩니다. 배합해야 할 모든 재료가 반죽을 섞고 굽는 과정에서 저마다 맡은 역할을 충분히 수행하는지와 같은 전체적인 균형을 고려해야만 합니다.

또한 반죽은 여러 재료를 섞어서 만든다는 점을 잊지 말아야 합니다. 거품을 낸 달걀이 다른 재료와 잘 섞여야 하며, 섞는 과정에서 기포가 쉽게 부서지지 말아야 한다는 점을 기억해야 합니다. 단순히 풍성한 거품만을 중시하면 다른 재료와 잘 섞이지만 금세 기포의 양이 줄어들어 버리는 반죽이 만들어질 수도 있습니다. 또 기포의 양이 너무 많으면 부풀었던 반죽이 가라앉아 버리고, 반대로 기포의 양이 너무 적으면 반죽이 충분히 부풀지 못하는 경우가 생깁니다.

 **달걀흰자를 거품 낼 때 달걀의 선도가 거품에 어떤 영향을 미치나요?**

 **선도가 좋은 달걀을 사용하면 단단한 거품을 얻을 수 있습니다.**

달걀흰자는 걸쭉하고 점성이 강한 농후난백과 가벼운 액상 형태의 수양난백으로 나뉘는데, 달걀의 선도가 좋을수록 농후난백이 많습니다. 거품을 낼 때 선도가 좋은 달걀을 사용하면 점성이 강해지므로 기포의 안정성이 높아져 단단하고 잘 부서지지 않는 기포를 얻을 수 있습니다.

단, 그만큼 거품을 내는 데에 강한 힘이 필요합니다.

 … 231~232쪽

 **달걀흰자를 거품 냈더니 물이 스며 나와요. 이유가 뭐죠?**

 **거품을 너무 많이 냈기 때문입니다.**

앞서 이야기한 것처럼 달걀흰자는 거품기로 젓는 과정에서 공기가 유입되고 그 공기 주변에 단백질이 결합해 얇은 막을 형성하게 됩니다. 그러면 그 단백질이 공기와 접촉해 굳어지면서 기포가 형성됩니다.

이처럼 달걀흰자가 거품을 낼 수 있는데 중요한 역할을 하는 것이 바로 단백질인데, 단백질은 흰자 전체의 약 10%에 불과합니다. 흰자의 약 88%는 수분이 차지하며, 단백질은 수분에 분산된 상태로 존재합니다. 따라서 달걀흰자의 단백질은 결합할 때 주변 단백질 사이에 존재하는 물을 제거한 상태로 얽

힙니다. 그 결과 흰자의 막이 단단해집니다(단백질이 공기에 변성).

알맞은 수준을 넘어서 거품을 지나치게 내면 달걀흰자에서 수분이 스며 나오고(분리) 덩어리가 지기 시작합니다. 이는 단백질이 공기에 과도하게 변성되면서 그 과정에서 다량의 수분이 빠져 나오기 때문입니다.

설탕은 이처럼 단백질이 공기에 변성되는 것을 억제하는 작용이 있으므로 흰자의 양에 비해 설탕이 적게 들어갈수록 이러한 분리 현상이 일어나기 쉽습니다.

거품을 오래 내서 분리된 흰자

 **거품을 내는 도중에 잠시 쉬었다가 다시 저으면 거품이 나질 않아요. 그 이유가 뭔가요?**

 **단백질이 변성되기 때문입니다.**

달걀을 거품 내다가 도중에 중단해 버리면 다시 저어도 거품이 나질 않습니다. 따라서 손으로 저을 때는 아무리 힘들어도 쉬지 말고 단숨에 거품을 내야 합니다.

달걀을 저어 그 안에 공기가 들어가면 공기 주변에 흰자의 단백질이 모여들면서(단백질이 공기에 변성) 기포가 형성됩니다.

이러한 과정을 도중에 중단하면 이미 형성된 기포가 시간이 지남에 따라 액화되어 달걀로 돌아가 버립니다. 달걀을 다시 저어 거품을 내려고 해도 이미 그 안에는 공기에 변성된 단백질이 들어가 있게 됩니다.

단백질은 한 번 변성해 버리면 예전처럼 다시 기포를 만들어 낼 수 없습니다.

달걀을 열로 굳히기(달걀의 열응고성, 단백질의 열변성) Q&A

Q 젤리나 바바루아는 차갑게 굳히면서 왜 푸딩은 쪄서 굳히는 거죠?

A 푸딩은 달걀이 열에 굳는 특성을 이용해 만들기 때문입니다.

젤리나 바바루아는 젤라틴을 넣어 차갑게 굳혀 만듭니다. 푸딩도 이처럼 굳혀서 만드는 요리이지만, 달걀과 설탕, 우유를 섞은 다음 한 번 쪄서 달걀이 열에 응고하는 성질(열응고성)을 이용해 만든다는 차이가 있습니다.

푸딩의 재료가 되는 달걀은 노른자와 흰자를 각각 다른 온도에서 굳히는 것이 특징입니다.

노른자는 65℃에서 바로 굳기 시작합니다. 70℃가 되면 유동성을 잃어버리고, 80℃가 되면 퍼석퍼석하게 굳어 버립니다.

반면 흰자는 58℃ 정도부터 굳기 시작하지만, 노른자보다 굳는 속도가 느립니다. 처음에는 젤리처럼 흐물흐물하다가 65℃ 정도부터 부드럽게 굳기 시작하며 투명한 흰자가 흰색으로 변합니다. 완전히 흰색으로 굳는 것은 80℃ 정도입니다.

이처럼 흰자와 노른자가 굳는 것은 달걀에 들어 있는 단백질이 굳기 때문입니다. 단백질은 수분에 분산된 형태로 존재하는데, 이를 가열하면 그동안 물에 잘 녹는 상태였던 단백질 구조가 변하면서 물에 잘 녹지 않는 소수성 영역이 노출되기 시작합니다. 이러한 소수성 영역은 물과 접촉할 수 없게 되므로 단백질은 모여들어 소수성 영역끼리 결합하게 됩니다. 이렇게 결합할 때 단백질과 단백질 사이에 있던 물이 빠져나가고, 그 결과 단백질이 단단하게 굳는 것입니다(단백질의 열변성).

단, 같은 달걀이라 할지라도 노른자와 흰자는 굳는 방식이 다릅니다. 노른자보다 흰자가 젤리처럼 수분을 머금은 겔 형태로 굳습니다.

흰자는 단백질이 서서히 모여들어 그물 구조로 결합하는데, 이러한 그물 구조를 형성할 때 그물 사이에 수분을 가두므로 흰자 전체가 수분을 포함한 겔 형태로 부드럽게 굳는 것입니다.

푸딩은 전란으로 만드는 경우, 노른자로 만드는 경우 그리고 전란에 노른자를 더해 만드는 경우가 있는데 흰자와 노른자의 비율에 따라 맛뿐만 아니라 굳히는 방식 또한 차이가 납니다.

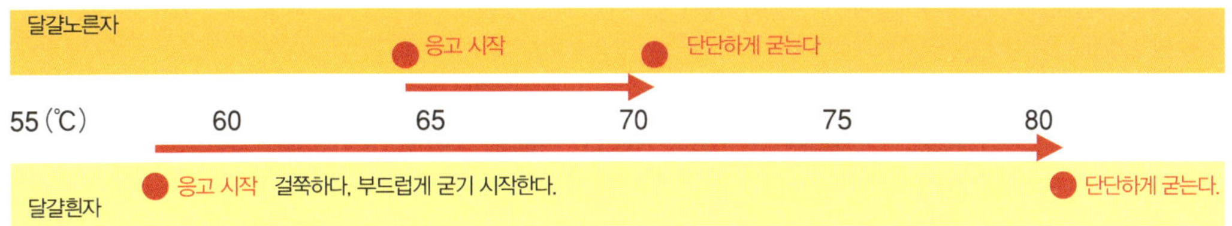

Q 푸딩을 만들 때 설탕의 양을 늘리면 좀 더 부드러워지는 이유가 무엇인가요?

A 달걀에 설탕을 첨가하면 응고가 억제되기 때문입니다.

푸딩, 플랑, 앙글레즈 소스 등 달걀이 열에 굳는 성질(열응고성)을 이용해 만드는 과자가 많이 있는데, 이러한 것들에는 주로 설탕이나 우유, 생크림이 함께 들어갑니다. 이때 설탕의 배합량을 늘리면 반죽이 더 서서히 굳거나 굳는 온도가 높아지는데, 그 이유는 무엇일까요?

달걀의 응고는 달걀 속 수분에 분산되어 있는 단백질이 가열되어 구조가 변하면서 서로 단단히 결합하는 과정에서 수분이 빠져나가면서 일어납니다(단백질의 열변성). 특히 흰자는 단백질이 그물 구조로 이루는데, 그물 사이에 수분을 저장할 수 있어 겔 상태로 굳습니다.

달걀에 설탕을 넣어 가열하면 설탕의 주성분인 자당이 달걀흰자의 단백질에 작용하여 열에 단백질 구조가 변하는 것을 막으므로 단백질이 상대적으로 덜 응고된다고 볼 수 있습니다(표 34 배합 비율 A에 따른 비교).

이와 마찬가지로 달걀을 우유나 생크림으로 희석하면 쉽게 응고되지 않게 됩니다. 이 경우에는 단백질 사이에 수분이 늘어나 단백질이 쉽게 결합할 수 없게 되거나 그물 구조 사이에 저장하는 수분의 양이 증가하게 되므로 달걀만 가열했을 때보다 잘 굳지 않게 되는 것입니다.

이처럼 달걀에 설탕이나 우유, 생크림을 첨가하면 달걀이 쉽게 굳지 않게 되어 결과적으로 좀 더 부드럽게 굳거나 굳는 온도가 높아지게 됩니다.

 … 223~224쪽

표 34　설탕과 우유가 푸딩의 경도에 미치는 영향

배합 비율 A		경도
달걀 1 : 우유 2	설탕	
100	0	27.5
90	10	23.0
80	20	14.9
70	30	8.1
60	40	5.2
배합 비율 B		경도
달걀 1 : 우유 2	설탕	
90	10	4.5

*경도는 중추 50g, 감압축 지름 8mm인 커드 장력기를 이용해 겔 표면이 잘린 순간의 중량을 나타냈다.

《조리와 이론 調理と理論》야마자키 기요코(山崎淸子), 시마다 기미에(島田キミエ) 공저

STEP UP　우유를 넣은 달걀의 응고

달걀에 액체를 첨가한 후 가열하여 과자를 만들 때, 물보다 우유를 사용해야 반죽이 더 쉽게 굳습니다(표 34 배합 비율 B에 따른 비교).

이는 우유에 들어 있는 미네랄(무기염류)이 달걀의 열응고성을 강화시켜 주기 때문인 것으로 알려져 있습니다.

 **푸딩에 '구멍'이 생기는 이유는 무엇인가요?**

 **가열 온도가 높았기 때문입니다. 또 선도가 좋은 달걀을 사용할수록 '구멍'이 생기기 쉽습니다.**

푸딩은 달걀이 열을 받아 굳는 힘(열응고성)을 이용해 만드는 디저트로, 혀끝에 닿는 부드러운 식감이 매력적입니다. 하지만 가열을 제대로 하지 못하면 작은 구멍이 송송 뚫려 까끌까끌해집니다.

그러면 어떻게 해야 부드러운 푸딩을 만들 수 있을까요? 핵심은 바로 온도조절입니다.

푸딩틀(110ml 컵)을 이용하는 경우를 예로 들어 봅시다. 오븐팬에 행주 등을 깔고, 그 위에 푸딩틀을 놓은 다음 그 주위에 틀의 3분의 1 높이까지 약 60℃의 물을 부은 다음 160℃의 오븐에 찝니다.

오븐 온도는 160℃로 설정해 두었지만, 뜨거운 물은 증발해서 증기가 되므로 틀 주변은 온도가 쉽게

상승하지 못하는 상태가 됩니다. 또 뜨거운 물에 잠겨 있는 틀의 일부분도 온도가 올라봤자 100℃까지 이므로 푸딩은 전체적으로 서서히 가열될 수밖에 없습니다.

부드러운 푸딩을 만들기 위해서는 푸딩 반죽의 온도 변화가 중요합니다. 40℃ 정도부터 익히기 시작해 1분에 1~2℃ 상승시키면서 약 25분 뒤에 온도가 85℃까지 도달하도록 온도를 조정합니다.

그런데 어디까지나 가설에 불과하지만, 이처럼 푸딩에 생기는 '구멍'이 탄산가스(이산화탄소) 때문에 생기는 것이라는 말이 있습니다.

푸딩은 생과자이므로 위생적인 측면을 고려하여 가급적 선도가 좋은 달걀을 사용합니다. 그런데 달걀은 선도가 좋을수록 그 안에 탄산가스가 많이 들어 있습니다. 푸딩 반죽을 천천히 가열하는 과정에서 이러한 탄산가스가 푸딩 반죽에서 빠져 나가며 반죽 전체가 굳기 시작합니다. 그런데 이때 너무 고온으로 가열해 버리면 탄산가스가 푸딩 반죽에서 미처 빠져나오기 전에 반죽이 굳어 버려 '구멍'이 생기는 것입니다.

또한 금속 재질의 푸딩틀이 도자기 재질의 푸딩틀보다 '구멍'이 잘 생기는 이유는 금속이 도자기에 비해 열전도율이 높아 온도가 쉽게 상승하기 때문입니다.

참고 … 233쪽

실패 사례

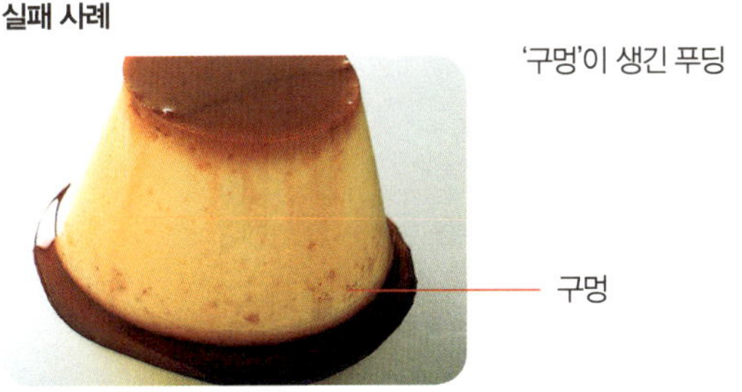

'구멍'이 생긴 푸딩

구멍

달걀의 유화력으로 유지와 수분을 섞기(노른자의 유화성) Q&A

버터 반죽이나 쿠키를 만들 때 유지인 버터에 수분이 많은 달걀을 섞어도 분리되지 않는 이유는 무엇인가요?

달걀노른자에 들어 있는 유화제가 물과 기름을 연결하여 버터의 기름에 달걀의 수분을 분산시켜 서로 섞이게 하기 때문입니다.

베이킹에서는 버터 같은 유지에 수분이 많은 달걀을 분리되지 않도록 균일하게 섞는 '유화' 작업이 자주 등장합니다.

예를 들어 크림 상태의 버터에 전란이나 달걀노른자를 섞거나(예 : 버터 반죽, 타르트 반죽, 쿠키 반죽, 아몬드 크림 등) 혹은 달걀노른자에 식물성 기름을 섞는(시폰 케이크) 공정 같은 것이 그렇다.

이들은 물과 기름이 섞여 있는 듯한 상태이므로 분리가 된다 한들 하등 이상할 것이 없습니다. 하지만 이들이 분리되지 않고 균일하게 섞여 있을 수 있는 이유는 노른자에 든 레시틴이나 저밀도 지질단백질(Low Density Lipoprotein, LDL) 같은 유화제에 물과 기름을 유화시키는 힘(유화성)이 있기 때문입니다. 그리고 이러한 달걀노른자의 유화성을 활용할 수 있는 방법으로 섞여 있기 때문이다.

1. '유화'에 대해

베이킹에서 '유화'는 유화로 만들어진 식품을 이용하는 경우나 혹은 두 가지 이상의 재료를 섞어 우리가 직접 유화 구조를 만들어 내는 경우를 생각해 볼 수 있습니다. 그리고 그러한 유화는 표 35와 같은 두 종류로 나뉩니다.

	수중유적형	유중수적형
전체 모습	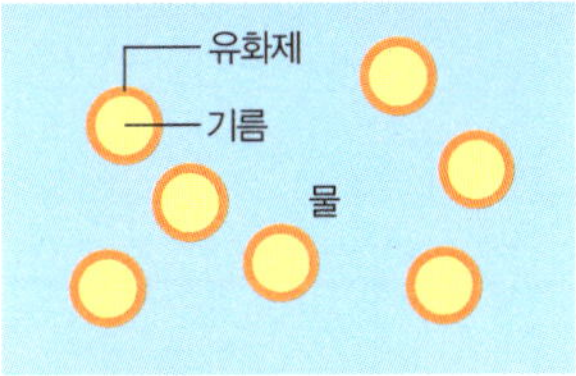	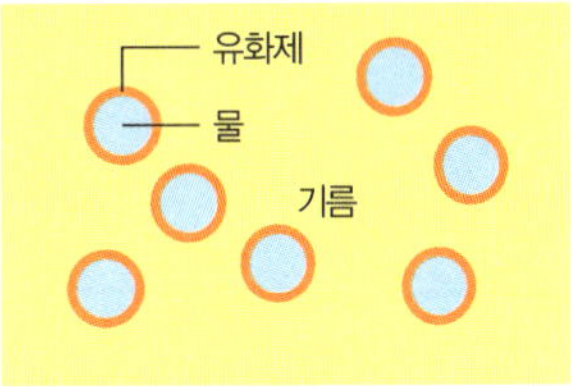
확대한 모습	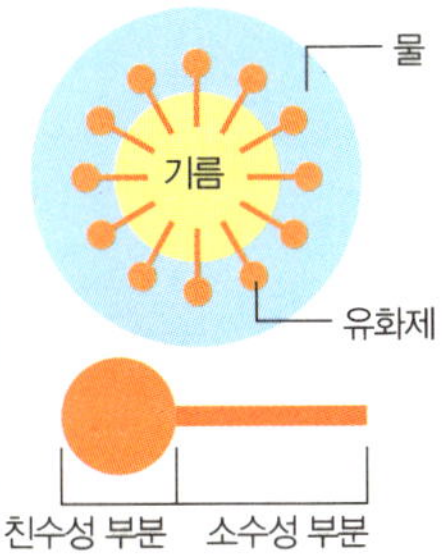	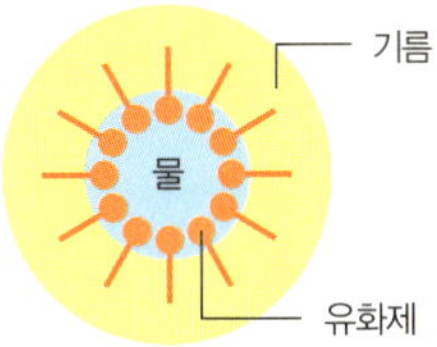
상태	유화제로 둘러싸인 '기름'이 '물' 안에 입상 형태로 분산되어 안정된 구조를 이루고 있다.	유화제로 둘러싸인 '물'이 '기름' 안에 입상 형태로 분산되어 안정된 구조를 이루고 있다.
식품	우유, 생크림 등	버터 등
베이킹 공정에서 이용	시폰 케이크 등	버터 반죽, 타르트 반죽, 쿠키 반죽, 아몬드 크림 등
	수분 재료에 유지 재료를 첨가할 경우	유지 재료에 수분 재료를 첨가할 경우

2. 물과 기름이 섞이는 원리

물과 기름이 유화되어 섞이는 것은 유화제의 작용 때문입니다. 유화제는 물과 잘 섞이는 부분(친수기) 그리고 기름과 잘 섞이는 부분(소수기 혹은 친유기)을 지니고 있어 원래 섞이지 않는 물과 기름을 이어주는 역할을 함으로써 두 가지를 잘 섞이게 합니다.

예를 들어 유중수적형의 경우, 유화제가 불 알갱이 주변을 감싸 물과 기름이 직접 닿지 않는 형태로 기름 안에 물을 분산시킵니다.

3. '유화'의 핵심은 섞는 방법

(1) 조금씩 섞는다

베이킹의 유화 작업에서는 섞는 방법이 매우 중요합니다. 예를 들어 버터에 달걀을 섞을 때 볼에 전량을 한 번에 다 부어 섞으면 분리되어 버립니다.

유화성을 발휘하기 위해서는 기본 재료인 버터에 분산시키고 싶은 달걀을 조금씩 첨가해 가면서 섞어 주어야 합니다.

이때 버터의 중량 대비 달걀의 배합량이 늘어날 경우에는 당연히 달걀의 양이 적었을 때보다 나누어 넣는 횟수가 증가한다는 것을 기억해 둡시다.

(2) 골고루 잘 섞는다

버터에 달걀을 섞는 유중수적형 유화 같은 경우에는 달걀에 포함된 수분을 좀 더 작은 알갱이 형태로 만들어 버터에 분산시킬수록 두 재료가 잘 분리되지 않고 안정적인 형태를 띠게 됩니다.

버터에 달걀을 조금씩 부어가며 골고루 잘 섞으면 달걀 속 수분을 잘게 분산시킬 수 있습니다.

참고 ⋯ 117쪽~118쪽/129~130쪽/166~169쪽/225~226쪽

Chapter 2

베이킹 재료 이해하기

밀가루

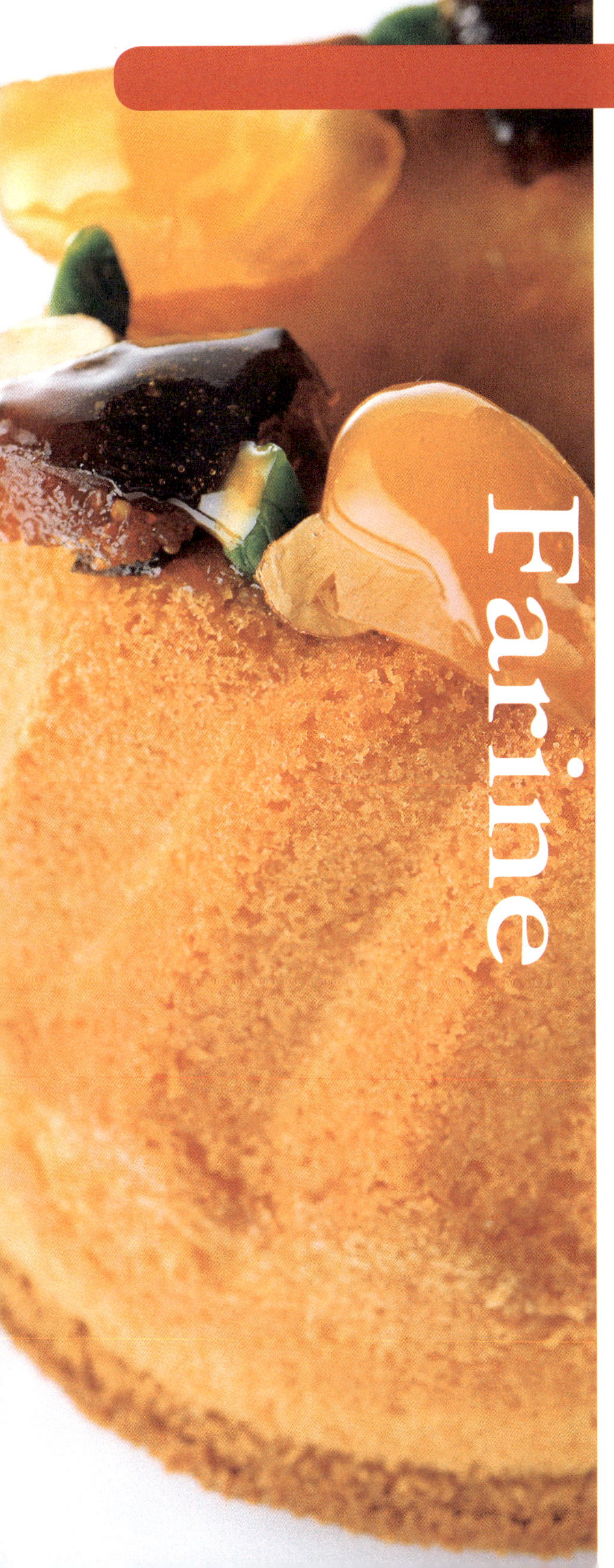

　베이킹의 주재료 가운데 유일하게 그대로 먹을 수 없는 것이 바로 밀가루입니다. 하지만 밀가루를 달걀처럼 수분이 많은 재료와 함께 반죽해 구우면 갑자기 바삭바삭하거나 말랑말랑 부드러운 특색 있는 식감을 띠게 됩니다.

　밀가루에는 단백질과 전분이 함유되어 있는데, 반죽을 만들 때는 이 두 가지 성질을 잘 끌어내거나 억제하며 적절히 활용하게 됩니다. 단백질에서 생성된 글루텐의 탄력을 의식할 때도 있고, 전분이 호화했을 때 생기는 점성이나 반죽을 구웠을 때 부풀어 오르는 모습, 부드러운 식감 등을 중시하는 경우도 있습니다. 이번 장에서는 이러한 성질을 알아보고, 이를 베이킹에 적절히 활용하는 방법을 배워보도록 하겠습니다.

밀가루의 종류 Q&A

 **밀가루를 체에 걸러 사용하는 이유는 무엇인가요?**

 **반죽에 밀가루가 잘 섞이게 하기 위해서입니다.**

밀가루를 체에 여러 번 거르는 것은 베이킹에 필요한 기본 작업 가운데 하나입니다. 밀가루를 체에 걸러 두면 밀가루의 입자가 서로 떨어져 반죽에 쉽게 분산될 수 있습니다.

밀가루는 보통 봉투나 밀폐용기에 가득 쌓아 보관하는데, 이처럼 밀가루를 사용하기 전에 체에 한 번 거르면 밀가루 입자들 사이에 공기가 들어가 밀가루 전체가 부드러워지고 부피도 커집니다. 또 밀가루 덩어리를 걸러낼 수도 있습니다.

 **박력분과 강력분은 무엇이 다른가요?**

 **박력분이나 강력분은 단백질 함량의 차이로 나뉩니다.**

일본(한국)에서는 밀가루를 단백질 함량에 따라 구분합니다. 일반적으로 단백질 함량이 적은 것부터 박력분, 중력분, 준강력분, 강력분으로 나뉩니다. 그리고 이렇게 나뉜 밀가루는 다시 외피의 혼입 비율에 따라 등급이 나뉩니다. 1등급 밀가루일수록 밀가루의 중심부에 가까운 가루가 많고, 회분 함량이 적습니다. 회분 함량은 일반적으로 1등급 밀가루가 0.3~0.4%, 2등급 밀가루는 약 0.5%, 3등급 밀가루는 약 1.0% 정도입니다. 단백질에서는 글루텐이 생성되므로 만들고 싶은 과자에 필요한 글루텐 함량을 고려하여 밀가루 종류를 선택하는 것이 좋습니다. 스펀지케이크 반죽에 적합한 제과용 박력분도 있습니다.

 참고 ··· *80~81쪽/148~149쪽/174~175쪽*

표 36　밀가루의 종류별 단백질 함량 비교

종류	박력분	중력분	준강력분	강력분
단백질 함량	과자(6.5~8.0%) (한국 : 6~8%)	생면, 건면(8.0~9.0%), 과자(7.5~8.5%) (한국 : 8~10%)	빵(11.0~12.0%), 중화면(10.5~11.5%)	빵(11.5~12.5%) (한국 : 11~13%)

 덧가루에 강력분을 사용하는 이유는 무엇인가요?

 강력분이 입자가 거칠고 잘 퍼지기 때문입니다.

타르트 반죽이나 파이 반죽, 쿠키 반죽 등을 밀 때 작업대에 반죽이 달라붙지 않도록 미리 덧가루를 뿌려 두는데, 이때 덧가루로 강력분을 사용합니다. 강력분을 사용하는 이유는 강력분이 잘 뭉치지 않고 얇게 잘 퍼지기 때문입니다.

강력분과 박력분을 각각 한 줌씩 집어 손으로 꽉 쥐었다가 펴 보면 박력분의 경우 입자끼리 잘 달라붙어 쉽게 뭉치는 것을 알 수 있습니다. 하지만 강력분은 뭉쳐지지 않습니다.

이처럼 강력분이 잘 퍼지는 이유는 입자가 거칠어 서로 잘 달라붙지 않기 때문입니다.

참고로 강력분의 입자가 거친 이유는 강력분의 원료가 경질밀이라는 매우 단단한 밀이기 때문에 압력을 가해 가루로 만들 때 곱게 갈리지 않아서입니다. 반면 박력분의 원료는 연질밀이라는 부드러운 밀로, 압력을 가하면 쉽게 부서져 입자가 매우 곱습니다.

작업대 위에 뿌린 강력분(왼쪽)과 박력분(오른쪽) 비교

얇게 잘 퍼진다.

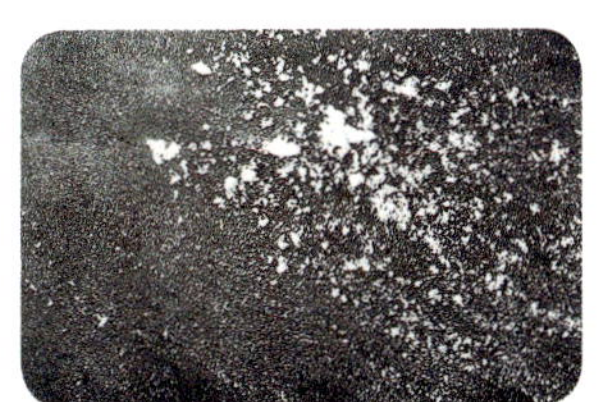

뭉쳐서 잘 퍼지지 않는다.

손으로 쥐었을 때의 강력분(왼쪽)과 박력분(오른쪽) 비교

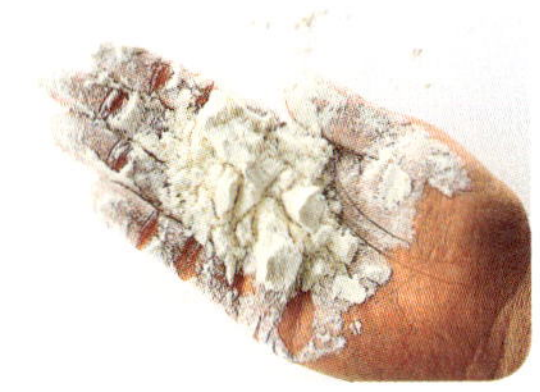

손으로 꽉 쥐어도 뭉치지 않는다.

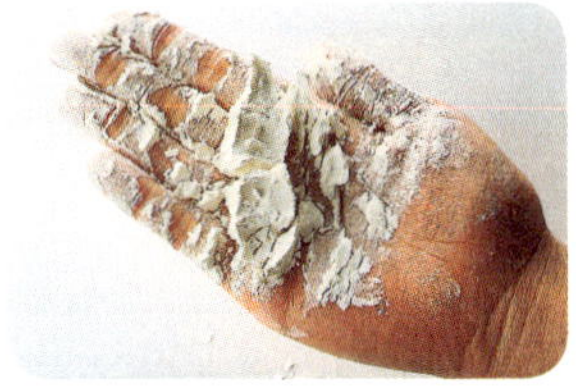

입자끼리 달라붙어 한 덩어리가 된다는 것은 그만큼 쉽게 뭉쳐진다는 증거다.

단백질과 글루텐 Q&A

 **Q** 글루텐이란 무엇인가요?

 **A** 밀가루 단백질에서 생성되는 점성과 탄력을 지닌 물질입니다.

빵을 만들 때 밀가루(강력분)에 물을 넣어 반죽하면 점성과 탄력을 지닌 반죽이 만들어지는데, 이러한 점성과 탄력을 만들어 내는 물질이 바로 글루텐입니다.

밀가루에는 글루테닌과 글리아딘이라는 두 가지 단백질이 들어 있는데, 밀가루에 물을 넣고 잘 주무르면 이 두 가지 단백질이 결합하여 점성과 탄력을 지닌 글루텐을 만듭니다.

강력분과 물을 빵 반죽처럼 골고루 주무른 다음 물속에 넣고 씻으면 전분이 모두 물에 녹아내리고 탄력을 지닌 어떤 물질이 남는데, 이것이 바로 글루텐입니다.

글루텐은 반죽 속에 그물 모양으로 퍼져 반죽의 뼈대와 같은 역할을 합니다. 글루텐을 물속에서 건져 잡아당겨 보면 막처럼 얇게 늘어납니다.

아직 굽지 않은 빵 반죽이 지닌 점성과 탄력은 글루텐이 반죽 안에 퍼져 생겨난 것입니다. 이러한 반죽을 오븐에 구우면 반죽이 열에 굳으면서(단백질의 열변성) 빵을 씹으면 다시 올라오는 것과 같은 탄성이 생깁니다.

이러한 성질을 지닌 글루텐은 파이 반죽에서 데트랑프가 잘 늘어나도록 탄력을 주거나 데트랑프가 끊어지지 않고 얇게 늘어날 수 있게 합니다. 또 스펀지케이크 반죽에서 호화된 전분 조직이 무너지지 않도록 연결하여 반죽이 부푸는 것을 도와 부드럽고 탄력 있는 케이크를 만듭니다. 타르트 반죽에서는 반죽이 무너지지 않게 지탱하는 뼈대 역할을 합니다.

베이킹에서는 거품 낸 달걀(수분을 많이 함유한)에 밀가루를 섞거나 밀가루에 물이나 달걀을 넣어 섞는 공정이 자주 등장하므로 이처럼 글루텐이 생성되어 빵이나 과자의 구조에 영향을 끼치는 경우를 많이 볼 수 있습니다.

빵이나 과자의 종류에 따라 필요한 글루텐의 양이나 점성 및 탄력의 정도가 차이 날 수 있습니다. 글루텐의 형성에 영향을 미치는 아래의 요인들을 고려하여 베이킹에 활용하기 바랍니다.

① 밀가루의 종류
② 첨가하는 물(달걀 등에 든 수분도 포함)의 양
③ 반죽(섞는) 정도

④ 달걀이나 설탕, 유지 등 다른 부재료와 섞는 타이밍

⑤ 소금 등 다른 첨가 재료의 유무 및 이를 첨가하는 타이밍

참고 … 70쪽/83쪽/127쪽/150쪽

글루텐 추출하기

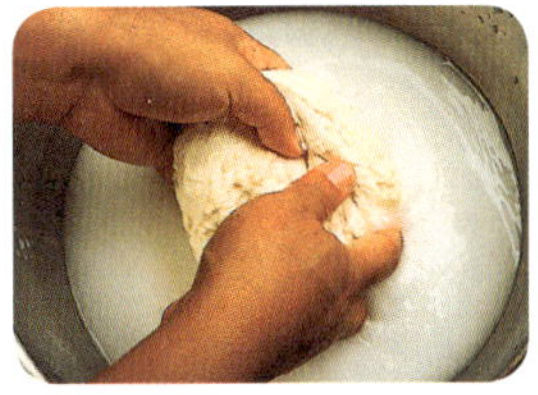

1. 강력분에 물을 넣고 주물러 반죽을 만든 다음, 반죽을 물에 헹궈 글루텐을 추출한다.

2. 왼쪽은 물에 헹구기 전의 강력분 반죽. 오른쪽은 반죽에서 추출한 글루텐

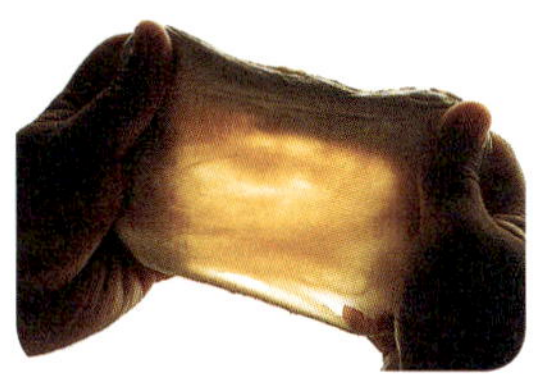

3. 글루텐은 잡아당기면 얇은 막처럼 늘어난다.

글루텐의 그물 구조

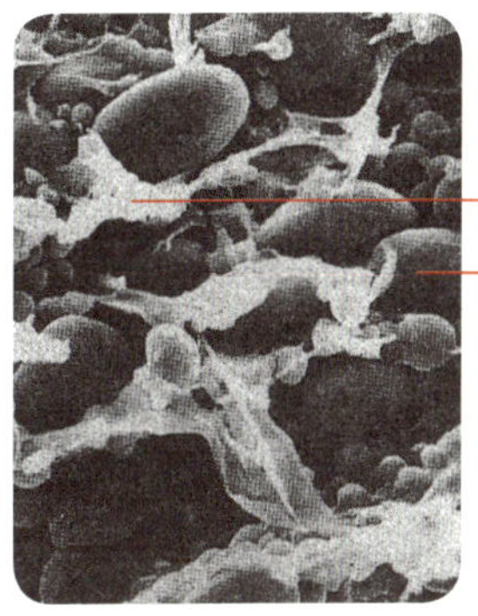

*수타 우동의 횡단면을 주사형 전자현미경을 이용해 730배율로 촬영

나가오(長尾) : 1989

Q 스펀지케이크에는 박력분을, 빵이나 발효과자에는 강력분을 사용하는 이유가 무엇인가요?

A 반죽이 부푸는 방식이나 식감을 고려해 글루텐의 성질이 얼마만큼 필요한지에 따라 밀가루의 종류를 구분해서 사용합니다.

같은 밀가루라 할지라도 박력분이나 강력분 중 어느 쪽을 사용하느냐에 따라 완성된 빵이나 과자의 부푼 정도나 식감에 차이가 생깁니다. 이번에는 그 이유에 대해 설명해 보려 합니다. 참고로, 박력분과 강력분의 중간 정도의 성질을 얻고 싶은 경우에는 두 밀가루를 원하는 비율로 섞어 사용할 수도 있습니다.

1. 스펀지케이크 반죽에 박력분이 적합한 이유

스펀지케이크 반죽의 경우, 반죽에 든 글루텐이 호화된 전분 조직이 무너지지 않도록 반죽의 뼈대를 이루어 반죽을 알맞게 부풀어 오르게 하고 부드러우면서도 탄력 있는 식감을 만듭니다.

그런데 이때 강력분을 사용하면 점성과 탄력이 강한 글루텐의 그물 구조가 너무 많이 만들어져 구우면 케이크가 딱딱해집니다. 또 강한 글루텐이 반죽 전체가 부풀어 오르려고 하는 힘을 억제해 결과적으로 케이크가 충분히 부풀어 오르지 못하게 됩니다.

하지만 박력분을 사용하면 글루텐이 생성되는 양을 최소화할 수 있는데다 박력분 자체의 점성과 탄성 또한 약하므로 반죽이 부푸는 것을 막지 않고 그 형태를 유지시킬 수 있습니다.

2. 빵이나 발효과자에 강력분이 적합한 이유

빵이나 발효과자는 스펀지케이크 반죽과 반죽이 부풀어 오르는 방식에서 차이를 보입니다. 먼저 발효 과정에서 이스트(빵 효모)가 발생시킨 탄산가스가 반죽을 부풀립니다. 그 후 반죽을 오븐에 굽는 과정에서 반죽 안에 갇혀 있던 공기(탄산가스 포함)가 열팽창하고 반죽에 들어 있던 수분이 수증기로 변하면서 부피가 늘어나는 과정에서 반죽이 다시 한 번 부풀어 오릅니다.

오븐에 구우면서 반죽이 부풀어 오른다는 점은 스펀지케이크 반죽과 동일하지만 그 전단계인 발효 과정에서 반죽이 한 번 부푼다는 점이 특징으로, 이때는 점성과 탄력이 특히 강한 글루텐이 필요합니다.

먼저 강력분으로 만든 반죽을 골고루 주물러 반죽 전체에 글루텐의 그물 구조가 촘촘히 형성되게 합니다. 반죽 속에 글루텐 막으로 둘러싸인 작은 방을 가득 만드는 모습을 상상하면 됩니다. 이스트가 발효 과정을 통해 탄산가스를 발생시켰을 때, 글루텐 막이 강한 점성과 탄력을 지니고 있어야만 가스가 빠져나가는 것을 막아 그 작은 방들을 풍선처럼 부풀릴 수가 있습니다.

강력분은 글루텐의 재료가 되는 단백질의 양이 많을 뿐만 아니라, 글루텐을 형성하기 쉬운 단백질의 성질을 지니고 있습니다. 그렇기에 강력분이 박력분보다 글루텐 생성량이 많고, 생성된 글루텐의 점성 및 탄성 또한 강한 것입니다.

빵이나 발효과자를 만들 때 박력분을 사용하면 단순히 글루텐 생성량만 부족한 것이 아니라 글루텐의 점성과 탄력 또한 약해지므로 발생한 탄산가스가 외부로 빠져나가 반죽이 부풀어 오르지 않을 것입니다. 그렇기에 빵이나 발효과자를 만들기에는 강력분이 적합한 것입니다.

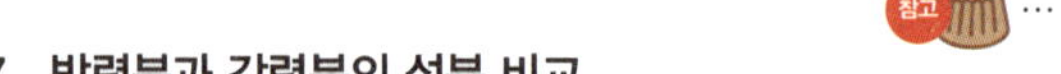
참고 … 252쪽

표 37　박력분과 강력분의 성분 비교

	박력분	강력분
단백질의 양	6.5~8.0%	11.5~12.5%(우리나라는 11~13%)
글루텐의 양	적다.	많다.
글루텐의 질	점성과 탄력이 약하다.	점성과 탄력이 강하다.

STEP UP 글루텐과 물의 양의 관계

파이 반죽의 데트랑프는 박력분과 강력분을 섞어서 만드는데, 두 가지 밀가루의 비율을 조절할 때는 물의 양도 함께 조절해 주어야 합니다. 물의 양은 그대로 두고 강력분의 양만을 늘릴 경우, 반죽이 딱딱해 반죽하기 힘들다는 느낌을 받을 것입니다. 강력분의 양을 더 늘리면 그만큼 글루텐의 양도 늘어나므로 그만큼 물이 더 필요해집니다. 따라서 물의 배합량을 함께 늘릴 필요가 있습니다. 강력분과 박력분을 섞은 후 여기에 글루텐 형성에 적합한 양의 물을 알맞게 부어 반죽하면 많은 양의 글루텐이 형성되지만, 물의 양이 너무 적거나 많아서 반죽을 제대로 하지 못하면 글루텐이 충분히 생성되지 않습니다. 참고 … 148~149쪽

Q 글루텐을 강화시키거나 약화시키는 재료를 가르쳐 주세요.

A 소금이나 유지, 식초 등이 글루텐 생성에 영향을 끼칩니다.

소금은 글루텐 생성을 돕고, 글루텐을 강화시킵니다. 반면 유지나 식초 등은 글루텐 생성을 방해하고, 글루텐을 약화시킵니다. 글루텐의 강도에 영향을 끼치는 재료를 표로 정리해 보았습니다. 밀가루로 반죽을 만들 때 이러한 재료들이 어떤 영향을 끼치는지 또 어떠한 타이밍에 넣어야 더 많은 영향을 끼치는지 알아보고, 이를 베이킹에 활용해 보기 바랍니다.

표 38 부재료나 첨가재료가 글루텐 형성에 끼치는 영향

글루텐을 강화시킨다	소금	밀가루와 소금을 섞은 후 수분을 첨가해 반죽하며(섞으며) 글리아딘이 증가해 글루텐의 그물 구조가 촘촘해지고, 그 결과 점성 및 탄성이 강해진다.
글루텐을 약화시킨다	유지	밀가루와 유지를 섞은 후 수분을 첨가해 반죽하면(섞으면) 밀가루 입자 주변을 유지가 덮어 글루텐 형성에 필요한 수분의 흡수를 방해하여 글루텐 생성을 어렵게 한다.
	설탕	밀가루에 설탕을 섞은 후 수분을 첨가해 반죽하면(섞으면) 설탕이 물을 먼저 빼앗아 버려 글루텐 형성을 억제한다.
	식초(혹은 레몬즙)	밀가루와 수분을 섞을 때 식초를 첨가하면 글루테닌이 녹아서 연화된 글루텐이 생성된다.
	알코올	밀가루와 수분을 섞을 때 알코올을 첨가하면 글리아딘이 녹아서 연화된 글루텐이 생성된다.

참고 … 150쪽/157~158쪽

전분의 호화 Q&A

 **스펀지케이크를 구웠는데 며칠이 지나자 딱딱해졌어요. 그 이유가 뭔가요?**

 **호화된 밀가루 전분이 노화되었기 때문입니다.**

스펀지케이크 반죽, 버터 반죽, 빵 등 폭신폭신한 조직을 만들어 내는 것은 밀가루 성분의 약 70~75%를 차지하는 전분입니다. 이러한 케이크나 빵은 갓 구운 상태에서는 폭신폭신하게 부풀어 있습니다. 이러한 식감은 전분의 '호화' 현상이 만들어 낸 것입니다. 하지만 시간이 지나면 딱딱하게 굳어버리는데, 이는 전분의 '노화' 현상 때문에 일어나는 변화입니다.

표 39　밀가루 전분의 양과 단백질의 양

	전분의 양	단백질의 양
박력분	75% 전후	6.5~8.0%
강력분	70% 전후	11.5~12.5%

1. 전분의 호화

스펀지케이크는 밀가루, 설탕, 달걀이나 우유 등에 든 수분 그리고 버터를 합쳐 만듭니다. 반죽을 굽기 전에는 당연히 먹을 수 없는데, 사실 이들 재료 중에서 생으로 먹을 수 없는 것은 오직 밀가루뿐입니다. 케이크 반죽을 오븐에 구우면 먹을 수 있게 되는데, 그 이유는 밀가루 속 전분이 호화되고 단백질이 변성(→254쪽)되기 때문입니다.

밀가루 속 전분은 전분 입자의 상태로 존재하는데, 여기에는 아밀로오스와 아밀로펙틴이라는 분자가 들어 있습니다. 이들은 서로 결합하여 다발과 같은 상태의 치밀한 구조를 형성하고 있습니다. 이러한 상태에서는 설령 먹는다고 해도 소화효소가 거의 기능을 하지 못해 소화가 불가능합니다. 그렇기에 생 밀가루는 식용에 적합하지 않은 것입니다.

그런 이유로 밀가루는 가열해서 먹는데, 이때 밀가루만 가열하는 것이 아니라 '밀가루 속 전분을 물과 함께 가열해야' 맛있게 먹을 수 있게 됩니다.

전분을 물과 함께 가열하면 온도가 올라가면서 전분이 물을 점점 더 많이 흡수해 풀과 같은 점성이 있는 물질로 변합니다. 이러한 현상을 '호화'라고 합니다.

스펀지케이크 반죽, 버터 반죽, 빵 등은 바로 이러한 호화 과정을 거쳐 부풀어 오르게 됩니다.

2. 호화된 전분 구조

호화가 진행되는 동안, 전분 입자 속에서는 아밀로오스와 아밀로펙틴 분자에 어떤 변화가 일어나는 것일까요?

전분을 물과 함께 가열하면 전분 입자는 물을 흡수하기 시작합니다. 긴 사슬 형태를 하고 있는 아밀로오스는 아밀로오스와 아밀로오스 사이에, 가지를 친 형태를 하고 있는 아밀로펙틴은 가지와 가지 사이에 물 분자가 들어가(→260쪽 그림 7) 치밀한 구조를 망가뜨리기 시작합니다. 그러면 전분 입자가 부풀어 결국 붕괴합니다.

수많은 아밀로오스와 아밀로펙틴이 사이 사이에 물 분자를 가둔 상태에서 물 안에 분산되고, 이 과정에서 유동성이 점차 사라지며 점성이 생깁니다.

3. 노화된 전분 구조

전분의 노화는 호화된 전분의 성분이 원래의 규칙적인 배열로 다시 돌아가려 하는 것을 말합니다. 시간이 지나면 아밀로펙틴의 가지 사이나 아밀로오스 사이에 들어간 물이 서서히 배출됩니다. 그렇기 때문에 스펀지케이크 반죽이나 버터 반죽, 빵 등이 마르지 않았는데도 딱딱해지는 것입니다.

여기에 냉각이 동반되면 '노화' 현상이 더욱 빠르게 진행됩니다. 그렇기에 빵을 냉장고에 넣으면 딱딱해지는 것입니다.

차갑고 딱딱해진 빵을 토스터에 넣어 다시 구우면 어느 정도 부드러움을 되찾는데, 이는 노화된 전분이 호화 상태로 돌아가려고 하기 때문입니다. 하지만 노화된 전분이 한 번 배출해 버린 물은 다시 돌아오지 않으므로 토스터에 구워도 예전과 같은 식감으로 완벽하게 되돌릴 수 없습니다.

밀가루 전분의 호화 과정에서 일어나는 변화

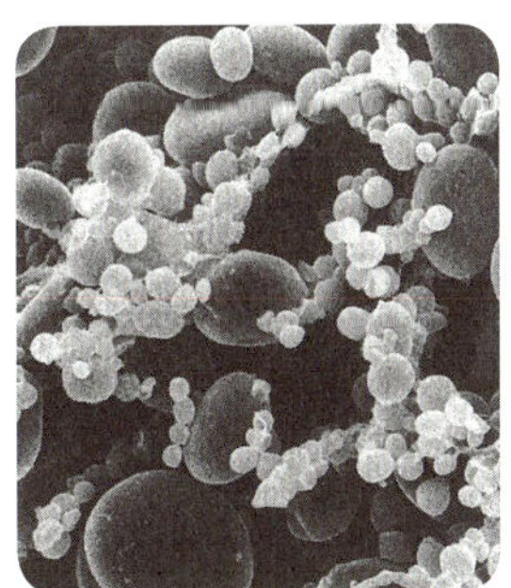

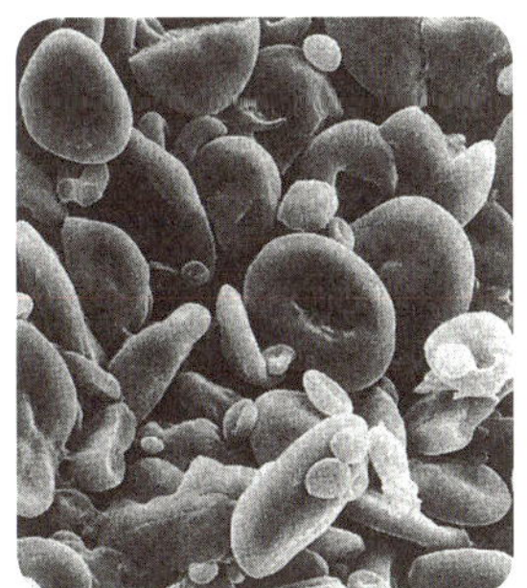

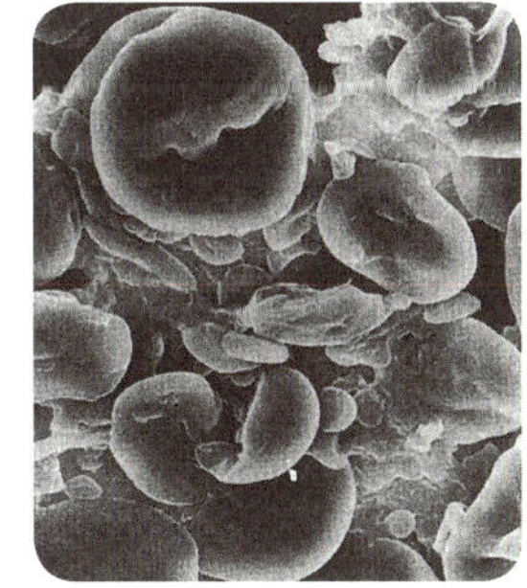

a. 가열 전(생 전분)　　　b. 75℃에서 가열한 반죽의 전분　　　c. 85℃에서 가열한 반죽의 전분

나가오(長尾) : 1989

*밀가루 전분과 물을 100:70의 비율로 배합해 만든 반죽을 가열하고, 그 반죽에서 분리한 전분 입자를 주사형 전자현미경으로 촬영한 사진

STEP UP **수분량에 따른 점도의 차이**

루로 걸쭉함을 더한 스튜나 타르트의 바삭바삭한 반죽 또한 스펀지케이크의 폭신폭신한 반죽과 마찬가지로 밀가루 속 전분이 호화되어 그러한 상태를 나타내게 되는 것입니다.

호화를 거쳐 점성이 생겼다고 해도 반죽마다 점도에 상당한 차이를 보입니다. 전분에 물을 많이 첨가할수록 전분이 충분히 호화되어 물속에 분산되므로 스튜처럼 전체가 걸쭉해지는 점성이 생기는 것입니다. 타르트 반죽처럼 수분의 양이 적어 호화가 억제된 상태에서 만들어진 반죽은 그러한 점성을 느낄 수 없습니다.

이처럼 점도의 차이가 있기는 하지만 이들 반죽에서는 모두 전분의 호화가 일어납니다.

Q 스펀지케이크 반죽을 만들 때 많은 양의 설탕을 넣으면 며칠이 지나도 부드러운 식감을 유지하는데 그 이유가 무엇인가요?

A 설탕에 밀가루의 호화를 유지하는 작용이 있기 때문입니다.

설탕에는 물을 흡착하여 보유하려는 보수성이라는 성질이 있습니다. 스펀지케이크 반죽에 들어간 설탕은 물에 녹아서 전분이 호화될 때 아밀로펙틴이나 아밀로오스 사이에 존재합니다. 전분에 노화가 일어나면 이러한 물이 배출되는데, 이때 설탕이 있으면 물을 저장해 호화 상태를 유지하려는 작용을 합니다. 그렇기 때문에 설탕의 양을 늘리면 스펀지케이크가 며칠이 지나도 딱딱하게 굳지 않는 것입니다.

참고 … 268쪽

그림 7　전분의 호화와 노화

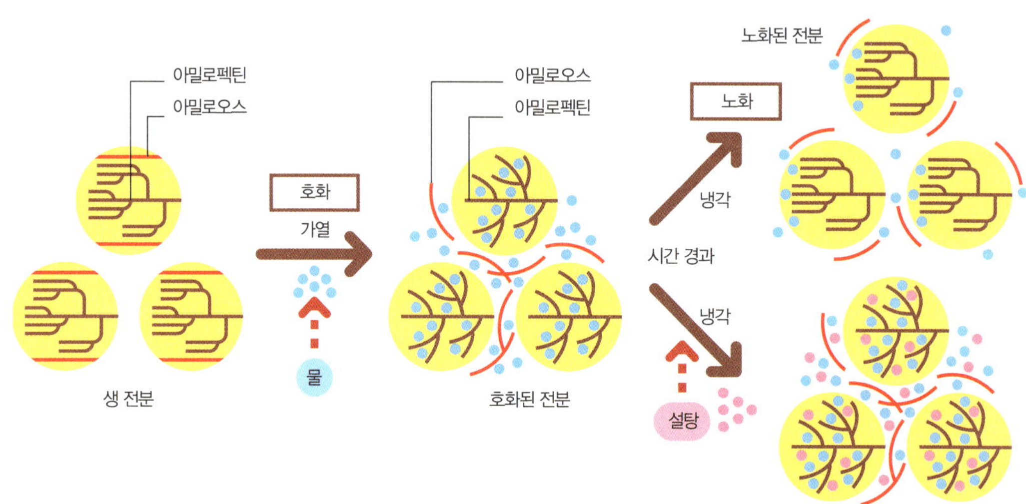

 **밀가루 속 전분은 호화 과정에서 점성이 어떤 식으로 변화하나요?**

 **50℃ 전후에서 호화가 일어나면서 점성이 나타나기 시작해 95℃가 되면 점성이 가장 강해집니다.**

밀가루에 물을 첨가해 가열하면 50℃ 전후부터 점성이 생기기 시작하고, 이러한 점성은 95℃에서 최고 점도에 달해 완전히 호화됩니다. 그 후 가열을 계속하면 브레이크 다운이라는 현상이 일어나 전분 분자의 일부가 열에 의해 끊어져 점도가 조금 떨어집니다.

커스터드 크림을 만들 때 크림이 끓어오른 뒤에도 한동안 계속 끓여주는데, 그 이유가 이처럼 밀가루 속 전분을 브레이크 다운시켜 점성을 떨어뜨리기 위해서입니다.

또 호화된 전분을 냉각하면 점성이 강해집니다. 완전히 호화되지 않은 상태이든 최고 점도에 도달한 상태이든 브레이크 다운된 상태이든 간에 상관없이 어느 상태에서나 일단 냉각하는 순간 그 시점에서보다 점성이 증가합니다. 커스터드 크림을 식히면 단단해지는 것이 바로 그 대표적인 예입니다.

슈 반죽은 반죽을 만드는 단계에서는 온도가 80℃까지밖에 오르지 않아 아직 호화가 진행되는 단계에 머무르지만, 작업이 늦어져 반죽이 식어 버리면 점성이 증가해 단단해져 짤주머니로 짜기 힘들어집니다.

참고 … 171쪽/209~211쪽

그래프 15　밀가루 전분의 아밀로그램(amylogram)

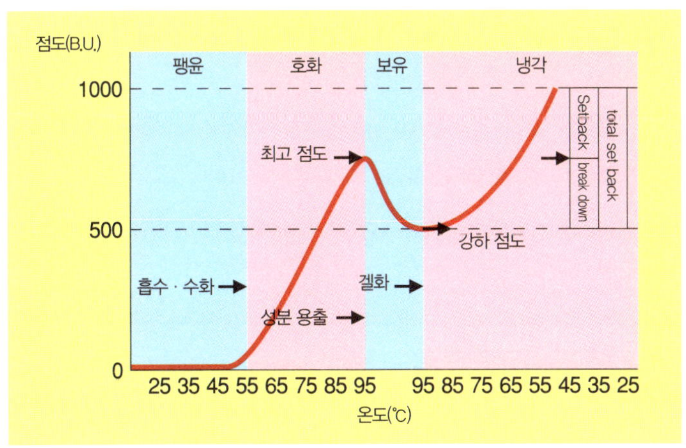

《밀의 과학 小麦の科学》나가오 세이치(長尾精一) 저

STEP UP 각종 전분의 호화 온도와 점성

밀가루 속 전분은 옥수수 전분이나 감자 전분, 고구마 전분 등에 비해 호화가 절정에 달하는 온도가 높고, 점도가 낮은 것이 특징입니다. 빵이나 과자를 만들 때 밀가루의 일부를 다른 전분으로 바꾸면 식감이 변하는데, 이는 각 전분의 호화 상태의 차이가 큰 영향을 미치기 때문입니다.

그래프 16　각종 전분의 호화 과정에서 나타나는 점도 변화

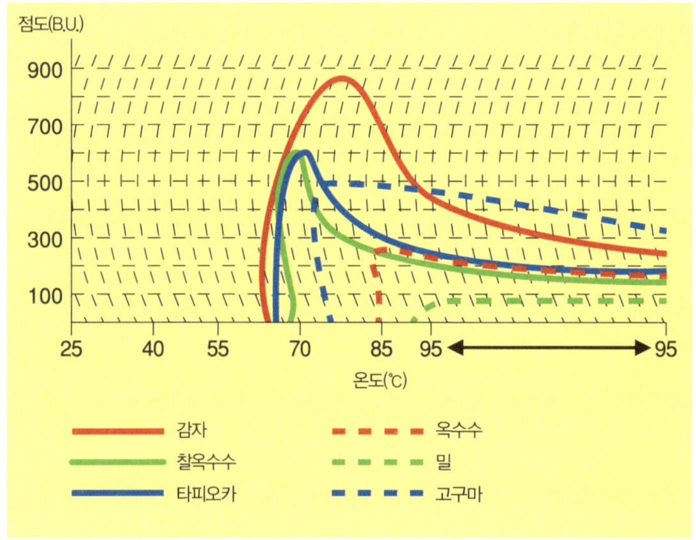

히즈쿠리(檜作):1969

*감자 전분은 4%, 그 밖의 전분은 6%로 농도를 조정(동일한 농도에서는 감자 전분의 점도가 현저히 높게 나타나므로 감자 전분의 농도만 다르게 한다). 95℃까지 가열한 후 보온 상태에서 점도를 측정.

Chapter 3

베이킹 재료 이해하기
설탕

설탕은 과자의 달콤한 맛을 좌우하는 중요한 재료입니다.

하지만 단지 단맛을 더하는 것만이 아니라 다른 재료의 작용을 돕는 역할도 합니다. 예를 들어 달걀 거품을 단단하게 안정시키거나 빵의 표면을 갈색으로 변화시키기도 하고, 스펀지케이크의 촉촉하고 부드러운 식감을 오래 유지하거나 잼이 쉽게 상하지 않게 하는 등 매우 다양한 역할을 합니다.

또한 설탕은 물과 함께 졸이면 온도가 올라가면서 성질과 상태가 변화하는 특징이 있어 여러 과자에 다양하게 활용됩니다. 고온으로 졸이면 캔디나 설탕 인형, 캐러멜을 만들 수 있습니다. 또 설탕을 졸이다가 도중에 급속히 냉각시키면 설탕이 다시 결정화하는 성질을 이용해 퐁당이나 위스키 봉봉을 만들 수도 있습니다.

설탕은 모든 과자에 사용되는 재료이니만큼 설탕의 성질을 잘 파악해 두어야 과자를 만드는 공정을 잘 이해할 수 있습니다.

설탕의 종류 Q&A

 양과자를 만들기에 적합한 설탕의 종류를 가르쳐 주세요.

 주로 그래뉼러당이나 분당(슈가파우더)을 사용합니다.

표 40 설탕의 종류와 성분 및 특징

			자당	전화당	회분	수분	입자 크기	특징
분밀당	쌍목당 (hard sugar)	그래뉼러당	99.97%	0.01%	0.00%	0.01%	약 0.2~0.7mm	보슬보슬한 흰색 결정. 순도가 높다. 단맛이 담백하고 고급스럽다.
		백쌍당	99.97%	0.01%	0.00%	0.01%	약 1.0~3.0mm	입자가 크고 무색투명하며 광택이 있는 결정. 비교적 잘 녹는다. 순도가 높다. 단맛이 담백하고 고급스럽다.
		중쌍당	99.80%	0.05%	0.02%	0.03%	약 2.0~3.0mm	입자가 크고 표면을 캐러멜 색소로 착색한 황갈색 결정. 비교적 순도가 높다.
	차당 (soft sugar)	상백당	97.69%	1.20%	0.01%	0.68%	약 0.1~0.2mm	입자가 작고, 표면에 비스코라 불리는 전화당액이 첨가되어 촉촉한 감촉이 느껴진다.
		중백당	95.70%	1.90%	0.10%	1.60%	약 0.1~0.2mm	상백당과 비슷하게 촉촉한 감촉이 느껴지는 갈색 결정. 전화당을 상백당보다 많이 함유하고 있다. 회분이 비교적 많으므로 맛이 진하고 독특한 풍미가 느껴진다. 삼온당과 중백당은 성분 면에서 큰 차이가 없다. 다만 색의 농담을 나타내는 색가(ICUMSA 색가)가 삼온당은 600 정도인 반면 중백당은 200 정도로 약간 흰빛을 띤다는 차이가 있다.
		삼온당	96.43%	1.66%	0.15%	1.09%	약 0.1~0.2mm	
함밀당		흑설탕	85.6~76.9%	3.0~6.3%	1.4~1.7%	5.0~7.9%		사탕수수에서 자당을 함유한 당즙을 추출해 그대로 굳힌 것으로 갈색을 띤다. 회분이나 불순물이 많이 들어 있어 감칠맛이 난다.

《설탕백과 砂糖百科》, 사단법인 당업(糖業) 협회 · 정당(精糖) 공업회 출간

*설탕은 원료가 되는 식물에 따라 분류하는 방법과 제조법에 따라 분류하는 방법이 있는데, 위에 소개된 표는 후자에 해당한다.

설탕의 성분은 대부분 자당으로, 자당의 순도가 높을수록 정제도가 높으며 여기에 전화당과 회분이 소량 첨가되어 있습니다. 각 설탕마다 맛과 성질이 다른 것은 설탕에 든 자당, 전화당, 회분의 함유량이 차이 나기 때문입니다.

양과자를 만들 때는 주로 그래뉼러당을 사용합니다. 사실 일본에서는 그래뉼러당보다 상백당을 더 많이 사용하지만, 유럽에서는 주로 그래뉼러당을 사용합니다. 표 40에 소개한 설탕은 일본에서 일반적으로 판매되는 것들이지만, 현제 제과용으로 사용되고 있는 설탕에는 분당 같은 가공당이나 카소나드 같은 수입품도 다수 포함됩니다.

 **베이킹을 할 때 그래뉼러당과 상백당은 어떤 차이를 보이나요?**

 **단맛과 구웠을 때의 색감, 흡습성이나 보수성에서 차이가 나타납니다.**

베이킹에서 설탕은 단지 단맛을 부여하는 것만이 아니라, 다양한 작용을 합니다. 그중에서는 어떤 설탕을 사용하느냐에 따라 완성된 과자의 질감이 달라지는 경우도 있습니다.

각 설탕이 지닌 맛과 성질은 자당, 전화당, 회분의 함유율과 크게 관련되어 있습니다. 즉, 설탕을 구성하는 성분인 자당, 전화당, 회분의 특징을 알면 설탕의 특징도 알 수 있다는 뜻입니다.

이 책에서는 그래뉼러당과 상백당, 흑설탕의 차이에 대해 설명하겠지만, 미처 소개하지 못한 다른 설탕도 구성 성분의 비율만 알고 있으면 다른 설탕과 비교해가며 그 설탕이 지닌 성질을 미루어 짐작할 수 있습니다. 지금부터 설명한 설탕의 특징을 잘 알아 두었다가 베이킹을 할 때 참고하기 바랍니다.

1. 단맛의 특징

자당은 깔끔한 단맛을 내는 것이 특징으로 그래뉼러당을 비롯한 쌍목당의 맛은 자당이 지닌 맛의 특징이 그대로 드러나 있습니다.

상백낭 같은 차당은 대부분 그래뉼러당과 비슷한 자당으로 이루어져 있지만, 제조공정에서 결정에 비스코(전화당액)를 첨가하므로 비록 소량이기는 하지만 전화당이 함유되어 있는 것이 특징입니다. 전화당은 자당에 1% 정도만 첨가해도 전화당이 지닌 고유의 맛이 전면에 나타나므로 상백당 같은 차당은 여운이 남는 단맛을 냅니다.

또 회분(무기성분)이 많다는 것은 무기질이 많다는 뜻입니다. 무기질 자체는 아무 맛도 나지 않지만, 설탕의 단맛에 무기질이 첨가되면 감칠맛이 납니다. 흑설탕이 감칠맛을 내는 이유가 바로 이 때문입니다.

① **자당** : 설탕의 단맛을 만들어 내는 주성분. 담백하고 깔끔한 단맛

② **전화당** : 자당이 분해되어 생기는 포도당과 과당의 혼합물. 자당보다 달게 느껴지고, 여운이 남는 진한 단맛을 낸다.

2. 착색성

반죽을 구우면 재료 속에 들어 있는 단백질이나 아미노산과 환원당이 가열되어 아미노카르보닐 반응(메일라드 반응 혹은 마이야르 반응)이 일어나 갈색을 띠게 됩니다.

전화당은 환원당의 일종이므로 전화당이 많이 들어 있는 상백당 같은 차당을 사용해 과자를 만들면 색을 내기가 쉽다는 특징이 있습니다.

푸딩에 사용하는 캐러멜은 설탕을 단독으로 가열했을 때 갈색으로 변하는 반응을 이용한 것으로, 이때의 반응은 아미노카르보닐 반응과는 다른 캐러멜화 반응입니다.

스펀지케이크 반죽을 구웠을 때 나타나는 색의 차이

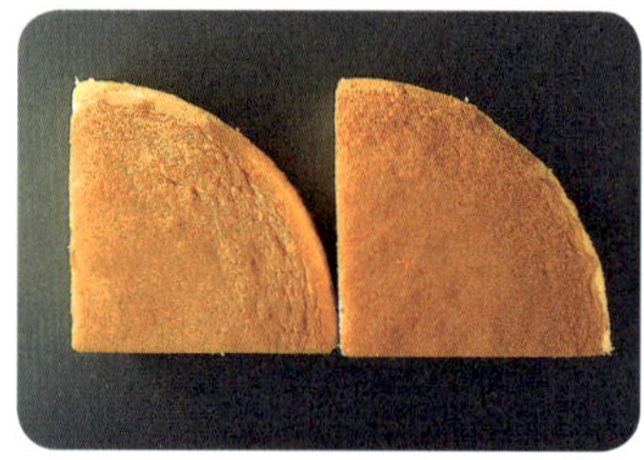

왼쪽 : 그래뉼러당을 사용
오른쪽 : 상백당을 사용

3. 친수성(흡습성 · 보수성)

설탕은 수분을 흡착하기 쉽고(흡습성), 흡착한 수분을 유지하려는(보수성) 성질이 있습니다. 전화당은 특히 그런 성질이 강하므로 스펀지케이크 등을 만들 때 전화당이 많이 든 설탕을 사용하면 촉촉한 식감을 낼 수 있습니다.

 **Q** 그래뉼러당을 가공한 설탕이 많이 있는데 베이킹을 할 때는 그중에서 어떤 것을 사용해야 하나요?

 **A** 입자가 작은 미립 그래뉼러당을 사용합니다.

설탕은 대부분의 경우 반죽이나 크림에 섞어 사용하며, 그 안에 든 수분에 녹아 다양한 성질을 발휘합니다. 반죽에 따라서 물을 적게 넣거나 반죽을 섞는 횟수를 제한하는 경우가 있는데, 그런 상황에서는 설탕이 녹기가 어려워집니다. 그럴 때는 물에 잘 녹도록 입자가 작은 설탕을 사용해 작업성을 향상시킵니다.

시중에 판매되는 일반적인 그래뉼러당은 입자가 큰 편이지만, 제과용으로 판매되는 미립 그래뉼러당은 그보다 입자가 작습니다. 미립 그래뉼러당을 더욱 작은 분말로 만든 것이 분당입니다.

예를 들어 타르트 반죽을 만들 때 버터에 설탕을 섞는 작업의 경우, 버터에 수분이 적어 설탕을 녹이기가 쉽지 않습니다. 이럴 때는 분당(슈가파우더)을 사용합니다. 이때 입자가 굵은 그래뉼러당을 사용하면 반죽을 구웠을 때 그래뉼러당이 결정 상태로 남아 모양과 식감을 모두 떨어뜨립니다. 분당은 반죽에 섞을 뿐만 아니라 과자 위에 뿌려 장식을 할 때도 씁니다.

설탕 입자 크기의 차이

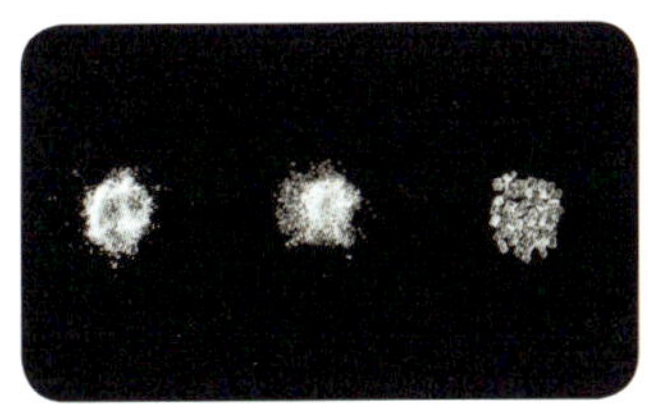

왼쪽 . 미립 그래뉼러딩
가운데 : 일반 그래뉼러당
오른쪽 : 백쌍당

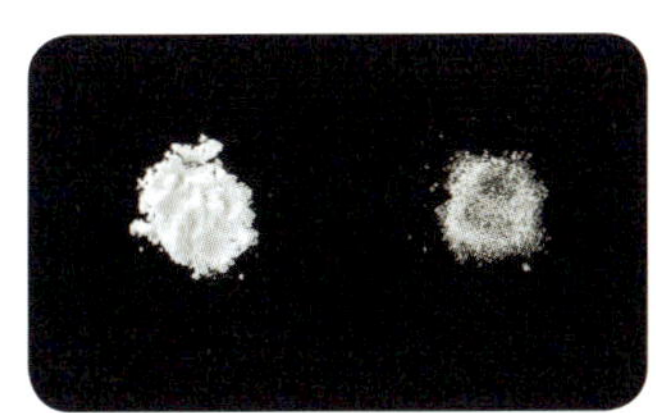

왼쪽 : 분당
오른쪽 : 일반 그래뉼러당

인쪽 : 분당을 사용한 타르트 반죽
오른쪽 : 그래뉼러당을 사용한 타르트 반죽. 그래뉼러당을 사용하면 표면에 그래뉼러당의 결정이 떠올라 까끌까끌하고 딱딱해진다.

****

베이킹에 영향을 끼치는 설탕의 주된 역할

****

1. 설탕의 친수성이 끼치는 영향

설탕은 물에 대한 친화력이 강한 '친수성'이라는 성질을 지니고 있습니다. 식품 속 수분에 어떤 작용을 하느냐에 따라 표현을 달리해 생각하면 좀 더 쉽게 이해할 수 있습니다.

(1) 수분을 빼앗는 '탈수성'

잼을 만들 때 과일에 설탕을 뿌려 한동안 그대로 두면 수분이 빠져 나옵니다(→271~273쪽).

(2) 수분을 흡착하는 '흡습성'

① 달걀을 거품 낼 때 설탕을 첨가하면 설탕이 달걀 속 수분을 흡착해 기포가 쉽게 터지지 않게 합니다(→239~240쪽).

② 잼이나 과일 설탕 절임은 설탕의 농도를 높여 잘 썩지 않도록 보존성을 높인 식품으로, 미생물의 번식에 필요한 수분(자유수)을 설탕이 흡수하고 있으므로 미생물이 번식할 여지가 없습니다(→271쪽/274~275쪽).

③ 펙틴 같은 분말을 과즙이나 잼 등에 첨가해 녹일 때 그대로 넣으면 덩어리가 지지만, 설탕과 섞어서 넣으면 물에 좀 더 쉽게 분산되어 덩어리지지 않고 잘 녹습니다. 분말 입자 사이에 설탕이 들어가 물을 흡착하여 입자가 서로 달라붙는 것을 방지합니다(→274쪽).

④ 스펀지케이크 반죽, 버터 반죽, 타르트 반죽 같은 구운 과자에서는 반죽을 혼합해서 구울 때는 반죽 속에 든 수분을 설탕과 밀가루 같은 건조 재료가 서로 빼앗으려고 합니다. 배합을 정할 때는 설탕이나 밀가루 같은 건조 재료와 달걀이나 우유 같이 수분을 함유한 재료가 균형을 잘 이루는지를 고려하기 바랍니다(→91~92쪽/123~124쪽/137~138쪽/178쪽).

(3) 흡착한 수분을 유지하는 '보수성'

① 젤리는 설탕이 많이 들어갈수록 젤리액의 그물 구조 사이에 수분을 많이 저장할 수 있어 탄력과 강도가 증가합니다(→311쪽).

② 젤리를 장시간 놓아 두면 수분이 빠져 나오는 이수 현상이 일어나는 경우가 있는데, 젤리에 설탕이 많이 들어갈수록 설탕이 수분을 많이 저장하므로 이러한 이수 현상이 일어나기 어려워집니다(→271쪽/311쪽).

③ 잼이 걸쭉해지는(겔화) 것은 다량의 설탕이 수분을 저장함으로써 펙틴 분자가 결합하기 때문입니다(→274쪽).

④ 스펀지케이크 반죽을 오븐에 구우면 수분이 증발하면서 구워지는데, 설탕이 많이 들어갈수록 반죽 속에 수분이 많이 저장되어 촉촉한 케이크가 구워집니다(→84쪽/88쪽/271쪽).

⑤ 스펀지케이크 반죽은 설탕이 많을수록 전분 분자 사이에 물을 저장할 수 있으므로 전분의 노화가 늦추어져 여러 날이 지나도 케이크가 딱딱해지지 않습니다(→260쪽).

2. 달걀의 단백질 변성을 억제한다

(1) 단백질의 열변성을 억제한다

푸딩이 굳는 이유는 푸딩을 찌면 달걀의 단백질이 열에 변성하여 응고하기 때문입니다. 설탕은 단백질의 열변성을 억제하므로 설탕의 양을 늘릴수록 전란액의 응고온도가 높아져 부드럽게 굳습니다(→245~246쪽).

(2) 단백질의 공기 변성을 억제한다

달걀을 거품 내면 달걀흰자의 단백질이 공기에 변성을 일으킨 결과 기포막이 딱딱하게 굳어 안정된 기포가 만들어집니다. 그런데 설탕은 이러한 공기 변성을 억제하는 역할을 하므로 달걀에 설탕을 넣으면 거품이 잘 나지 않습니다. 설탕을 여러 차례에 나누어 넣는 것은 바로 이러한 이유에서입니다(→97~98쪽/239~240쪽). 반대로 달걀흰자를 거품 낼 때, 설탕의 배합량이 적으면 단백질의 공기 변성이 과도하게 일어나 이수 현상이 일어나기 쉽습니다(→242~243쪽).

달걀에 든 단백질은 물에 분산된 형태로 존재합니다. 이러한 단백질은 가열하거나 거품을 내면 공기와 접촉해 한데 모여들고, 수분이 빠져나가면서 이웃한 단백질끼리 결합해 굳어 버립니다. 설탕을 첨가하면 이렇게 빠져나가는 수분을 설탕이 흡착해 저장하므로 수분이 쉽게 빠져나가지 못하게 되어 변성이 억제됩니다.

3. 재결정

순도가 높은 시럽이 결정화됩니다. 이러한 성질을 살려 퐁당(→279~280쪽)이나 위스키 봉봉(·280·-281쪽) 등을 만듭니다.

4. 착색성

베이킹에서 설탕을 가열했을 때 착색이 되는 반응으로는 다음과 같은 두 가지가 있습니다.

(1) 아미노카르보닐 반응(메일라드 반응 혹은 마이야르 반응)

구운 과자 등을 만들 때 설탕이 달걀이나 밀가루 같은 다른 재료와 함께 가열되어 갈색을 띱니다(→282쪽).

(2) 캐러멜화 반응

캐러멜 소스 등을 만들 때 설탕에 물만 넣어 가열하면 갈색으로 변합니다(→283~284쪽).

****

설탕의 친수성 Q&A

 스펀지케이크 반죽의 배합에서 단맛을 줄이려고 설탕의 양을 조금 줄였더니 촉촉한 식감이 사라졌어요. 이유가 뭔가요?

 설탕은 물을 흡착해 저장하는 성질이 있으므로 설탕의 양을 줄이면 반죽을 구웠을 때 수분이 쉽게 증발해 버립니다.

설탕에는 물을 흡착해 저장하는 '보수성'이라는 성질이 있습니다. 스펀지케이크 반죽을 오븐에 구울 때 오븐 안은 고온의 건조한 공기로 가득 차 있습니다. 그래서 스펀지케이크 반죽에서 수분이 증발하면서 반죽이 구워지는 것입니다. 이때 설탕의 배합량이 줄어들면 그만큼 반죽 속 수분을 끌어당기는 힘이 약해 증발이 촉진되므로 촉촉한 식감을 잃게 됩니다.

그러므로 단맛을 줄이고 싶다는 이유로 설탕의 양을 지나치게 줄여서는 안 됩니다.

 설탕의 양을 줄인 젤리는 시간이 지나면 물이 스며 나오는데, 그 이유가 뭔가요?

 설탕의 양이 적었기 때문입니다.

탱탱하게 굳어 있어야 할 젤리에서 물이 서서히 스며 나오는 것을 이수 현상이라고 합니다. 젤리의 단맛을 줄이기 위해 설탕의 양을 줄이면 이러한 이수 현상이 더욱 쉽게 일어납니다.

젤리는 젤라틴 같은 응고제를 기본 바탕이 되는 액체에 녹여 차갑게 굳힌 것입니다. 응고제는 액체 속에서 그물 구조를 형성하고 그물 안에 수분을 가두어 탱탱한 탄력이 느껴지는 질감을 만듭니다.

보수성이 있는 설탕은 젤라틴의 그물 안에서 수분을 흡착하고 저장하여 이수 현상이 쉽게 일어나지 않게 합니다.

그러므로 설탕의 양을 줄이면 젤라틴의 보수성이 떨어져 젤리가 부드러워지고, 물이 스며 나오게 됩니다.

참고 ⋯ 311쪽

 **잼이 부패하지 않는 이유는 무엇인가요?**

 **설탕이 지닌 탈수성 때문입니다.**

잼은 과일을 설탕에 졸여 만드는데, 설탕은 미생물의 번식을 억제하는 방부 작용을 합니다.

식품이 부패하는 이유는 미생물의 번식 때문입니다. 미생물에게는 수분이 필요하므로 식품 속 수분을 줄이면 미생물의 번식을 억제할 수 있습니다. 과일을 설탕에 졸이면 설탕이 과일 속 수분을 어느 정도 탈수시키고, 과일 속에 스며들어 과일 속에 남아 있는 수분을 흡착하므로 과일의 부패를 막을 수 있습니다. 또한 잼을 병조림으로 만들어 가열 살균 처리하는 것도 보존성을 높이는 데 매우 중요한 역할을 합니다.

1. 자유수(유리수)와 결합수

식품 속 수분은 자유수와 결합수로 나눌 수 있습니다. 결합수는 식품 성분과 결합해 있는 수분으로, 가열이나 건조를 통해 수분을 증발시키려고 해도 단단히 결합한 채 그대로 식품 속에 머무릅니다. 자유수는 가열이나 건조 과정에서 증발하는 수분으로, 식품 속에 구속되어 있지 않고 자유롭게 돌아다닐 수 있습니다. 미생물이 번식할 때 사용하는 수분이 바로 이러한 자유수입니다.

2. 잼에 작용하는 설탕의 '탈수성'

딸기잼을 만들 때는 먼저 딸기에 설탕을 뿌린 채로 한동안 놓아둡니다. 그러면 친수성을 지닌 설탕이 딸기 속 수분을 서서히 빼앗으면서 딸기가 탈수됩니다.

바꾸어 말하면 딸기 외부의 설탕 농도(당도)가 내부의 설탕 농도보다 높은 상태이므로 딸기 내부에서 수분을 밖으로 끌어내어 농도를 일정하게 맞추려는 작용이 일어나고 있다고 할 수 있습니다. 그 결과 딸기에 함유되어 있는 자유수의 양이 줄어듭니다.

참고로 이러한 현상은 조리하지 않은 생딸기에서만 일어납니다.

3. 잼에 작용하는 설탕의 '흡습성'

딸기가 탈수된 후에는 설탕이 딸기에서 나온 수분에 녹아 당도가 높은 시럽 상태로 변합니다. 이것을 졸이다 보면 시럽의 수분이 증발하면서 당도가 더욱 높아집니다. 그와 동시에 시럽의 설탕이 딸기 내부로 서서히 확산되어 딸기 내부의 당도 또한 함께 상승하기 시작합니다.

딸기의 내부로 확산된 설탕은 자유수를 흡착합니다. 그러면 미생물의 번식에 필요한 자유수가 부족해져 미생물이 번식할 수 없는 상태가 되어 결과적으로 잼의 보존성이 높아집니다.

●딸기잼을 만드는 방법

[참고 배합 사례]

- 딸기 1,000g
  - 그래뉼러당 180g
  - 트레할로스 120g
- 그래뉼러당 300g
- 레몬즙 1개 분량
- 펙틴(분말) 3g

병에 담아 살균한 잼

1. 딸기에 그래뉼러당 180g과 트레할로스※를 뿌려 하룻밤 동안 재우면 딸기에서 수분이 빠져나온다.

*트레할로스는 당의 일종으로, 흡습성은 뛰어난 반면 단맛은 설탕의 45% 정도에 불과하므로 잼의 단맛을 줄이기 위해 사용했다.

2. 1을 중불에 올린 후 끓기 시작하면 거품을 걷어낸다. 딸기가 부풀어 오르기 시작하면 불을 약불로 줄이고 5분 정도 졸여 내부 공기가 빠져나가기를 기다린다. 그래뉼러당 270g(30g은 펙틴과 섞기 위해 남겨 둔다)을 넣고 중불에 5분 정도 졸인다.

*시럽의 당도를 높이기 위해 그래뉼러당을 추가한다.

3. 다시 끓기 시작하면 부풀어 오른 딸기가 위로 동동 떠오른다. 불을 끄고 그대로 20분 정도 놓아 둔다.

*시럽이 끓어오르면서 딸기가 떠오른 시점에서는 아직 딸기 주변의 시럽 농도가 높고, 딸기 내부의 농도는 낮은 상태다. 최종적으로는 외부 시럽의 당도를 측정해 55 브릭스(Brix) 이상으로 조정하지만, 불을 끄지 않고 이 상태로 계속 졸이면 시럽이 바짝 졸아서 당도가 높아져도 딸기 내부의 당도는 낮다. 외부 시럽의 당도를 조정하더라도 시간이 지나면 딸기 내부의 수분이 시럽 속으로 빠져나와 시럽의 당도가 떨어져 보존성을 유지하지 못하게 된다. 따라서 불을 한 번 끄고 그대로 두어 딸기 내부에 설탕을 서서히 확산시킨다. 내부와 외부의 당도가 비슷해진 후에 다시 끓이는 것이 좋다.

4 오랫동안 강불에 졸인다.

5. 끓기 시작하면 레몬즙을 첨가한다.

*펙틴은 세포를 연결하는 역할을 담당하는 물질이다. 과일에 든 펙틴은 다량의 설탕과 산과 함께 가열하면 겔화되어 젤리와 같은 걸쭉한 상태가 된다. 딸기에 들어 있는 산만으로는 부족하므로 레몬즙을 넣어 부족한 산을 보충한다.

6. 당도가 55 브릭스가 되거나 또는 온도가 104~106℃가 되면 펙틴과 남은 그래뉼러당 30g을 섞어서 넣는다.

*과일마다 펙틴의 함유량이 다르다. 딸기는 펙틴의 양이 비교적 적은 편이므로 겔화를 촉진시키고 싶은 경우에는 분말 펙틴을 더 첨가한다.

*분말 펙틴은 그대로 넣으면 덩어리지기 쉬우므로 그래뉼러당과 섞어서 넣는다. 그래뉼러당을 섞으면 펙틴의 입자 사이에 그래뉼러당이 들어가 물을 흡착하여 펙틴 입자가 서로 들러붙는 것을 방해한다.

7. 끓어오르면 불을 끄고 거품을 조심스럽게 걷어낸다.

8. 열탕 살균한 병에 잼을 담고, 병째 중탕한다. 잼의 중심온도가 85℃가 되면 병뚜껑을 살짝 열어 쉭 소리와 함께 공기가 빠져나가는 것을 확인한 뒤 다시 뚜껑을 닫고 20분 더 열탕 살균한다.

1. 딸기에 설탕을 뿌린다.

2. 오랫동안 그대로 두면 수분이 빠져나온다. 물이 생기면 불에 올린다.

3. 분말 펙틴은 덩어리지지 않도록 그래뉼러당과 먼저 섞은 후 가열한 딸기에 뿌린다.

4. 끓어오르기 시작하면 불을 끄고 거품을 걷어낸다.

STEP UP 펙틴의 겔화를 돕는 설탕의 보수성

딸기에 들어 있는 펙틴이나 분말 펙틴은 뜨거운 물에 녹입니다. 그러면 겔화되어 걸쭉해지는데 이는 다량의 설탕이 펙틴 주위의 수분을 흡착해 저장하고 그 결과 펙틴이 서로 결합해서 안정된 그물 구조를 만들기 쉬워지기 때문입니다.

 **쨈은 어느 정도까지 당도를 높여야 부패하지 않고 오래 저장할 수 있나요?**

 **중당도의 경우에는 55~65 브릭스, 고당도의 경우에는 65 브릭스 이상입니다.**

쨈은 다량의 설탕을 첨가해 보존성을 높인 식품입니다. 수제 쨈을 만들 때는 보통 과일의 중량과 동일한 양의 설탕을 넣어 졸입니다.

쨈을 졸이는 동안 수분이 얼마나 증발하느냐에 따라 쨈에서 차지하는 설탕의 비율이 변화하므로 쨈을 다 졸인 시점에서 최종 당도를 측정해 중당도는 55~65%, 고당도는 65% 이상으로 조정합니다.

쨈의 당도는 보통 브릭스계로 측정하는데, 이때 브릭스 0%로 당도를 표시할 때도 있습니다. 당도 55%, Brix 55%는 100g의 용액 속에 자당이 55g 녹아 있다는 뜻입니다.

마지막으로 당도를 측정했을 때 당도가 아직 55%에 미치지 못할 경우에는 쨈을 좀 더 졸여서 당도를 끌어올립니다.

 **콩피라 불리는 과일 설탕 절임은 어떻게 만드나요?**

 **과일을 시럽에 절인 후 시럽만 따로 모아 바짝 졸인 후 여기에 다시 과일을 절이는 과정을 매일 반복하면서 과일의 당도를 서서히 올립니다.**

과일 콩피(Fruits confits)는 과일 설탕 절임을 말합니다. 예를 들어 오렌지 껍질로 만든 콩피는 껍질을 얇게 잘라 초콜릿으로 코팅하거나 잘게 썰어 버터 반죽에 섞기도 합니다.

만드는 방법은 다음과 같습니다. 먼저 오렌지를 살짝 데친 다음 물에 담가 쓴맛을 뺍니다. 물에서 건져낸 후 당도가 55 브릭스인 시럽에 하루 동안 담가 둡니다. 그러면 오렌지에서 수분이 빠져나와 시럽이 묽어지고, 그와 동시에 설탕이 오렌지 껍질 내부로 확산되기 시작합니다.

다음 날, 시럽만 바짝 졸여 수분을 증발시켜(또는 설탕을 시럽에 첨가해) 60 브릭스의 시럽을 만들고 여기에 다시 오렌지 껍질을 절입니다. 그 다음 날에는 65 브릭스의 시럽에 절이는 식으로 오렌지 껍질에 당분이 서서히 스며들게 하여 4~7일에 걸쳐 당도를 70 브릭스까지 높입니다.

처음부터 70 브릭스의 고당도 시럽에 오렌지를 절이면 탈수 현상이 일어나 오렌지 껍질이 딱딱하게 변합니다.

병에 담아 살균한 잼

오렌지 콩피를 절이는 과정

왼쪽 : 55 브릭스
가운데 : 60 브릭스
오른쪽 : 70 브릭스

설탕의 재결정 Q&A

 **녹아서 투명해진 시럽이 다시 굳는 이유는 무엇인가요?**

 **설탕이 '재결정'되었기 때문입니다.**

설탕 자체가 이미 결정화된 제품이지만 이를 다시 물에 녹여 졸인 시럽을 과포화 상태로 만들면 다시 다른 형태로 결정화됩니다. 이를 '재결정'이라고 합니다. 베이킹에서는 이러한 설탕의 재결정화 현상을 이용해 퐁당이나 위스키 봉봉 등을 만듭니다. 이러한 설탕의 재결정에 대해 좀 더 자세히 알아보겠습니다.

1. 설탕의 '재결정'이란?

설탕 성분의 대부분을 차지하는 것은 자당입니다. 자당 결정은 무색투명하지만 이처럼 매우 작은 결정이 모이면 빛이 난반사되어 흰색으로 보입니다. 그래뉼러당이나 상백당이 흰색을 띠는 것이 바로 그러한 이유에서입니다. 반면 똑같은 설탕이지만, 빙당이 투명한 이유는 결정이 크기 때문입니다. 당도가 높은 시럽에 결정의 핵이 되는 종당(種糖)을 넣으면 서서히 결정화하여 큰 결정을 만들어 냅니다.

결정구조를 지닌 설탕을 물에 녹여 졸인 용액에 결정이 생길 수 있는 계기를 부여하면 설탕이 다시 결정을 만들어 내는 것을 '재결정'이라고 합니다.

2. 자당의 용해도

설탕(자당)을 물에 계속 녹이면 어느 순간 설탕이 더 이상 녹지 못하는 한계(포화상태)에 도달합니다. 예를 들어 20℃에서 물 100ml(g)에 녹는 자당의 최대량은 203.9g입니다(→표 41). 포화상태일 때의 자당의 농도(%)를 자당의 용해도라고 하는데, 자당의 용해도는 온도가 상승할수록 증가합니다. 0℃의 물 100ml(g)에 설탕 300g을 녹이면 아직 물이 차가울 때는 설탕이 다 녹지 못하지만, 이를 가열하면 용해도가 증가하므로 65℃에 도달하기 직전에 설탕이 전부 녹습니다.

3. 재결정을 이용해 과자를 만드는 요령

이와는 반대로 100℃의 물 100ml(g)에는 설탕(자당) 480g 정도를 녹여 시럽을 만들 수 있지만, 이를 20℃로 차갑게 식히면 자당 약 280g이 녹지 못하고 결정의 형태로 용기 바닥에 쌓이는 경우가 있습니다. 이처럼 포화상태인 시럽을 식히면 일반적으로 용해도가 감소해 녹지 못하고 남게 된 자당이 다시 모습을 드러냅니다. 하지만 시럽을 바짝 졸여 자당의 용해도를 높인 뒤에 서서히 식히면 겉으로 보기에 마치 다 녹은 것처럼 보이게 할 수 있습니다. 이를 과포화 상태라고 하는데, 사실은 다 녹지 못한 자당이 불안정한 상태로 물 분자에 섞여 있을 뿐입니다. 과포화 상태가 된 시럽은 불안정한 상태이므로 결정을 만들 계기를 부여하면 녹지 못하고 남아 있는 자당이 결정의 형태로 나타나게 됩니다(재결정). 제과에서는 이러한 성질을 이용해 알맞은 결정을 만들어 낼 수 있도록 시럽을 각 과자의 적정 온도까지 졸여 자당의 농도를 높인 다음 다시 식힙니다.

결정이 생기도록 결정핵을 첨가하고 그대로 두면 시간이 지나면서 점점 커져 결정이 됩니다. 이러한 방법을 이용해 만드는 과자가 바로 위스키 봉봉입니다. 위스키 봉봉은 결정이 형성되기까지 오랜 시간이 걸리므로 투명하고 큰 결정이 만들어집니다.

좀 더 작은 결정을 만들고 싶을 때는 퐁당을 만들 때처럼 시럽을 40℃로 식힌 다음 세게 젓습니다. 그러면 핵의 형성률이 증가해 무수히 많은 작은 결정이 생깁니다.

표 41　자당의 용해도와 온도의 관계

온도(℃)	용액 100g에 든 자당의 그램수(g) 또는 자당의 농도(%)	물 100g에 녹는 자당의 그램수(g)	용액의 비중
00	64.18	179.2	1.314490
10	65.58	190.5	1.32353
20	67.09	203.9	1.33272
30	68.70	219.5	1.34273
40	70.42	233.1	1.35353
50	72.25	260.4	1.36515
60	74.18	287.3	1.37755
70	76.22	320.5	1.39083
80	78.36	362.1	1.40493
90	80.61	415.7	1.41996
100	82.87	487.2	1.43594

《조리와 이론 調理と理論》야마자키 기요코(山崎清子), 시마다 기미에(島田キミエ) 공저

표 42   자당 농도와 비등점

비등점(℃)	자당 농도(%)	비등점(℃)	자당 농도(%)
100.2	10	108.2	78
100.3	20	109.3	80
100.6	30	112.0	84
101.1	40	115.0	87
101.9	50	118.0	89
103.1	60	120.0	90
104.2	66	122.0	91
105.2	70	124.0	92
106.5	74	130.0	94

《양과자 재료의 조리 과학 洋菓子材料の調理科学》다케바야시 아에코(竹林 やゑ子) 저,

'설탕 농도와 비등점'에서 일부 발췌.

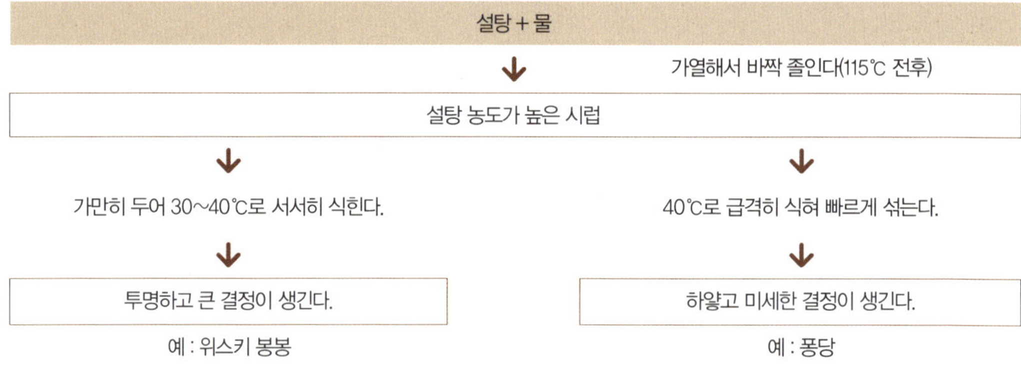

에클레어에 바르는 퐁당은 어떻게 만드나요?

설탕과 물로 만든 시럽을 바짝 졸여 저어 설탕을 '재결정'시켜 미세한 결정을 만듭니다.

에클레어 위에는 설탕으로 만든 하얀 퐁당에 초콜릿이나 캐러멜을 첨가한 것이 발라져 있습니다. 퐁당은 앞서 설명한 설탕의 '재결정'을 이용해 만듭니다.

이러한 재결정을 잘하면 퐁당을 잘 만들 수 있습니다.

먼저 물과 그래뉼러당을 가열해 녹여 시럽을 만들고, 115~118℃까지 바싹 졸여 수분을 증발시킵니다.

그리고 40℃로 온도를 낮추면 자당의 용해도가 줄어들어 물 1ml당 녹일 수 있는 그래뉼러당의 양이 줄어들어 과포화 상태가 됩니다.

이것을 세게 저으며 자극을 가해 결정이 생기는 계기를 부여하면 설탕의 재결정화가 일어나기 시작합니다.

퐁당처럼 미세한 결정을 얻기 위해서는 결정화가 충분히 진행될 때까지 쉬지 않고 세게 젓는 것이 중요합니다. 세게 저어야만 핵의 수가 증가해 작은 결정이 무수히 많이 만들어지는 것입니다. 만약 젓다가 도중에 멈추어 버리면 핵의 수가 줄어들어 결정이 크게 성장해 버립니다. 또한 저을 때 온도가 높으면 결정이 커져 버립니다. 예를 들어 프랄린(Praline, 설탕옷을 입힌 아몬드)은 퐁당보다 높은 온도에서 짧은 시간 동안 섞어 결정을 만들기 때문에 아몬드 주변에 거친 결정이 달라붙어 있습니다. 퐁당이 전체적으로 부드러운 것은 설탕의 미세한 결정과 농도가 높은 시럽이 섞여 있기 때문입니다.

초콜릿과 캐러멜 퐁당을 바른 에클레어

●퐁당을 만드는 방법

[참고 배합 사례]

- 그래뉼러당 1,000g
- 물 300ml
- 물엿 200g

1. 냄비에 그래뉼러당, 물, 물엿 ※을 넣고 섞는다. 불에 올리고 115~118℃까지 졸인다. 대리석 위에 분무기로 물을 뿌린 다음 대리석 위에 틀을 만들고 그 안에 졸인 시럽을 부은 후 40℃까지 식힌다.

2. 밀대로 젓는다(또는 믹서를 사용한다).

3. 까끌까끌하게 재결정된다. 주물러서 한 덩어리로 만든 다음 표면이 마르지 않도록 서늘한 곳에 보관한다. 하루 동안 두면 매끄러워진다.

※물엿을 넣는 이유는 물엿에 든 덱스트린이 급격한 재결정을 막는 작용을 하기 때문이다.

*소량의 그래뉼러당을 종당으로 첨가해 마찬가지로 젓는 방법도 있다.

*졸이는 온도는 사용 목적이나 계절에 따라 달라진다.

STEP UP 퐁당의 사용 방법

퐁당을 사용하기 전에 주무르면 광택이 나고 매끄러워집니다. 사용 전의 퐁당에는 결정화된 부분과 시럽으로 남아 있는 부분이 존재하는데 퐁당을 서늘한 곳에 보관하면 과포화가 됩니다. 손으로 반죽하면 그 열이 전달되어 작은 결정이 녹고, 시럽에 결정이 분산되어 유동성이 생긴다고 볼 수 있습니다. 에클레어에 퐁당을 바를 때는 반죽한 퐁당에 시럽을 소량 첨가해서 35℃ 전후로 덥혀 유동성을 좋게 한 후에 사용합니다. 35℃보다도 낮으면 퐁당이 굳지 않고, 그보다 높으면 결정이 녹아 다시 굳힐 때 결정이 굵어져 광택이 사라져 버립니다.

퐁당의 사용 방법

1. 반죽하기 전에는 쉽게 갈라지는 상태

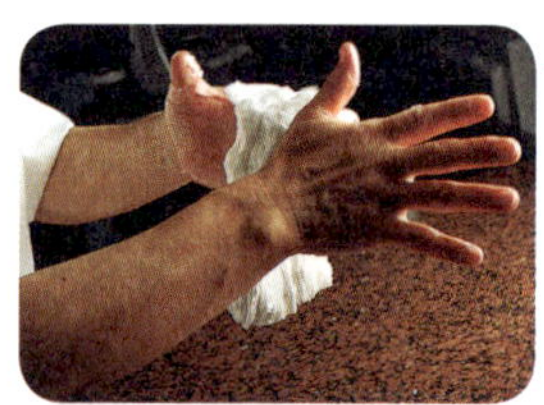

2. 반죽을 하면 매끄러워지고 광택이 나기 시작한다.

3. 유동성이 생겨 퐁당이 끊어지지 않고 늘어나게 된다.

4. 에클레어에 묻힐 때는 시럽을 넣고 덥혀 농도를 조절한다.

 **위스키 봉봉은 어떻게 그 얇은 사탕 안에 위스키 시럽을 넣어 둘 수 있는 건가요?**

 **위스키 시럽의 설탕 일부를 '재결정'시켜 바깥의 사탕 부분을 만듭니다.**

위스키 봉봉으로 대표되는 봉봉 아 라 리큐르(Bonbons à la liqueur)라는 과자는 얼핏 보면 캔디 같지만, 입에 넣는 순간 매우 얇은 사탕이 탁 깨지면서 안에 들어 있던 위스키 시럽이 흘러나옵니다.

위스키 봉봉은 속이 빈 사탕을 만들고 그 안에 위스키 시럽을 넣는 것이 아니라, 위스키 시럽을 사탕 틀에 채운 다음 틀과 접촉하는 부분의 시럽 속 설탕을 '재결정'시켜 사탕처럼 굳힘으로써 얇은 막을 만듭니다. 위스키 봉봉을 만드는 과정을 하나하나 살펴가며 이렇게 얇은 사탕 막이 어떻게 생기는지 그리고 왜 속까지 굳지 않는 것인지 살펴보겠습니다.

먼저 퐁당과 마찬가지로 물과 그래뉼러당을 가열해 녹인 뒤 시럽을 110~115℃까지 바싹 졸여 수분을 증발시킵니다.

그런 다음 시럽을 위스키에 넣고 잘 섞어 온도를 40℃까지 떨어뜨리면 과포화 상태가 됩니다.

이때 이물질을 종당으로 넣어 그대로 두면 이를 중심으로 서서히 큰 결정이 만들어집니다.

위스키 봉봉. 얇은 사탕 안에 위스키 시럽이 들어 있다.

위스키 봉봉을 만들 때는 옥수수 전분을 40℃ 정도로 덥혀 틀을 만든 다음, 여기에 위스키 시럽을 붓고 30~40℃를 유지하도록 따뜻한 곳에 둡니다. 그러면 시럽이 옥수수 전분을 이물질로 간주해 이를 중심으로 서서히 결정이 생깁니다. 옥수수 전분과 접촉한 부분만 결정화가 일어나므로 안쪽은 시럽인 상태를 유지하고, 바깥쪽은 결정화되어 시럽을 감싸게 되는 것입니다.

● 위스키 봉봉을 만드는 방법

[참고 배합 사례]

- 그래뉼러당 750g
- 물 250ml
- 위스키 250ml

1. 나무틀에 40℃ 정도로 덥힌 옥수수 전분을 가득 붓고, 전용 틀로 눌러 구멍을 뚫어 둔다. 냄비에 물과 그래뉼러당을 넣고 불에 올려 110~115℃까지 바싹 졸인다. 볼에 위스키를 붓고 시럽을 첨가해 섞는다. 위스키 시럽을 틀의 구멍에 붓는다.

2. 시럽 위에 옥수수 전분을 체에 쳐서 뿌린다. 시럽이 보이지 않게 완전히 덮은 뒤 30~40℃를 유지한 채로 서서히 재결정시킨다.

3. 6~7시간 후에 거꾸로 뒤집어 다시 6~7시간 정도 그대로 둔 다음 완전히 굳으면 꺼낸다.

설탕의 착색성 Q&A

 **반죽에 들어가는 설탕의 양이 증가하면 구웠을 때 더 진한 색을 내는데 그 이유가 무엇인가요?**

 **아미노카르보닐 반응이 일어나기 때문입니다.**

타르트 반죽이나 쿠키처럼 오븐에 굽는 과자나 핫케이크처럼 프라이팬에 굽는 과자, 도넛처럼 기름에 튀기는 과자를 만들다 보면 반죽을 가열할수록 노릇노릇한 색이 점점 더 진해지고 향기도 고소해져 그것만으로도 맛있게 느껴집니다.

이는 달걀, 설탕, 밀가루, 버터 같은 재료에 들어 있는 단백질과 아미노산이 환원당과 고온(약 160℃ 이상)에서 함께 가열되면서 아미노카르보닐 반응이라고 하는 일종의 화학 반응을 일으키기 때문입니다. 이 반응을 통해 멜라노이딘(melanoidine)이라는 갈색 물질이 생겨나 갈변 현상을 일으킵니다.

아미노카르보닐 반응에서 설탕의 배합량을 늘리면 환원당이 증가하므로 갈색이 더욱 진해지고 고소한 향도 한층 강해집니다. 하지만 이 반응에 반드시 설탕이 필요한 것은 아닙니다. 달걀이나 고기만 구웠을 때도 마찬가지로 갈변 현상이 일어나고 향도 고소해집니다. 사용하는 재료에 단백질과 아미노산, 환원당이 들어 있으면 같은 반응이 일어납니다.

아미노카르보닐 반응(메일라드 반응)

단백질·아미노산 ＋ 환원당 ⟶ 갈변(멜라노이딘 색소) ＋ 고소한 향
고온 가열

STEP UP 환원당이란?

환원당이란 반응성이 높은 환원성 작용기를 지닌 당을 말합니다. 포도당, 과당, 맥아당, 유당 등이 이에 해당합니다. 전화당은 포도당과 과당의 혼합물로, 환원당으로 분류됩니다.

따라서 그래뉼러당보다도 전화당이 많은 상백당을 사용하면 아미노카르보닐 반응이 더 쉽게 일어나며, 반죽을 구웠을 때도 더 진한 갈색을 띱니다.

 **그래뉼러당에는 환원당이 거의 들어 있지 않은데 어째서 과자를 구울 때 그래뉼러당의 양을 늘리면 노릇노릇한 갈색을 띠는 건가요?**

 **그래뉼러당에 들어 있는 자당의 일부가 분해되어 환원성 작용기가 나타나기 때문입니다.**

그래뉼러당은 환원당인 전화당이 거의 함유되어 있지 않습니다. 하지만 과자를 구울 때 그래뉼러당의 양을 늘리면 반죽이 더 진한 갈색을 띱니다. 그 이유가 무엇일까요?

그래뉼러당에 들어 있는 자당은 포도당과 과당의 환원성 작용기가 서로 결합된 당으로, 그 자체는 환원당이 아니지만 고온이나 산성에 노출되면 일부가 분해되어 환원성 작용기가 나타나기 때문입니다. 그래뉼러당의 양이 늘어나면 당연히 분해되는 환원성 작용기도 많아지므로 아미노카르보닐 반응이 일어나기 쉬워집니다. 하지만 상백당에 비해서는 환원성 작용기가 적기 때문에 반죽을 구웠을 때 상백당보다는 옅은 갈색을 띠게 됩니다.

 … 266쪽

 **푸딩을 만들 때 캐러멜을 잘 만드는 비결이 있다면 가르쳐 주세요.**

 **시럽을 강불에서 가열하고, 섞지 않도록 주의하세요.**

당류는 단독으로 가열하면 140℃부터 서서히 색을 내기 시작합니다. 160℃ 이상이 되면 캐러멜화 반응이 일어나 갈색을 띠기 시작하고, 캐러멜 특유의 향이 나기 시작합니다. 그리고 진한 갈색을 띠면 캐러멜이 완성됩니다. 그 이상 가열하면 새까맣게 타버립니다.

실제로 캐러멜을 만들 때는 고르게 가열하기 쉽도록 설탕에 물을 살짝 첨가해 먼저 시럽으로 만들고, 이를 바싹 졸여 캐러멜을 만듭니다. 졸이는 단계에서 시럽을 섞으면 재결정화가 일어나므로 섞지 않도록 주의하세요.

● 캐러멜을 만드는 방법

1. 냄비에 그래뉼러당을 넣고 물을 붓는다.

*물을 많이 넣으면 증발하는 데 시간이 걸려 캐러멜화하기까지 오랜 시간이 필요하다. 물의 양은 그래뉼러당 중량의 ¼ ~ ⅛ 정도가 적당하다.

*그래뉼러당 가운데 일부가 녹지 않고 남으면 핵이 되어 재결정화되기 쉬우므로 물이 그래뉼러당에 고르게 퍼지게 한다.

2. 강불에 올린다.

*약불에 올리면 온도가 높아질 때까지 오랜 시간이 걸리므로 물이 많이 증발해 재결정되기 쉽다.

3. 열을 고르게 가하고 싶을 때는 섞지 말고, 냄비를 살짝 기울여 흔드는 정도에 그친다. 냄비 안쪽에 튄 시럽은 물에 적신 솔로 문질러 떼어낸다.

*시럽이 바짝 졸아들기 시작했을 때 시럽을 저어서 자극을 가하면 재결정될 수 있다. 또한 시럽 표면에 맺힌 기포가 터지면서 시럽이 냄비 안쪽에 튀어 타면, 탄 부분이 시럽에 들어가 이를 중심으로 재결정화가 일어날 수 있다.

4. 160℃가 넘어 갈색을 띠기 시작하면 원하는 색이 나오기 조금 전에 젖은 행주 위에 냄비를 올려 가열을 멈춘다.

*시럽이 잔열에 더 가열될 것을 고려해 원하는 색보다 조금 흐린 색을 띨 때 가열을 멈추는 것이 좋다.

캐러멜을 만드는 방법

 → 

투명한 시럽을 강불에 가열한다.　　　갈색을 띠기 시작하면 캐러멜이 완성된다.

왼쪽 : 색이 나기 시작(140℃)
가운데 : 연한 캐러멜(165℃)
오른쪽 : 진한 캐러멜(180℃)

Chapter 4

베이킹 재료 이해하기

우유 · 생크림

우유와 생크림 모두 젖소에서 짠 생우유를 가공한 식품입니다. 우유는 생우유를 마시기 편하게 가공한 것을 말하며, 생크림은 먼 옛날 우유를 보관했을 때 형성된 크림층을 모아서 쓴 것이 그 시초로 알려져 있습니다.

휘핑용 생크림은 유지방 함량이 35~50%인 제품을 용도에 따라 구분해서 사용합니다. 유지방 함량이 적은 생크림은 기포를 많이 함유하고 있어 무스처럼 가벼운 크림을 만들 수 있고, 유지방 함량이 많은 생크림은 기포량은 적지만 매끄럽고 풍미가 진한 크림을 만들 수 있습니다. 이처럼 유지방 함량에 따라 거품의 성격이 달라지는 것은 바로 유지방이 거품의 질을 좌우하는 중요한 열쇠이기 때문입니다.

우유는 달걀과 매우 잘 어울리는 식품으로, 두 재료를 함께 가열하여 커스터드 크림, 앙글레즈 소스, 푸딩, 아이스크림 등을 만들 수 있습니다.

이번 장에서는 우유와 생크림의 종류와 그 차이점 그리고 생크림의 거품에 대해 자세히 살펴보겠습니다.

우유의 종류 Q&A

Q 갓 짠 우유는 맛이 더 진하다고 하던데, 그 이유가 뭔가요?

A 지방구가 크기 때문에 유지방이 진하게 느껴지는 것입니다.

목장에서 갓 짠 우유(생우유)는 균질화와 가열살균 같은 각종 처리를 거쳐 우유라는 제품으로 만들어집니다. 생우유와 시중에 판매되는 우유는 유지방 함량이 동일한데도 목장에서 갓 짠 우유가 더 진하게 느껴집니다. 그 이유가 무엇일까요?

생우유와 우유의 유지방구 크기가 다르기 때문입니다. 유지방은 지방구라는 입자 형태로 유장이라는 수분 속에 분산되어 있습니다. 생우유는 지방구가 15μ(미크론) 전후로, 그대로 두면 표면에 떠올라 크림층을 형성합니다. 지방은 수분보다 가벼우므로 지방구의 크기가 클수록 부력을 받아 우유 위에 더 쉽게 뜹니다.

우유를 출하할 때는 이처럼 지방구가 떠올라 제품이 불안정해지는 것을 막기 위해 지방구의 크기를 1μ까지 줄여 수분에 고르게 분산되게 하는 '균질화(homogenized)' 처리를 거칩니다.

앞서 이야기한 것처럼 생우유가 우유보다 진하게 느껴지는 이유는 지방구가 크면 혀가 기름진 맛을 더 쉽게 감지하기 때문입니다. 크림층이 형성된 우유를 마신다면 처음 한 모금을 마시는 순간 이러한 지방구를 직접적으로 느낄 수 있을 것입니다.

균질화 처리에는 수분과 지방이 분리되지 않도록 우유를 안정시킬 뿐만 아니라, 지방구를 작게 만들어 깔끔한 맛을 내기 위한 목적도 있습니다.

균질화에 따른 유지방구의 변화

균질화하기 전의 우유

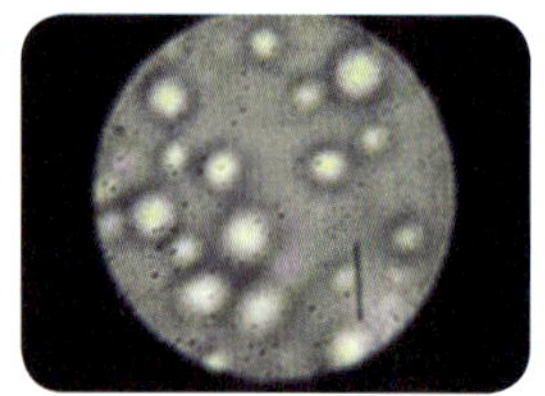

15μ 전후

균질화한 후의 우유

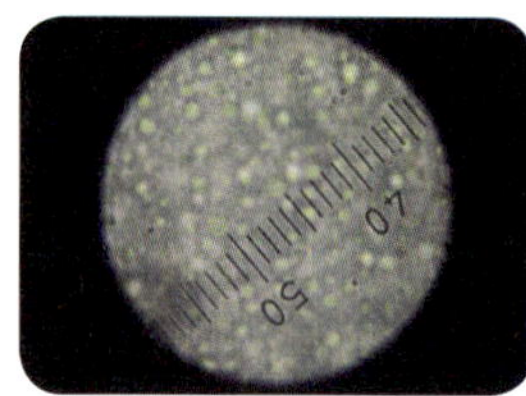

약 1μ

*1,000배율로 촬영.
사진 제공 : 일본 밀크 커뮤니티(주)

 **유지방 함량이 같은데도 우유마다 풍미가 다른 이유가 뭔가요?**

 **살균법에 따라 향이 차이 날 수 있습니다.**

일본에서 판매하는 우유는 90% 이상이 초고온 순간 살균법으로 처리되고 있습니다. 이렇게 우유를 가열하면 풍미가 조금 달라집니다. 그 원인 중 하나로, 우유를 70℃ 이상으로 가열하면 유청 단백질(특히 베타–락토글로불린)이 변성됩니다. 그 결과 황화수소가 발생해 독특한 유황냄새가 느껴지는 것입니다. 일본에는 이러한 유황냄새를 포함한 우유의 향을 알아차리는 사람이 많으리라 생각합니다. 하지만 유럽에서는 우유를 주로 약 75℃ 이하의 온도에서 살균하므로 사람들이 알아차릴 만큼 우유의 풍미가 크게 변하지 않습니다. 최근에는 일본에도 저온 유지식 살균법으로 처리한 '저온 살균 우유'를 찾는 사람들이 많이 늘어나고 있습니다. 저온 살균 우유는 풍미의 변화가 거의 일어나지 않아 산뜻한 맛을 느낄 수 있습니다.

표 43　우유 살균법

일본의 경우		한국의 경우	
저온 유지식 살균법	62~65℃에서 30분간 살균	저온장시간살균법	65˜68℃에서 30분간
고온 유지식 살균법	75℃ 이상에서 15분간 살균	고온단시간살균법	74˜76℃에서15초 내지 20초간
고온 단시간 살균법	72℃ 이상에서 15초 이상 살균	초고온순간처리법	130˜150℃에서 0.5초 내지 5초간
초고온 순간 살균법	120~130℃에서 2~3초간 살균		
초고온 순간 멸균법	130~150℃에서 1~4초간 살균		

 **저지 우유는 일반 우유와 무슨 차이가 있나요?**

 **우유의 차이입니다. 일본에서 판매하는 우유는 일반적으로 홀스타인(Holstein) 젖소에서 생산되지만, 저지 우유는 저지(Jersey) 젖소에서 생산됩니다.**

우리는 보통 젖소라고 하면 흰색 바탕에 검은 얼룩이 그려진 소를 떠올립니다. 이러한 소는 홀스타인종으로, 한 마리에서 생산되는 유량이 다른 종의 두 배 가까이 됩니다. 게다가 식육용으로도 전용할 수도 있어 생산성이 좋은 것이 특징입니다.

한편, 생산량은 적지만 최근 들어 저지종 우유가 인기를 끌고 있습니다. 저지종은 홀스타인종에 비해 유지방 함량이 높아 진하고 깊은 풍미를 느낄 수 있다고 합니다. 이밖에도 건지(Guernsey) 젖소에서 생산된 우유도 맛에서 높은 평가를 받고 있습니다.

유럽에서 실력을 쌓은 파티시에들이 유럽의 우유나 생크림이 맛있다고 하는 데에는 아무래도 이러한 젖소의 종류나 살균법의 차이가 있는 듯합니다.

표 44 일본의 젖소

	홀스타인종	저지종
일본에서의 사육 비율	약 99%	약 1% 미만
한 마리당 유량(연간)	약 8000kg	약 4000~5000kg
유지방 함량	약 3.7~3.9%	5% 전후
	독일 홀스타인 지방과 네덜란드 북부 지방이 원산지로 미국에서 개량된 품종	영국 저지 섬이 원산지로 프랑스의 노르망디(Normandy) 종과 브르타뉴(Brittany) 종을 교배한 개량종

생크림의 종류 Q&A

 **우유와 생크림은 무엇이 다른가요?**

 **유지방 함량이 다릅니다.**

우유와 생크림 모두 젖소에서 짠 생우유로 만듭니다. 다만 차이가 나는 것은 유지방 함량입니다. 우유는 일반적으로 유지방 함량이 3.7% 전후, 생크림(휘핑용)은 35~50%입니다.

생크림의 유지방은 지방구라는 입자 형태로 수분 속에 분산되어 있는데, 입자가 커서 그대로 놓아두면 지방구가 표면에 떠올라 크림층을 형성합니다.

간단히 말하자면 그러한 크림층을 건져낸 것이 생크림입니다. 공업적으로는 생우유를 조금 덥힌 후 원심분리기에 넣어 탈지유와 크림으로 분리합니다.

그리고 분리된 크림을 가열살균, 냉각, 에이징(숙성) 처리하여 제품으로 가공합니다.

 **생크림 중에는 유지방과 식물성 지방이 있는데 차이점이 뭔가요?**

 **식물성 지방으로 만든 생크림은 원래 유지방으로 만든 생크림의 대용품으로, 식물성 유지로 만듭니다.**

젖소에서 짠 생우유에서 크림층을 건져낸 것이 유지방 '크림'이고, 그 대용품으로 만들어진 것이 '식물성 크림'입니다. 유지방 대신 식물성 유지를 사용해 만들기 때문에 식물성이라는 표현이 붙게 되었습니다. 식물성 유지 가운데 팜유, 야자유, 유채유, 대두유 등을 사용합니다.

하지만 이러한 식물성 유지는 유지방과 질감이나 식감, 산화에 대한 안정성 등이 다르므로 수소첨가, 에스테르교환, 분별 등의 가공을 통해 유지방의 특성에 가깝게 만듭니다.

그리고 유지방 크림과 동일한 구조를 만들기 위해 식물성 유지를 작은 입자 형태로 만들어 원료인 탈지유에 분산시킵니다. 하지만 이렇게 해도 이 둘은 마치 물과 기름이나 다를 바 없어 그대로 두면 분리됩니다.

애초에 유지방으로 만들어진 크림에서 유지방이 지방구라는 작은 입자 형태로 유장(대부분 수분)에 고르게 분산된 상태로 있을 수 있는 이유는 물과 기름이 직접 접촉하지 않도록 물과 기름을 연결하는 유화제 물질이 입자 주변을 둘러싸고 있기 때문입니다.

유지방으로 만든 크림에는 이 같은 천연 유화제가 들어 있지만, 식물성 크림을 만들 때는 여러 종류의 유화제를 따로 추가해야 합니다. 이때 탈지유에는 수용성 유화제와 유화 상태를 유지하게 하는 안정제를 그리고 식물성 유지에는 지용성 유화제를 첨가합니다. 이렇게 유화제와 안정제를 첨가한 후에 둘을 섞어 줍니다.

또 유지방 크림에 가까운 향과 색을 내도록 탈지유에 향료나 착색료도 첨가합니다. 그런 다음 균질화, 가열살균, 냉각, 숙성 처리를 거쳐 제품화합니다.

 … 248~250쪽

생크림의 현미경 사진

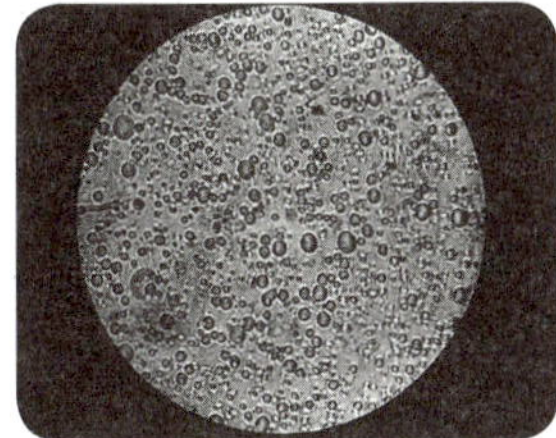

유지방이 지방구 형태로 수분에 분산되어 있다.
*생크림은 농도가 높고, 지방구가 밀집해 있어 제대로 관찰하기 어려우므로 20배로 희석한 것을 900배율로 촬영했다.

사진 제공 : 일본 밀크 커뮤니티(주)

종류별	크림(유제품)
유지방	47.0%
원재료명	생우유
내용량	1,000ml
유통기한	윗부분에 표시
보관방법	냉장 보관(3~7℃)
제조자	일본 밀크 커뮤니티(주) 히노 공장 도쿄 도 히노 시 히노 753번지

▲ 생크림 표시

명칭	생우유 등을 주요 원료로 한 식품
무지유 고형분	3.5%
식물성 지방분	40.0%
원재료명	식물유지, 유제품, 유화제(대두추출), 카제인나트륨, 향료, 메타인산나트륨, 안정제(증점다당류), 착색료(카로틴)
내용량	1,000ml
유통기한	윗부분에 표시
보관방법	냉장 보관(3~10℃)
제조자	일본 밀크 커뮤니티(주) 도요하시 공장 아이치 현 도요카와 시 이나 초 미나미야마신덴 350번 79

식물성 크림 ▶

Q 식물성 크림을 거품 내면 유지방 크림보다 분리가 잘 되지 않는데 그 이유가 뭔가요?

A 식물성 크림은 거품을 내는 목적으로 만들어졌기 때문입니다.

생크림은 베이킹에서 주로 거품을 내어 사용하지만, 그밖에도 요리에서 소스나 수프 등에 넣어 끓이기도 합니다. 하지만 일본에서는 베이킹에 사용하는 경우가 압도적으로 많으므로 식물성 크림은 처음부터 베이킹에 적합하게 만들었습니다. 즉, 식물성 크림에서 자주 볼 수 있는 '휩(whip)'이라는 표기는 '이 생크림은 휘핑(거품 내기)용으로 만들었다'라는 것을 의미합니다. 식물성 크림을 최적의 상태를 넘어서 그보다 오래 거품을 내도 유지방으로 만든 크림에 비해 쉽게 분리되지 않습니다. 즉, 거품을 내어 케이크 위에 바르거나 짤주머니로 짜서 장식할 때 작업하기 좋도록 쉽게 분리되지 않게 만든 것입니다. 또 거품 낼 때의 온도 변화에도 비교적 강한 것이 특징입니다.

유지방으로 만든 크림과 달리 이처럼 쉽게 분리되지 않는 것은 유화제가 따로 첨가되어 있기 때문입니다. 여러 유화제는 저마다 크림의 유화를 안정시켜 보존성을 높이거나 거품을 낼 때 공기를 안정적으로 유입시키기도 하고, 거품을 쉽게 낼 수 있도록 유화를 적절히 파괴하는 특징이 있는데, 이러한 유화제를 섞어 사용하면 쉽게 분리되지 않는 생크림을 만들어 낼 수 있습니다.

반면 요리에 넣어 끓이는 용도로는 만들어지지 않았기 때문에 열을 가하면 쉽게 분리됩니다.

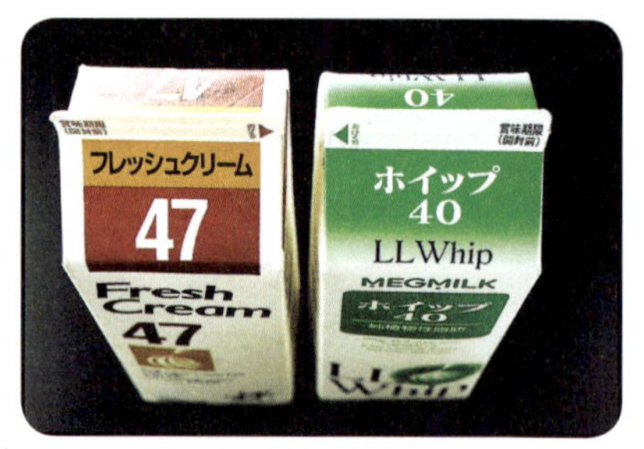

왼쪽 : 유지방으로 만든 크림
오른쪽 : 식물성 크림

 **유지방으로 만든 생크림 중에 품질 유지 기한이 짧은 것과 긴 것이 있는데 이유가 뭔가요?**

 **생우유로만 만든 제품과 생우유에 유화제와 안정제를 첨가한 제품이 있기 때문입니다. 후자의 경우 품질 유지 기한이 전자에 비해 긴 것이 특징입니다.**

유지방으로 만든 생크림은 두 가지로 나눌 수 있습니다. 먼저 생우유만으로 만든 제품으로, 종류가 '크림'으로 분류되는 것이 있습니다. 그리고 그러한 크림에 유화제와 안정제를 첨가한 제품이 있는데, 이러한 제품은 생우유 이외의 것이 들어가면 크림으로 부를 수 없다는 규정에 따라 '생우유 또는 유제품(생우유 등)을 주요 원료로 하는 식품'으로 분류됩니다.

후자에 들어가는 유화제와 안정제는 보존성과 작업성을 높이는 목적으로 사용됩니다. 생크림은 운송 중에 가해지는 진동의 영향을 받으면 유화 상태가 쉽게 깨지기 쉬운 매우 예민한 제품입니다. 원래 천연 유화제가 들어 있기는 하지만, 생산 공정에서 유화제를 따로 첨가하면 유화 상태가 안정된 제품을 공급할 수 있습니다. 또 일부 안정제에는 품질 유지 기한을 연장시키는 장점이 있습니다.

유화를 안정시키면 거품을 내거나 코팅 또는 짤주머니로 짜는 작업 등을 할 때 분리가 쉽게 일어나지 않아 보형성이 좋아져 다루기 쉬워집니다.

일반적으로 유화제나 안정제가 들어간다고 해서 맛이 떨어지는 일은 없다고 합니다. 그보다는 원료로 사용하는 생우유나 제조법이 제조사별로 다르다는 점이 맛의 차이에 더 큰 영향을 끼칩니다.

표 45　생크림의 종류

	종류	분류	지방의 종류	첨가물	통칭	특징
A	크림(유제품)		유지방	없음	'생크림'이라는 명칭을 이 두 가지에 한정적으로 사용하는 경우도 있다.	생우유에 든 유지방을 농축하기만 한 순수한 크림
B	생우유 또는 유제품(생우유 등)을 주요 원료로 하는 식품	유지 디입	유지방	유화제와 안정제		'크림'이 쉽게 분리되지 않아 보존성이 향상되도록 유화제와 안정제를 첨가한 것
C		식지 타입	식물성지방	유화제와 안정제	식물성 크림	지방분이 식물성 유지로만 이루어진 것
D		혼합 타입	유지방과 식물성 지방	유화제와 안정제	컴파운드 크림	지방분이 유지방과 식물성 지방으로 이루어진 것

*유지방과 식물성 유지를 혼합해서 만든 일명 컴파운드 크림도 업소용으로 사용되고 있다.

 **제품에 따라 생크림의 색이 다른 이유는 무엇인가요?**

 **유지방으로 만든 생크림은 제조사가 동일한 경우, 유지방의 농도(함량)가 높아질수록 노란빛을 띱니다. 반면 식물성 크림은 새하얀 색을 띱니다.**

생크림의 색은 지방이 결정합니다.

식물성 크림이 새하얀 색을 띠는 이유는 식물성 유지가 원래 무색이기 때문입니다.

유지방이 들어간 생크림은 은은한 노란빛을 띱니다. 그 이유는 젖소의 사료인 목초에 든 카로티노이드 색소(노란색~오렌지색) 때문입니다. 카로티노이드 색소는 지용성이므로 젖소의 체내에 들어갈 때 유지방에 녹아듭니다. 다음 조건이 더해지면 노란빛은 점점 더 짙어집니다.

① 농도(함량)

농도가 높아질수록 노란빛이 짙어집니다. 유지방의 양이 늘어나면 그만큼 카로티노이드 색소 또한 많이 들어가기 때문입니다.

② 계절

여름에는 겨울보다 노란빛이 짙어집니다. 파릇파릇한 목초에 카로티노이드 색소가 많기 때문입니다.

③ 집유 지역 · 제조사

②와 마찬가지로, 방목지대에 나는 파릇파릇한 풀을 먹고 자라는 젖소에게서 원유를 얻을 경우에는 노란빛이 더욱 짙어집니다. 일반적으로 홋카이도산 제품이 노란빛이 짙다고 알려져 있지만, 제조사에 따라 차이가 날 수 있습니다.

생크림을 거품 내기(기포성) Q&A

 생크림은 왜 거품이 나나요?

 지방구끼리 서로 연결되어 공기(기포)를 둘러싸기 때문입니다.

표 46   생크림이 거품 나는 과정

	왼쪽 현미경 사진	오른쪽 현미경 사진	모식도
A 거품 내기 전	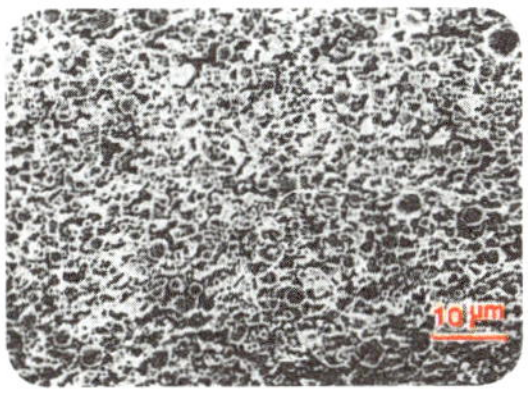 수분에 지방구가 고르게 분산되어 있다.		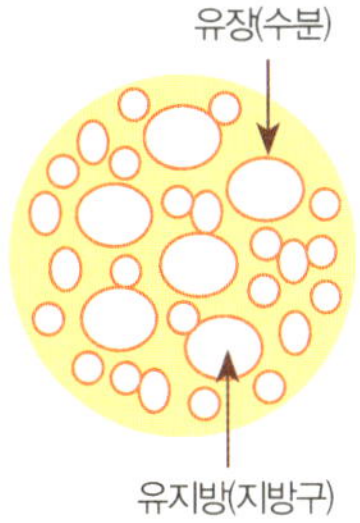 유장(수분) 유지방(지방구)
B 거품 내기 초기		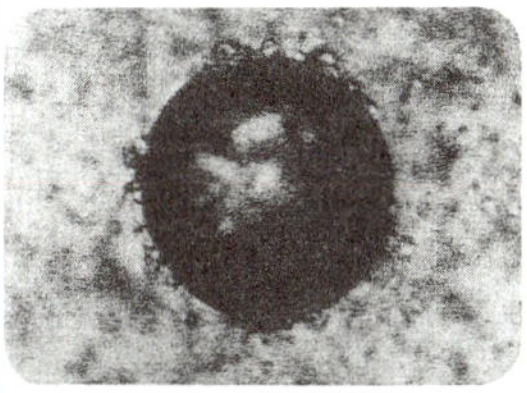	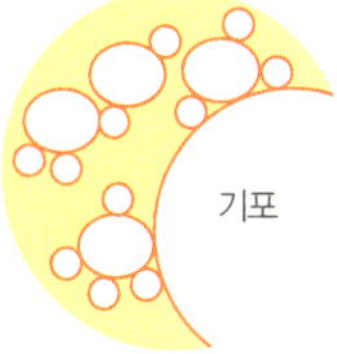 기포
C 거품 내기 중기		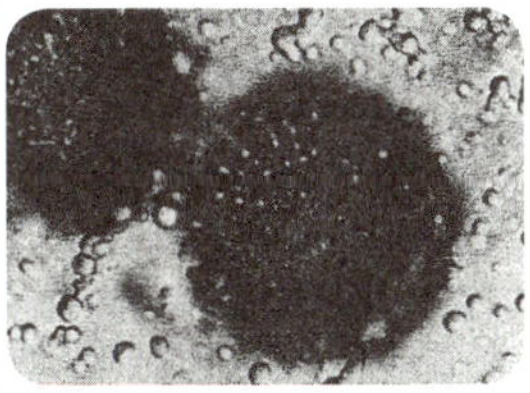	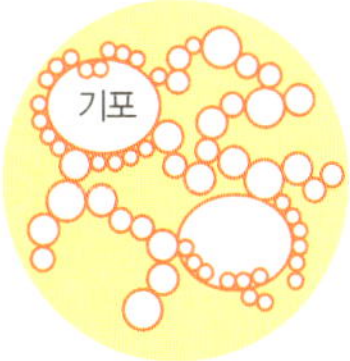 기포
D 거품 내기 종료	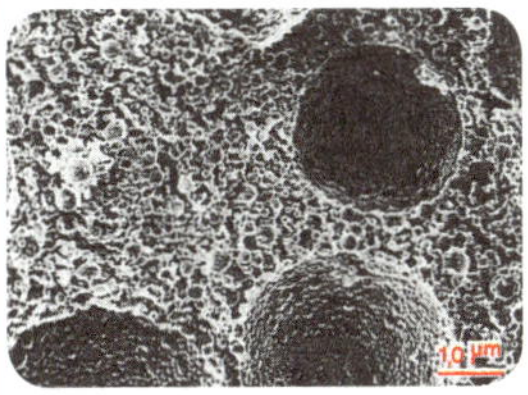	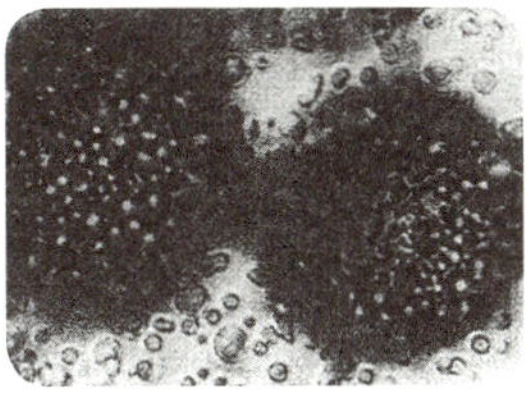	

- 왼쪽 현미경 사진 : 노다 마사유키(野田正幸) 〈Milk Science Vol.48〉(1999) 171쪽

- 오른쪽 현미경 사진 : 다카하시 야스유키(高橋康之) · 요시다 도시로(吉田利郎)《식품용 유화제와 유화기술(食品用乳化剤と乳化技術)》, 위생기술회(衛生技術会), 1979

생크림은 유지방이 지방구라는 작은 입자 형태로 수분에 분산되어 있습니다. 쉽게 말하면 물속에 기름이 분리되지 않고 섞여 있는 형태로, 이를 '유화'라고 합니다.

이러한 지방구는 지방구 막으로 둘러싸여 있는데, 유지방과 접하고 있는 지방구 막의 안쪽 부분에는 기름이나 공기와의 친화력이 큰(소수성) 물질이, 지방구 막의 바깥 표면에는 물과의 친화력이 좋은(친수성) 물질이 있습니다. 그렇기에 기름인 지방구가 물속에 분산될 수 있는 것입니다.

생크림은 보존성을 좋게 하거나 액상인 채로 사용할 때를 대비해 유화가 안정되도록 만들어져 있습니다. 하지만 생크림을 거품 내는 작업은 이와는 정반대로, 생크림을 섞는 물리적인 힘을 가해 유화를 파괴하는 '해유화(解乳化)'에 해당합니다.

우선 거품기로 생크림을 저으면 공기가 생크림 속에 작은 기포 형태로 들어갑니다. 이러한 기포의 표면에 지방구 막의 표면에 있는 단백질 등이 흡착되어 공기 변성을 일으키면서 지방구 막이 파괴되기 시작합니다. 그리고 교반이 일어나면서 지방구끼리 서로 부딪히다 결국 그 충격으로 지방구 막이 파괴되면 지방구 막의 표면에 소수성 영역이 부분적으로 나타나기 시작합니다. 이러한 소수성 영역이 공기와 결합하려고 하면서 지방구가 기포 주위로 모여들게 됩니다(표 46 사진 B). 그리고 지방구끼리 서로 부딪히면서 차례차례 결합하여 그것이 기포와 기포 사이에 그물 구조를 형성하여 거품 낸 크림이 단단해지게 합니다(표 46 사진 C, D).

 **생크림을 거품 내면 노란빛을 띠는 이유가 뭔가요?**

 **생크림의 지방구를 둘러싼 막이 파괴되어 유지방 본래의 색이 나타나기 때문입니다.**

생크림을 거품내면 서서히 노란빛을 띠기 시작하는데, 이는 거품을 내면서 지방구를 둘러싼 지방구 막이 파괴되어 지방구가 본래 지닌 노란빛이 나타나기 때문입니다. 앞에서도 이야기한 것처럼 유지방의 색은 젖소의 사료인 목초에 든 카로티노이드 색소 때문입니다.

특히 생크림의 분리로 지방구가 융합하여 버터가 형성된 경우에는 더욱 또렷한 노란색을 띱니다.

유지방이 원래 들어 있는데도 생크림이나 우유가 흰색으로 보이는 이유는 지방구와 단백질인 카제인(카제인 미셀)이 미립자로 수분 속에 분산되어 있어, 이것이 빛을 난반사하기 때문입니다. 물체는 빛을 모두 통과시키는 것은 투명하게, 모두 흡수하는 것은 검게 그리고 모두 난반사하는 것은 하얗게 보입니다.

기타 Q&A

Q **생크림에 산미가 강한 과일 퓌레를 섞으면 분리되는데 그 이유가 무엇인가요?**

A **생크림의 단백질이 산에 굳어 버리기 때문입니다.**

과일 무스를 만들 때 생크림과 산미가 강한 과일 퓌레를 섞으면 종종 분리될 때가 있습니다. 이는 생크림에 든 단백질이 과일의 산에 굳어 버렸기 때문입니다(단백질의 산 변성).

생크림에 강한 산성 물질을 섞을 경우에는 평소보다 조금 약하게 거품을 내서 섞어야 분리가 쉽게 일어나지 않습니다.

과일의 산에 분리된 크림

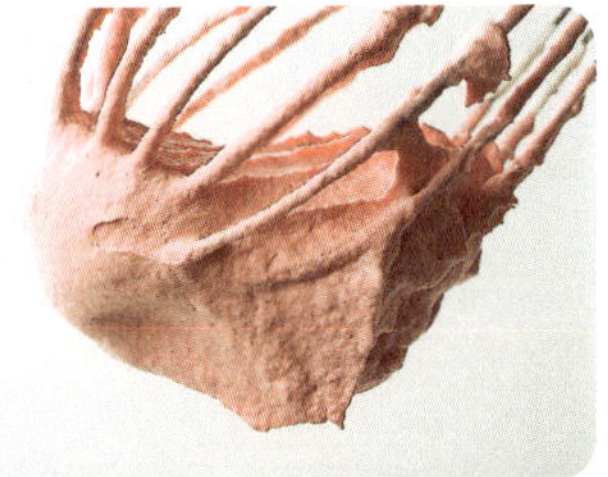

Q **카푸치노의 우유 거품은 어떻게 만드나요?**

A **우유를 60℃로 덥힌 후 거품을 내면 거품이 잘 납니다.**

우유는 생크림과 달리 그냥 저으면 거품이 나지 않습니다. 생크림은 지방구가 충돌해 이어지면서 거품이 나지만, 우유는 지방분이 적으므로 같은 방법으로는 거품을 내지 못합니다.

그렇다면 카푸치노에 들어가는 우유 거품은 어떻게 만들어지는 것일까요?

우유를 약 60℃로 덥힌 후에 거품을 내면 됩니다. 우유를 60℃로 덥히면 지방구가 모여서 합쳐지며 상승하기 시작합니다. 지방구가 커지면 부력을 받아 위로 떠오르기 쉽기 때문입니다. 그리고 생크림처럼 지방분이 많아진 위쪽 층만이 생크림과 동일한 원리로 거품을 냅니다. 또 유청 단백질이 열에 굳어지기 시작하면(단백질의 열변성) 이것이 안정된 거품 형성을 촉진하는 것으로 알려져 있습니다.

참고로 아랫부분에는 거품을 내지 못하는 우유가 남습니다. 또 유지방 함량이 높은 우유일수록 거품을 내기가 쉽습니다.

덥힌 우유를 거품 내는 모습

*우유 전용 전동 거품기로 거품을 내면 작고 미세한 거품을 만들 수 있다.

우유의 온도 차이에 따른 거품의 차이

왼쪽 : 찬 우유를 거품 낸 것
오른쪽 : 60℃의 우유를 거품 낸 것. 찬 우유는 거품이 나지 않는다.

베이킹 재료 이해하기

버터

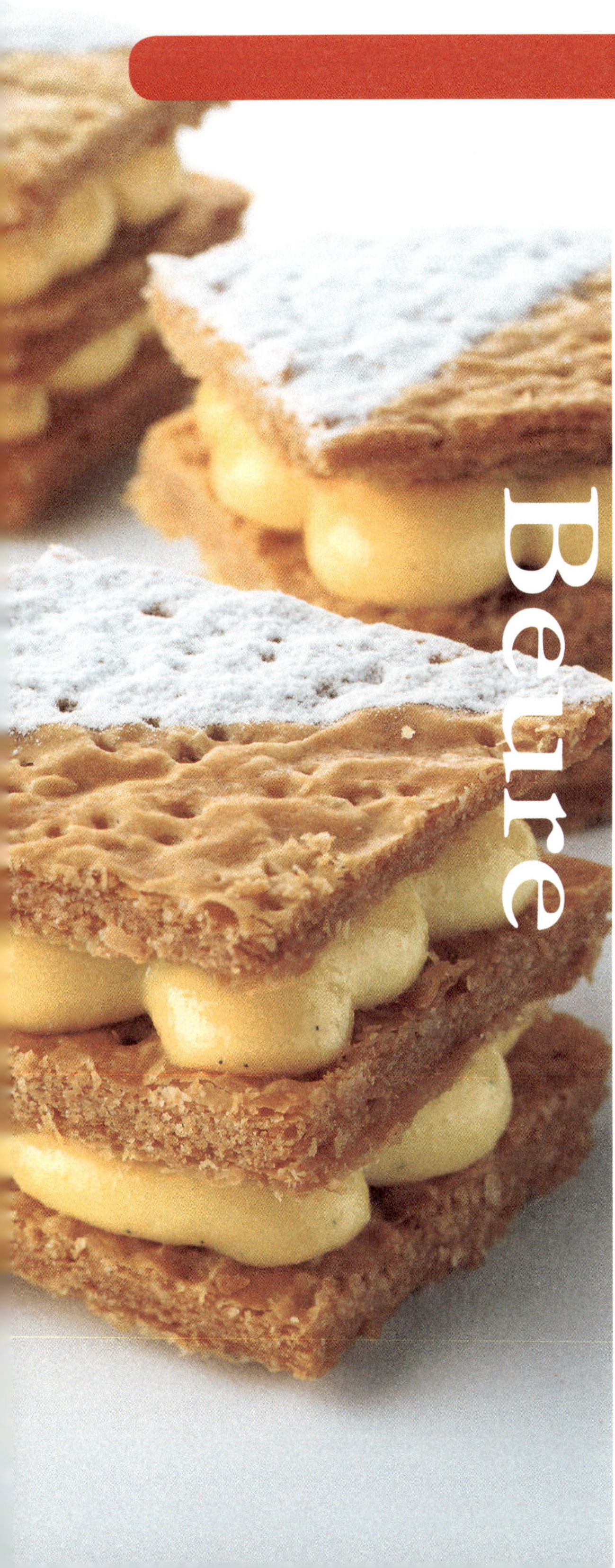

파운드케이크나 마들렌 등을 오븐에 넣어 구우면 버터의 향긋한 냄새가 집 안 가득 퍼집니다. 그렇게 진한 맛과 향이 바로 버터의 매력이 아닐까 생각합니다. 버터가 듬뿍 들어가는 빵이나 과자를 구울 때면 맛있는 버터를 고르고 싶은 법입니다. 프랑스에서는 일본과 달리 발효 버터가 주류를 이루는데, 이러한 발효 버터를 사용하면 진한 맛과 향이 한층 깊어진다고 합니다.

맛과 향 이외에도 버터는 반죽의 식감이나 질감 형성에 중요한 작용을 합니다. 온도에 따라 반죽의 질감이 변하는데, 그때마다 버터가 가소성, 쇼트닝성, 크리밍성을 발휘하여 빵이나 과자의 완성에 매우 큰 영향을 끼칩니다.

이번 장에서는 주로 반죽의 식감을 지배하는 버터의 작용을 살펴보고, 그 성질을 효과적으로 발휘하기 위한 버터 사용법을 배워 보려고 합니다.

버터의 종류 Q&A

 버터 중에는 식염이 들어 있는 가염 버터와 식염이 들어 있지 않은 무염 버터가 있는데, 베이킹에는 어떤 버터가 더 적합한가요?

 **일반적으로 무염 버터를 사용합니다.**

식염이 들어간 가염 버터를 주로 사용합니다. 가염 버터에는 보존성을 높이고 그대로 빵에 발랐을 때 풍미를 더할 수 있도록 식염이 1.5% 정도 첨가되어 있습니다.

하지만 베이킹에 가염 버터를 사용하면 짠맛이 나게 되므로 일반적으로 무염 버터를 사용합니다.

정해진 것은 아니지만, 일부 과자의 경우 가염 버터를 사용하는 경우도 있습니다(→30~31쪽).

 **구운 과자를 발효 버터로 만들면 풍미가 더 좋아지는 이유는 뭔가요?**

 **원료인 크림을 유산균으로 발효시켜 무발효 버터에는 없는 향과 감칠맛을 내기 때문입니다.**

버터의 향과 관련된 성분은 수백 가지에 이른다고 합니다. 버터를 가열하면 다른 유지 제품에는 없는 향긋한 냄새가 풍겨 나와 과자의 맛을 한층 끌어올립니다.

발효 버터는 크림을 유산균의 힘으로 발효시켜 만드는 버터이므로 무발효 버터에는 없는 향과 감칠맛이 생깁니다.

우유에 든 성분인 당질은 발효 과정에서 유산을 생산해 상쾌한 산미를 내게 되고, 단백질은 분해되어 감칠맛을 내는 아미노산을 만듭니다. 또 당질이나 구연산은 발효 버터의 독특한 향 성분을 만들어 내는 등 유산발효를 통해 다양한 물질이 변화하면서 풍미가 증가합니다.

버터를 사용해 구운 과자를 만들 때 진한 풍미를 내고 싶다면 발효 버터를 사용해 더 깊고 진한 풍미를 낼 수 있습니다.

 **생크림으로 버터를 만들 수 있다고 하던데 정말인가요?**

 **생크림의 유지방이 모여 굳으면 수분이 분리됩니다. 남은 유지방 덩어리는 버터가 됩니다.**

생크림은 지방구가 이어지면서 거품을 내기 시작하는데, 최적의 상태를 넘어서 계속 거품을 내면 지방구가 융합되어 덩어리가 되고, 수분은 분리됩니다. 이러한 지방구 덩어리를 모은 것이 바로 버터입니다. 공업적인 제법에서는 크림을 살균, 냉각, 숙성(에이징) 후에 교반(churning)해서 버터 입자를 형성한 후, 물로 세척, 연압(working)의 순서대로 가공합니다.

 ···293~294쪽

생크림에서 버터를 만들기까지

1. 생크림을 거품 낸다.

2. 분리가 시작된다.

3. 이수하면 버터가 된다.

 **버터에는 지방이 아닌 수분도 들어 있나요?**

 **성분 규격에 유지방 80% 이상, 수분 17%(우리나라는 18%) 이하로 정해져 있듯이 수분이 포함되어 있습니다.**

버터는 생크림의 지방구를 융합시켜 버터 입자를 모은 뒤, 이를 분리해 주무른 것입니다. 이때 수분이 완전히 분리되어 유지방만 뭉치는 것이 아니라, 버터 속에 아직 수분이 남아 있습니다. 버터의 성분 규격에는 수분이 17% 이하로 정해져 있습니다. 이러한 수분은 유지방 속에서 유중수적형 유화 구조로 고르게 섞여 있습니다.

버터에 수분이 들어 있다는 사실은 버터를 냄비에 넣어 불에 올리면 확인할 수 있습니다. 버터가 녹으면 거품이 나오면서 탁탁 소리를 내는데, 이것은 버터에서 수분이 증발하고 있다는 증거입니다.

과자의 배합을 정할 때 버터의 16% 정도는 수분이라는 점을 알아 둘 필요가 있습니다.

STEP UP 저수분 버터란?

일반적인 버터는 수분이 16% 정도이지만 제과용으로는 수분이 14% 전후로 억제된 저수분 버터가 있습니다. 저수분 버터는 잘 펴지므로 접기형 파이 반죽 등에 사용하면 작업성이 좋아집니다.

버터의 가열 Q&A

 **Q** 피낭시에를 만들 때 태운 버터를 사용하는데, 버터를 태우는 이유가 뭔가요? 또 어떻게 태우는 건가요?

 **A** 버터에 든 단백질이나 당질이 가열되면 갈색으로 변하면서 향긋한 냄새가 나는데, 이러한 향이 피낭시에에 풍미를 더하기 때문입니다.

태운 버터는 갈색을 띠기 때문에 프랑스어로 갈색 버터를 뜻하는 뵈르 누아제트(beurre noisette)라 불립니다. 버터를 가열했을 때 발생하는 향긋한 풍미를 표현하고 싶을 때 사용합니다. 이를 이용한 대표적인 과자가 피낭시에입니다.

뵈르 누아제트는 냄비에 버터를 넣고 불에 올려 잘 섞어가며 갈색을 띨 때까지 태워 만듭니다. 그대로 사용해도 되지만, 그을음이 미세하게 섞여 있으므로 체에 한 번 걸러 사용하는 것이 좋습니다.

버터를 가열했을 때 이처럼 타는 것은 버터에 든 단백질이나 아미노산이 환원당(당질)과 아미노카르보닐 반응(메일라드 반응)을 일으켜 멜라노이딘이라는 갈색 물질을 만들기 때문입니다. 이때 향긋한 냄새도 함께 발생합니다.

뵈르 누아제트를 만드는 방법

1. 버터를 가열한다.

2. 갈색으로 태운다.

3. 체에 걸러 사용한다.

이 반응은 버터의 색과 향이 모두 크게 변화시키지만, 반응을 일으키는 원인인 단백질은 버터 전체의 약 0.6%, 당질은 약 0.2%밖에 들어 있지 않습니다. 지극히 소량만 들어 있어도 반응이 일어나는 것입니다. 과자나 빵을 구웠을 때 반죽이 노릇노릇한 갈색을 띠고 향긋한 냄새가 나는 것은 모두 이러한 반응 때문입니다.

 **정제 버터는 어떤 경우에 사용하는 것이 좋나요?**

 **갈색을 내고 싶지 않은 경우에 적합합니다.**

정제 버터(뵈르 클라리피에, *Beurre clarifié*)는 녹인 버터를 그대로 두어 유장(수분, 단백질, 당질 등)이 침전된 후, 표면에 생긴 거품이나 불순물을 제거하고 노란색을 띠는 층의 유지만을 조심스럽게 건져낸 것입니다. 가열할 때 발생하는 그을음의 원인이 되는 단백질이나 당질이 들어 있지 않으므로 버터의 풍미는 살리고 싶지만 갈색은 내고 싶지 않은 경우에 사용합니다. 그렇지만 유장에 들어 있는 수분을 제외한 다른 미량의 성분에도 버터의 맛과 향의 일부가 들어 있으므로 이 점을 고려해서 사용하기 바랍니다.

정제 버터

 **한 번 녹인 버터를 냉장고에 넣어 다시 굳히면 원래의 매끄러움이 사라지는데 그 이유가 뭔가요?**

A **버터의 결정 구조가 바뀌어 버리기 때문입니다.**

냉장고에 보관한 버터를 실온에 꺼내 두면 서서히 녹기 시작하는데 이는 버터에 들어 있는 고체 지방과 액체 지방의 비율과 관련이 있습니다.

저온에서는 고체 지방이 대부분을 차지하지만 온도가 올라가면 액체 지방이 증가합니다.

고체 지방이 대부분을 차지하고 있을 때는 분자가 치밀하게 채워져 있는 베타프라임(β′)형이라는 결정형으로 존재해 안정적입니다. 그러던 것이 일단 한 번 녹아서 액체 지방이 늘어나면 다시 냉장고에 넣어 굳혀도 분자 배열이 느슨한 알파(α)형으로 바뀌어 불안정해집니다. 결정 구조가 무너져 다시 베타프라임형으로 돌아가지 못하므로 원래의 매끄러운 질감을 잃어버립니다. 게다가 질감뿐만 아니라 버터가 지닌 크리밍성이나 쇼트닝성, 가소성 같은 성질 또한 모두 사라집니다.

 참고 … 115~116쪽

버터의 크리밍성 Q&A

 버터 반죽을 만들 때 버터에 설탕을 넣어 골고루 섞는 이유가 무엇인가요?

 버터에 공기를 가득 넣기 위해서입니다.

버터를 크림 상태로 만들어 섞었을 때 공기를 포집하는 성질을 '크리밍성'이라고 합니다. 버터는 원래 노란색을 띠지만, 공기가 가득 들어가면 흰색을 띱니다.

버터 반죽을 만들 때는 먼저 버터에 설탕을 넣고 버터의 크리밍성을 이용해 공기가 가득 들어가도록 골고루 섞습니다. 그래야만 오븐에 구웠을 때 공기가 열팽창하여 반죽이 부풀어 오릅니다.

버터는 녹으면 이러한 성질을 잃어버리므로 버터를 크림 상태로 만들 때 크림이 너무 부드러워지지 않게 주의하기 바랍니다.

 참고 … 115쪽

버터의 크리밍성

1. 버터를 크림 상태로 만든다. 이때 버터는 노란색을 띤다.

2. 설탕을 넣고 거품기로 골고루 섞는다.

3. 공기를 가득 머금은 버터는 흰색을 띤다.

버터의 쇼트닝성 Q&A

 **타르트 반죽이나 쿠키를 만들 때 작업 중에 반죽이 부드러워지면 안 되는 이유가 뭔가요?**

 **반죽이 부드러워지면 작업을 하기가 어려워질 뿐만 아니라 바삭바삭한 식감을 잃기 때문입니다.**

타르트 반죽이나 쿠키의 매력은 입 안에서 바스러지는 식감입니다. 이러한 식감을 만드는 것은 바로 버터가 지닌 '쇼트닝성'이라는 성질입니다. 크림 상태로 만든 버터가 반죽 속에 얇은 필름 상태로 분산되어 글루텐 형성을 억제하거나 전분의 결합을 방해하므로 이처럼 바삭바삭한 식감이 나타나는 것입니다. 버터가 이러한 성질을 발휘하려면 반죽 속에 필름 상태로 흩어질 수 있는 질감을 만들어야 합니다. 따라서 손으로 으깨질 정도의 고형 버터를 크림 상태로 만들면서 질감을 적절히 조절하기 바랍니다.

참고 ··· 127~129쪽/144~145쪽

반죽에 적합한 버터의 질감

버터의 가소성 Q&A

 **Q** 접기형 파이 반죽을 만들 때 버터를 밀대로 밀면 점토처럼 늘어나는 이유가 뭔가요?

 **A** 버터에는 가소성이라는 성질이 있기 때문입니다.

접기형 파이 반죽을 만들 때는 밀가루 반죽(데트랑프)으로 버터를 감싼 다음, 이를 접었다가 다시 얇게 미는 과정을 여러 번 반복하면서 수백 겹에 달하는 층을 만듭니다. 데트랑프와 버터가 거의 비슷하게 늘어나지 않으면 도중에 찢어져 버려 층이 생기지 않습니다.

버터를 냉장고에서 바로 꺼냈을 때는 딱딱해서 손가락으로 눌러도 모양이 변하지 않지만, 상온에 두면 점토처럼 손가락으로 누른 부분이 움푹 들어가거나 손으로 자유롭게 모양을 만들 수 있을 만큼 부드러워집니다. 이러한 성질을 '가소성'이라고 하는데, 이 성질은 13~18℃의 제한된 온도대에서만 발휘할 수 있습니다. 접기형 파이를 만들 때는 처음에 질감을 조금 단단한 정도로 조절한 다음, 얇고 평평하게 밀어 나갑니다.

버터의 제조사나 종류에 따라 가소성이 발휘되는 온도가 다소 차이 날 수 있지만, 접기형 파이 반죽을 만들 때는 냉장고에서 바로 꺼낸 버터를 밀대로 두드려 질감과 형태를 조절하고 온도를 10℃ 전후에 맞춥니다. 13℃ 전후에서 반죽을 접었다 펴는 작업을 반복하면 버터의 가소성을 살려 반죽을 펼 수 있습니다.

버터가 녹으면 가소성이 사라지므로 파이 반죽을 접었다 펴는 동안에는 늘 같은 온도를 유지하는 것이 중요합니다.

접기형 파이 반죽에 사용하는 버터

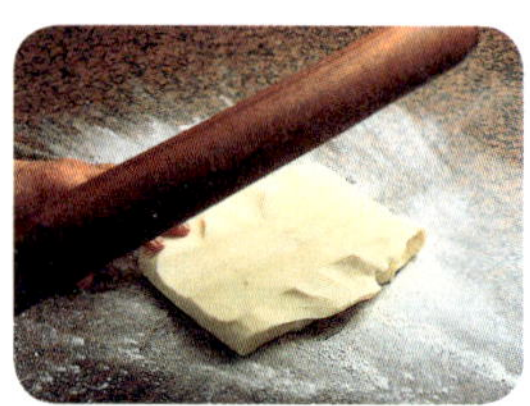

버터 덩어리를 밀대로 두드려
가소성이 좋은 질감으로 만든다.

매끄럽고 평평한 형태로 다듬는다.

Chapter 6

베이킹 재료 이해하기

팽창제 · 응고제 · 향료 · 착색료

팽창제, 응고제, 향료, 착색료 같은 재료들은 소량 첨가 될 뿐이지만, 과자의 성질이나 상태를 더욱 좋게 합니다.

팽창제는 구운 과자 등의 반죽이 더 잘 부풀도록 돕습 니다. 일례로 마들렌에 첨가하는 베이킹파우더를 들 수 있습니다.

젤리, 무스, 바바루아 등을 굳히는 역할을 하는 것은 젤라틴입니다. 응고제로는 프랑스 과자에서 주로 사용하 는 젤라틴을 비롯해 한천, 카라지난(carrageenan) 등이 있 는데, 응고제마다 응고 후의 탄력이나 식감 등이 차이 나 므로 각자의 개성을 살린 젤리를 만들 수 있습니다.

프랑스 과자에 가장 많이 쓰이는 향료는 달콤한 향이 매력적인 바닐라입니다. 바닐라향은 달걀이나 우유와 잘 어울려 커스터드 크림, 푸딩, 아이스크림 등에 빠짐없이 들어갑니다.

또 과자에 화사한 색을 입히고 싶을 때는 착색료를 사 용합니다. 알록달록한 색소가 환상적인 장식을 만들어 줍니다.

팽창제 Q&A

 베이킹소다와 베이킹파우더 모두 가열하면 반죽을 부풀게 하는데,
두 물질의 차이가 뭔가요?

 **베이킹파우더는 베이킹소다를 개량해서 만든 것입니다.**

베이킹소다나 베이킹파우더를 첨가한 반죽을 가열하면 부풀어 오르는 이유는 탄산수소나트륨이라는 성분이 반죽 속 수분에 녹아 있다가 가열되면서 화학반응을 일으켜 분해되는 과정에서 탄산가스(이산화탄소)를 발생시키기 때문입니다. 베이킹소다는 탄산수소나트륨만으로 이루어져 있지만, 그것만으로는 불완전하게 분해되므로 탄산가스의 발생률이 낮아집니다. 또한 이러한 분해를 통해 생기는 탄산나트륨이 알칼리성인 까닭에 반죽에 씁쓸한 맛을 남깁니다.

게다가 알칼리성인 탄산나트륨이 생기면 반죽이 노란빛을 띠게 됩니다. 밀가루 속에 든 플라보노이드 색소는 중성에서 무색이지만, 알칼리성에서는 노란색을 띠기 때문입니다. 이러한 성질은 초콜릿이나 코코아가 들어간 반죽에서는 오히려 더 보기 좋은 갈색을 띠게 하지만, 흰색 반죽에는 적합하지 않습니다. 이러한 단점을 보완한 것이 베이킹파우더입니다. 베이킹파우더에는 산성제라 불리는 성분이 몇 가지 첨가되어 탄산수소나트륨을 완전히 분해시켜 탄산가스의 발생을 촉진하도록 만들어졌습니다.

베이킹파우더는 제품에 따라 다소 차이가 있지만, 탄산수소나트륨과 산성제가 각각 30% 정도 들어 있고, 나머지는 옥수수 전분입니다. 옥수수 전분은 탄산수소나트륨과 산성제가 보관 중에 섞여 반응하지 않도록 두 물질의 접촉을 막는 차단제로 들어가 있습니다.

표 47　베이킹소다와 베이킹파우더의 차이

	베이킹소다	베이킹파우더
조성	탄산수소나트륨	탄산수소나트륨 + 산성제 + 차단제
반응 과정	$2NaHCO_3 \xrightarrow[\text{물}]{\text{가열}} Na_2CO_3 + H_2O + CO_2$ (탄산수소나트륨)　(탄산나트륨)　(물)　(탄산가스) 탄산가스 분자 1개를 발생시키는 데 탄산수소나트륨 분자 2개가 필요하다.	$NaHCO_3 + HX \xrightarrow[\text{물}]{\text{가열}} NaX + H_2O + CO_2$ (탄산수소나트륨) (산성제)　(중성염)　(물)　(탄산가스) 탄산가스 분자 1개를 발생시키는 데 탄산수소나트륨 분자 1개만 있으면 된다.
반응의 특징	탄산나트륨이 발생하고, 반죽에 씁쓸한 맛을 내며, 반죽이 노란빛을 띤다.	알칼리성인 탄산나트륨이 발생하지 않도록 산성제를 첨가해 베이킹소다의 단점(쓴맛, 착색)을 보완했다.

구운 과자 전용 베이킹파우더를 사용하면 구운 과자가 정말 잘 부풀어 오르나요?

고온에서 가스가 많이 발생하도록 만들어져 있어 반죽이 잘 부풀고 색이 잘 나오도록 조합되어 있습니다.

시중에 판매되는 일반적인 베이킹파우더는 어디에나 쓸 수 있지만, 그밖에도 구운 과자용, 찐 과자용처럼 한정된 용도로 나온 제품도 있습니다. 이런 제품은 몇 도 정도에서 반죽이 잘 부풀 수 있는지를 구별해 만든 것입니다.

구운 과자용으로 특화된 베이킹파우더는 고온의 온도대에서 탄산가스가 가장 많이 발생하도록 조절한 제품으로, 지효형(遲效型)이라 불립니다.

반대로 찐 과자용 베이킹파우더는 찜기 안의 온도가 100℃를 넘는 경우가 없으므로 그보다 낮은 온도에서 탄산가스가 효율적으로 발생할 수 있도록 개발된 제품으로, 속효형(速效型)이라 불립니다.

일반적으로 판매되는 베이킹파우더는 저온부터 고온까지 어디에나 장시간 지속적으로 탄산가스를 발생시키는 것이 특징으로, 다양한 종류의 과자에 사용할 수 있습니다. 이러한 제품은 지속형(持續型)이라 부릅니다.

이처럼 탄산가스가 발생하는 온도대가 저마다 다를 수 있는 이유는 가스 발생을 촉진시키는 산성제의 성분이 제품마다 다르기 때문입니다.

대표적인 산성제 성분이 몇 가지 있는데, 이들 모두 탄산수소나트륨에 작용해 탄산가스의 발생을 촉진시키는 온도가 저마다 다릅니다. 이들 제품 모두 각각의 목적에 맞는 온도대에서 반죽이 서서히 부풀도록 그에 적합한 산성제 성분을 여러 가지 조합해 두었기 때문에 반죽의 온도가 올라감에 따라 산성제가 서서히 작용하여 탄산가스를 지속적으로 발생시킵니다.

단, 지효형 베이킹파우더가 구운 과자용으로 판매되고 있다고 해서 모든 구운 과자에 적합한 것은 아닙니다. 마들렌처럼 단시간 동안 구우면서 마지막에 반죽을 난숨에 부풀려 표면이 갈라지게 하고 싶을 때는 지효형이 적합하지만, 파운드케이크처럼 비교적 오랜 시간에 걸쳐 굽는 과자에는 지속형 베이킹파우더가 더 적합합니다.

표 48 주요 산성제의 종류와 그 성질

산성제의 성분	성질	산성제의 성분	성질
주석산(타르타르산)	속효성	인산칼슘	중간성
주석영(타르타르영)		인산이수소나트륨	
푸마르산		구운명반	지효성

*자료제공: 오리엔탈 효모 공업 주식회사

 베이킹파우더를 첨가한 반죽을 한동안 그대로 두면 표면에 기포가 생기는데 그 이유가 뭔가요?

 베이킹파우더가 상온에서 반응해 가스를 발생시켰기 때문입니다.

마들렌 등 베이킹파우더를 첨가한 반죽을 볼에 담아 그대로 상온에 두면 표면에 기포가 생길 때가 있습니다. 이는 일반적으로 판매하는 지속형 베이킹파우더를 사용했을 때 일어나기 쉬운 현상입니다.

지속형 베이킹파우더에는 상온에서도 가스를 발생시키는 산성제 성분이 들어 있어서 반죽을 만들어 상온에 놓아두기만 해도 가스가 서서히 발생하기 시작합니다. 지효형 베이킹파우더를 사용하면 이런 현상이 잘 일어나지 않습니다.

 베이킹파우더를 넣었는데도 반죽이 잘 부풀지 않아요. 왜 그럴까요?

 베이킹파우더가 오래되어서 그런 것일 수도 있습니다. 베이킹파우더를 개봉한 지가 좀 되었다면 뜨거운 물에 넣어 확인해 본 후에 사용하기 바랍니다.

베이킹파우더는 오래되면 반죽을 부풀리는 힘이 떨어집니다. 개봉 후 너무 오래 보관하면 탄산수소나트륨과 산성제 성분이 상온에서 서서히 반응을 일으켜 버리기 때문입니다. 또한 습기를 흡수해 굳어 버린 경우에는 효력이 없습니다.

시험 삼아 뜨거운 물에 베이킹파우더를 한 자밤 넣어 보기 바랍니다. 넣는 순간 기포가 확 생기면 아직 사용할 수 있는 것입니다. 매우 간단한 방법이지만, 이 방법으로 베이킹파우더를 가열했을 때 탄산가스가 발생하는지 확인할 수 있습니다.

베이킹파우더는 온도나 수분에 반응하므로 한 번 사용한 후에는 단단히 밀봉해 고온다습하지 않은 서늘한 곳에 보관하기 바랍니다.

응고제 Q&A

Q 무스, 바바루아를 굳힐 때 젤라틴을 사용하는 이유가 뭔가요?

A 젤라틴은 입 안의 온도에서 녹으므로 식감이 좋기 때문입니다.

무스, 바바루아, 마시멜로 등 응고제를 넣어 굳히는 프랑스 과자에는 예부터 젤라틴이 사용되어 왔습니다. 젤라틴은 반죽을 부드럽고 탱탱하게 굳혀 주어 입에 넣는 순간 스르륵 녹아 버립니다.

일본에서는 예부터 한천도 응고제로 많이 사용했지만, 한천으로는 젤라틴의 이런 부드러운 식감을 표현할 수가 없습니다. 젤라틴은 20~30℃에서 녹기 시작하므로 입 안의 온도만으로도 충분히 녹기 때문입니다.

반면 한천은 약 85℃ 이상에서 녹으므로 젤리에 사용하면 탱글탱글한 식감을 느낄 수 있습니다.

Q 판 젤라틴과 가루 젤라틴 중에 어느 쪽이 더 사용하기 쉬운가요?

A 저마다 장점이 있고 사용법도 차이 나므로 두 재료의 특징을 이해한 후에 사용하세요.

판 젤라틴과 가루 젤라틴은 사용 방법이 다를 뿐, 성분의 차이는 없습니다.

둘 중에 먼저 생산된 것은 판 젤라틴이라고 합니다. 이후에 젤라틴이 식품 이외에도 의약용이나 사진용으로 사용되기 시작하면서 분말 형태로 만들면 소비자의 니즈에 맞추어 다양하게 혼합할 수 있다는 장점 때문에 가루 젤라틴이 만들어지기 시작했습니다.

프랑스의 제과점에서는 일반적으로 판 젤라틴을 사용하며, 일본에서도 판 젤라틴을 사용하는 가게가 많은 듯합니다.

1. 판 젤라틴

판 젤라틴은 한 장의 무게가 일정하므로(1장이 보통 2~10g 정도로, 제조사나 제품별로 중량이 정해져 있다) 따로 계량할 필요가 없어 편리합니다. 또 가루 젤라틴보다 물에 불리는 시간이 비교적 짧다는 장점도 있습니다.

판 젤라틴은 찬물에 담가 불린 후 젤라틴이 부드러워지면 물기를 짜서 사용하는데, 엄밀히 말하면 이 방법은 물의 흡수량이 일정치 않다는 단점이 있습니다. 즉, 젤라틴을 불리는 정도나 물기를 짜내는 정도에 따라 젤라틴에 들어간 물의 양이 달라지므로 과자를 만들었을 때 질감이 고르지 않게 나올 가능성이 있는 것입니다.

항상 물의 흡수량을 일정하게 하려면 판 젤라틴을 불렸을 때의 중량을 측정하여 원하는 수치를 정해 두고, 늘 같은 수치가 되도록 부족한 수분량을 보충하거나 물기를 더 빼는 식으로 조정하는 것이 좋습니다.

2. 가루 젤라틴

가루 젤라틴은 분량을 측정하고 그 중량의 4~5배의 물을 계량해서 부어 젤라틴을 불린 다음 중탕으로 녹여서 사용합니다. 젤라틴을 불릴 때 사용하는 물의 분량을 미리 측정하므로 과자의 질감을 늘 일정하게 유지할 수 있습니다.

이제는 물에 불리는 수고를 덜 수 있도록 기본 용액(40℃ 이상)에 그대로 넣어 녹일 수 있는 과립형 젤라틴도 개발되었습니다. 과립형 젤라틴은 불릴 필요가 없다는 장점이 있지만, 물에 불리는 판 젤라틴이나 가루 젤라틴에 비해 쉽게 녹지 않는다는 단점도 있습니다.

정리하자면 위에 소개한 각각의 장점과 단점을 고려하여 작업 환경이나 자신의 취향에 맞는 젤라틴을 선택하는 것이 좋습니다.

 **판 젤라틴을 불릴 때 반드시 찬물을 사용해야 하는 이유가 뭔가요?**

 **미지근한 물에 불리면 젤라틴이 녹아 버리기 때문입니다.**

판 젤라틴을 불릴 때는 차가운 물이나 얼음물에 담가 불려야 합니다. 미지근한 물에 불리면 젤라틴이 붇는 동안 일부가 물에 녹아 버리기 때문입니다. 젤라틴은 10℃ 이하의 찬물에 녹지 않고, 필요 이상의 물을 흡수하지도 않으므로 전체적으로 고르게, 동일한 질감으로 불릴 수 있습니다.

찬물은 넉넉하게 준비하는 것이 좋습니다. 적은 양의 물에 불리면 판 젤라틴끼리 서로 달라붙어 그 부분에 물이 제대로 흡수되지 않습니다. 그러면 젤라틴을 물에 불리는 데에도, 불린 젤라틴을 기본 용액에 녹이는 데에도 오랜 시간이 걸립니다. 그러므로 찬물을 넉넉히 준비하고, 판 젤라틴을 한 장씩 넣어 충분히 불리기 바랍니다.

또 젤라틴에는 특유의 향이 있는데, 불릴 때 물을 넉넉히 사용하면 이러한 향이 물속에 녹아들어 어느 정도 약해집니다.

 **레시피대로 젤라틴을 정해진 양만큼 넣었는데 젤리가 굳지 않아요. 이유가 뭘까요?**

 **고온에서 가열하거나 산미가 강한 과일 과즙이나 퓌레를 첨가하는 경우에는 젤리가 잘 굳지 않습니다.**

정해진 분량의 젤라틴을 넣고 차갑게 식혔는데도 젤리가 굳지 않을 때는 젤라틴을 넣은 다음 고온으로 가열했거나 아니면 산미가 강한 과일의 과즙이나 퓌레를 넣은 것이 원인일 수 있습니다.

젤라틴은 고온에 끓이면 분해되어 잘 굳지 않게 됩니다. 가루 젤라틴을 불린 후 중탕할 때의 온도는 50~60℃ 정도, 젤라틴을 넣을 기본 용액의 온도는 60~70℃ 정도에 맞추고, 절대 그 이상 온도가 올라가지 않도록 주의하기 바랍니다.

또한 젤라틴은 강한 산에도 약해 pH4 이하의 산성이 되면 분해되어 잘 굳지 않게 됩니다. 이때 젤라틴을 넣을 액체의 온도가 높으면 응고력이 한층 약해집니다. 그러므로 산미가 강한 과일 과즙이나 퓌레를 첨가할 때는 젤라틴을 먼저 기본 용액에 녹인 다음 한 김 식힌 후에 넣기 바랍니다.

 **젤리에 들어가는 설탕의 양을 줄이면 이수 현상이 일어나거나 응고력이 약해지는데, 이유가 뭘까요?**

 **젤리 속에 들어가는 설탕은 물을 흡착해서 저장하는 작용을 하므로 설탕의 양을 줄이면 젤리의 구조에서 물이 밖으로 빠져 나오기 때문입니다.**

젤라틴 같은 응고제를 기본 용액에 녹여 젤리액을 만들고, 이것을 굳히면 젤리가 됩니다. 이러한 응고제는 굳을 때 그물 구조를 형성하고 그 그물 안에 수분을 가두기 때문에 젤리액 전체가 유동성을 잃고 탄성을 지닌 겔 상태가 됩니다. 설탕은 물에 녹아 분산되어 그물 구조 속에서 수분을 흡착해 저장함으로써 그물에서 수분이 밖으로 빠져나가지 못하도록 막는 역할을 합니다. 따라서 설탕의 양을 줄이면 젤리액에 유동성이 생겨 응고력이 약해지는 것입니다. 또 젤리는 만든 후 어느 정도 시간이 지나면 이수 현상이 일어날 때가 있습니다. 젤라틴 같은 응고제의 그물 구조는 시간이 지나면 수축되므로 그물 조직의 틈새가 줄어들어 수분이 빠져나와 이수되는 것입니다. 설탕의 배합량을 줄이면 그물 구조 사이에 수분을 저장할 수 없게 될 뿐만 아니라 이수 현상까지 일어납니다. 특히 한천은 젤라틴에 비해 이수를 일으키기 쉬우므로 달지 않은 젤리를 만들 때는 주의해야 합니다.

이와는 반대로 설탕의 양을 늘리면 젤리가 단단해지고, 이수 현상이 쉽게 일어나지 않는다고 볼 수 있습니다.

참고 … 270쪽

Q 젤리를 만들 때 필요한 젤라틴의 양은 어느 정도인가요?

A 보통 기본 액체량의 약 2.5%가 적당합니다.

젤리를 만들 때 필요한 젤라틴의 양은 젤리를 어느 정도 굳힐 것인가(젤리 강도) 하는 점과 사용할 설탕의 양, 과일의 산미 유무 등의 조건에 따라 달라집니다. 젤리 틀을 이용해 젤리를 만들 경우에는 일반적으로 액체량의 2.5% 정도를 기준으로 합니다. 젤리 틀의 높이가 높아지면 양을 조금 더 늘립니다.

용기에 담은 젤리를 그대로 먹을 때는 젤리를 틀에서 빼야 할 때보다 보형성이 다소 떨어져도 되므로 더 부드러운 식감을 낼 수 있도록 젤라틴의 양을 조금 줄이는 것도 좋습니다.

Q 젤리 강도가 뭔가요?

A 젤라틴의 굳기의 강도를 나타내는 지표입니다.

젤리 강도란 젤라틴의 굳기의 강도를 나타내는 수치로, 단위는 그램(g) 또는 블룸(bloom)입니다. 수치가 클수록 더 단단하다는 것을 나타냅니다. 제약용으로 사용하는 젤라틴은 보통 150~350블룸 정도이고, 요리나 베이킹 책 등에 나오는 젤라틴은 200블룸 전후입니다.

젤리 강도가 높은 젤라틴을 사용하면 기본 용액을 굳히는 데 필요한 젤라틴의 양이 줄어들기 때문에 젤라틴의 독특한 향을 억제할 수 있고, 투명감을 잃지 않는다는 장점이 있습니다.

*젤리 강도 측정 방법 : 6.67%의 젤라틴 용액을 규정 용기에 넣고 10℃에서 17시간 냉각해 젤리를 제조한다. 제조한 젤리의 표면을 지름이 0.5인치(12.7mm)인 플런저로 4mm 눌러 내리는 데에 필요한 하중(g)을 측정하고, 그 값을 젤리 강도로 본다. 측정 단위는 그램이지만, 이 측정 방법을 블룸법이라도 부르기 때문에 블룸이라는 단위로 표시할 때도 있다.

Q 키위로 만든 젤리가 굳지 않는 이유는 뭘까요?

A 키위에는 젤라틴 성분을 분해하는 효소가 들어 있기 때문입니다.

젤라틴은 돼지의 피부나 뼈에서 추출한 단백질로 만든 응고제입니다.

젤리의 탱글탱글한 식감은 젤라틴을 녹인 젤리액을 차갑게 식혀 굳혔을 때, 젤라틴 분자가 그물 구조를 형성하고 그 그물 안에 수분을 가두어 젤리액 전체가 유동성을 잃고 굳은 결과 생기는 것입니다.

이러한 젤라틴을 이용해 키위로 젤리를 만들었더니 굳지 않았다는 이야기를 들을 때가 있습니다. 그 원인은 바로 키위에 있습니다.

키위는 외부의 적(벌레)이 열매를 먹기 위해 침입했을 때 스스로를 지킬 수 있도록 벌레의 몸을 녹이기 위한 단백질 분해 효소를 지니고 있습니다.

젤라틴의 주성분 또한 단백질이므로 젤라틴이 젤리를 굳히는 동안 키위에 든 단백질 분해 효소가 젤라틴의 그물 구조를 파괴해 버립니다. 그렇기 때문에 키위로 만든 젤리가 굳지 않는 일이 발생하는 것입니다.

키위를 자르는 방법에 따라 젤리가 굳지 않는 정도가 달라지기도 합니다. 키위의 단백질 분해 효소는 세포 내에 자리하고 있는데, 키위를 퓌레에 가깝게 잘게 다져서 젤리액에 섞으면 단백질 분해 효소가 젤리액 안에 널리 퍼져 젤리가 더 굳지 않게 됩니다.

이러한 분해 효소는 힘이 상당히 강력하므로 젤라틴을 넣어 굳힌 젤리 위에 키위를 얇게 썰어 올리기만 해도 키위가 젤리와 접촉한 부분이 녹기 시작합니다.

그렇다면 어떻게 해야 키위를 젤리에 넣을 수 있을까요. 단백질 분해 효소는 75℃ 정도로 끓이면 힘을 잃습니다. 따라서 키위처럼 단백질 분해 효소가 많이 들어 있는 과일(파인애플, 망고, 파파야, 무화과 등)을 사용할 때는 가열처리한 제품을 사용하는 것이 좋습니다.

카라지난이 뭔가요?

젤라틴이나 한천 같은 응고제의 일종으로, 굳혔을 때 투명도가 높다는 장점이 있습니다.

젤라틴이나 한천처럼 기본 용액을 굳히는 흰색 분말 형태의 응고제로, 제과제빵에서는 주로 젤리에 사용합니다. 한천과 마찬가지로 원료는 해조이지만, 한천은 우뭇가사리과나 강리과 해조 등을 사용하고 카라지난은 돌가사리과 해조 등을 사용합니다.

젤라틴은 차갑게 식히지 않으면 굳지 않지만, 한천이나 카라지난은 상온에서도 굳으므로 상온에 두어도 녹지 않고 그 형태를 유지할 수 있습니다.

특히 카라지난 중 일부 종류는 젤리액에 칼륨이나 칼슘 같은 미네랄이나 우유의 단백질(카제인)이 들어 있을 경우 순식간에 걸쭉하게 굳어 버리는 독특한 성질이 있습니다. 식감은 젤라틴만큼 좋지는 않지만, 한천보다는 낫다고 할 수 있습니다.

카라지난으로 만든 젤리는 투명감이 뛰어나므로 과일 젤리 등의 화사한 색감을 잘 표현할 수 있습니다. 또한 젤라틴이나 한천처럼 특유의 냄새가 나지 않아 기본 재료가 지닌 풍미를 순수하게 표현할 수 있습니다.

Q **똑같이 카라지난이라고 쓰여 있어도 제품마다 굳는 정도가 다른데, 그 이유가 뭔가요?**

A **카라지난에는 성질이 다른 세 가지 성분이 있는데, 이를 어떻게 조합하느냐에 따라 다양한 굳기의 제품이 만들어집니다.**

카라지난이 젤라틴이나 한천과는 달리 다양한 굳기의 제품을 만들 수 있습니다.

카라지난에는 저마다 성질이 다른 카파(Kappa, κ)형, 이오타(Iota, ι)형, 람다(Lambda, λ)형이라는 세 가지 성분이 있는데, 제품을 만들 때 이 성분들의 조합이나 비율을 조절할 수 있습니다. 따라서 제조사마다 서로 다른 특징을 지닌 다양한 제품을 만들 수 있습니다.

일반적으로 젤리를 굳히는 응고제로 사용하는 경우에는 단단한 젤리 상태로 굳히는 성질이 있는 카파형을 많이 사용합니다. 단, 카파형만으로 단단함이 부족하므로 로커스트빈검(Locust bean gum)과 글루코만난(Glucomannan) 등의 검류를 함께 사용하여 탄력 있는 식감을 만들기도 합니다.

또한 앞서 이야기한 것처럼 카라지난 중 일부는 칼륨이나 칼슘 같은 미네랄과 만나면 더 쉽게 굳는 성질이 있으므로 제조 과정에서 이러한 미네랄을 조정해 강도를 자유롭게 결정할 수 있습니다. 우유 단백질(카제인)을 만나면 굳는 특징 또한 이러한 카파형에서 유래되었습니다.

이오타형은 점성이나 탄력이 있어 잼처럼 부드럽게 굳지만, 많은 양이 필요하므로 단독으로 응고에 사용하지는 않고, 이수 방지에 소량만 사용합니다.

람다형은 물에 녹으면 점성이 나오지만, 카파형이나 이오타형처럼 굳지는 않으므로 젤리에는 적합하지 않습니다. 람다형은 보수성이 뛰어나므로 주로 아이스크림 등에 증점제(점도를 증가시키는 물질)로 사용합니다.

Q **잼을 만들 때 첨가하는 펙틴은 무엇인가요?**

A **펙틴은 과일에 들어 있는 성분으로, 잼의 걸쭉한 질감을 만듭니다.**

과일은 대부분 세포로 이루어져 있는데, 이러한 세포를 서로 달라붙게 하는 접착제 역할을 하는 것이 바로 펙틴입니다.

잼이 걸쭉한 이유는 과일을 졸일 때 펙틴이 밖으로 흘러나오기 때문입니다. 과일을 다량의 설탕과 강한 산과 함께 가열하면 이렇게 밖으로 흘러나온 펙틴이 걸쭉하게 굳어 버립니다.

따라서 굳기의 정도와 보존성을 고려해 충분한 양의 설탕을 첨가할 필요가 있으며, 과일에 산미가 부족한 경우에는 레몬즙이나 분말 구연산 등을 첨가해 보충합니다(→271~273쪽). 일반적으로 잼의 겔화에는 펙틴이 1% 이상, 완성 후의 당도가 55~65%, pH 2.9~3.4 정도의 산이 필요합니다.

펙틴은 과일의 종류에 다라 함유량이 다릅니다. 블랙커런트나 오렌지에는 비교적 많이 들어 있지만, 딸기에는 적으므로 용액이 충분히 굳지 않을 때는 분말 펙틴을 첨가해 질감을 조절합니다.

또 지나치게 숙성된 과일을 사용하면 펙틴이 분해되어 용액이 잘 굳지 않습니다.

그러므로 잼을 만들 때에는 과일의 종류, 숙성 정도, 산미, 단맛 등에 따라 설탕, 레몬즙이나 구연산, 분말 펙틴 등의 첨가량을 정하고, 단맛이나 산미를 줄이고 싶은 경우에는 분말 펙틴이나 다른 응고제, 증점제 등을 사용하여 잼을 굳혀야 합니다.

참고로 분말 펙틴 중에는 고메톡실 펙틴(High Methoxyl Pectin, HMP)과 저메톡실 펙신(Low Methoxyl Pectin, LMP)이 있으며, 용도가 서로 다릅니다.

고메톡실 펙틴은 과일에 든 펙틴과 마찬가지로 굳는 데에 대량의 설탕과 강한 산이 필요하므로 단맛과 산미가 강한 잼을 만들기에 적합합니다.

저메톡실 펙틴은 대량의 설탕이나 산이 필요하지 않으며, 칼슘이나 마그네슘 같은 미네랄과 만나 굳습니다. 따라서 점도가 낮은 잼이나 단맛과 산미를 억제한 디저트 종류를 만들 때 사용합니다. 또 저어도 다시 원래대로 걸쭉하게 굳는 성질이 있어 나파주(→24쪽)를 만들 때에도 쓰입니다.

표 49　과일의 펙틴 함유량 비교

	펙틴 함유량(100g당)		펙틴 함유량(100g당)
블랙커런트	0.6~1.7g	라즈베리	0.3~0.9g
황매실	0.9~1.6g	살구	0.4~0.8g
오렌지	0.7~1.5g	딸기	0.3~0.8g
사과	0.4~1.3g	버찌	0.1~0.7g
무화과	0.35~1.15g		

자료제공: 유니펙틴사(社)

향료 Q&A

 **바닐라빈에는 부르봉 바닐라빈과 타히티 바닐라빈이 있는데 무엇이 다른가요?**

 **생산지가 다르며 향에도 특징이 있습니다.**

바닐라는 난초과 식물의 일종으로, 길이 15~30cm 정도의 강낭콩처럼 생긴 녹색 열매를 맺습니다. 이러한 녹색 열매는 바닐라가 지닌 특유의 효소를 이용해 발효(큐어링, curing)와 건조 과정을 거치고 나면 검고 가느다란 모양이 됩니다. 바닐라의 향긋한 냄새의 원천은 이러한 발효 과정에서 생성되는 바닐린(vanillin)이라는 물질입니다.

바닐라빈은 부르봉 바닐라빈과 타히티 바닐라빈이라는 두 종류로 나뉩니다.

부르봉 바닐라(Vanilla Planifolia)는 주로 마다가스카르 섬과 레위니옹 섬에서 재배되는 품종으로, 부르봉이라는 명칭은 레위니옹 섬의 옛 명칭인 부르봉 섬에서 유래되었습니다.

부르봉 바닐라가 바닐라 생산량의 대부분을 차지하고 있으므로 사람들이 흔히 연상하는 바닐라 향은 부르봉 바닐라의 향에 가까울 것입니다. 달콤하고 부드러운 향이 특징으로, 이러한 향은 주로 바닐린에서 온 것입니다.

타히티 바닐라(Vanilla Tahitensis)는 타히티 섬이 원산지인 품종으로, 바닐라의 전체 생산량 가운데 몇 퍼센트에 불과합니다. 달콤하고 화려하며 개성이 강한 향이 인상적입니다. 타히티 바닐라에는 바닐린 이외에도 아니스(anise) 계열의 향기 성분이 많이 들어 있는데, 그중에서도 헬리오트로핀(heliotropine, 피페로날(piperonal)이라고도 함)이라는 방향 성분이 독특한 향을 풍기는 것으로 알려져 있습니다. 부르봉 바닐라빈보다 두껍고 광택이 흘러 외관상으로 쉽게 구분할 수 있습니다.

 **바닐라 에센스와 바닐라 오일은 어떻게 구분해서 사용하는 것이 좋을까요?**

 **바닐라 에센스는 가열하면 향이 날아가 버리므로 가열하지 않는 과자에 사용하고, 바닐라 오일은 구운 과자 등에 사용합니다.**

바닐라빈의 향을 추출한 향료가 바닐라 에센스와 바닐라 오일입니다. 바닐린은 화학적 합성도 가능하며, 합성 향료는 천연 향료보다 저렴한 가격에 판매되고 있습니다.

　고가의 바닐라빈보다 에센스나 오일을 사용하는 경우가 많아 보이지만, 그래도 역시 천연 바닐라빈의 향을 이길 수는 없습니다.

　바닐라 에센스는 가열하면 향이 날아가기 쉬우므로 아이스크림이나 크림 종류에 많이 쓰이며, 가열 과정을 거치는 제품은 한 김 식힌 후에 첨가합니다.

　반면 바닐라 오일은 기름에 잘 섞이므로 오븐에서 고온으로 가열해도 향이 날아가지 않아 버터 등의 유지를 사용한 구운 과자에 적합하며, 반죽을 구운 후에도 향이 남아 있습니다.

 **바닐라빈은 어떻게 사용하나요?**

 **보통 껍질을 세로 방향으로 가른 다음 씨를 긁어내어 사용합니다.**

　바닐라빈의 달콤한 향을 살리려면 프티 나이프로 껍질에 세로 방향으로 칼집을 내어 벌린 다음, 안에 든 씨앗을 나이프로 긁어내어 사용합니다. 향이 강한 씨앗만을 사용하는 경우도 있지만, 껍질에도 향이 충분히 있습니다.

　커스터드 크림처럼 우유 등의 액체에 넣어 끓이면서 향을 옮길 때는 껍질을 함께 넣으면 향이 배가 됩니다. 끓이는 도중에 껍질만 건져 내는 경우도 있습니다.

　씨앗을 넣지 않고 바닐라향을 내고 싶을 때는 껍질을 자르지 않고 액상 재료에 넣어 부드러운 향을 낼 수도 있습니다. 또 씨앗을 사용하고 남은 껍질을 설탕이 든 용기에 넣어 두면 바닐라향이 은은하게 풍기는 바닐라 설탕이 만들어집니다.

　이밖에도 남은 껍질을 말린 다음 푸드 프로세서나 그라인더 등에 갈아 체에 한 번 내려 그래뉼러당과 섞으면 바닐라 껍질이 섞인 다소 강한 향의 바닐라 설탕이 완성됩니다. 한 번 액체에 넣고 끓인 바닐라 껍질도 깨끗하게 씻어 말리면 같은 방법으로 사용할 수 있습니다. 이렇게 만든 바닐라 설탕을 커스터드 크림이나 앙글레즈 소스 같은 크림, 쿠키나 타르트 반죽 등에 들어가는 설탕으로 사용하면 좋습니다.

착색료 Q&A

 **착색료에는 천연과 합성이 있다고 하는데, 어떤 차이가 있는지 가르쳐 주세요.**

 **천연 착색료는 동식물에서 추출한 색소를 원료로 하며, 합성 착색료는 석유제품에서 화학적으로 합성해 만듭니다.**

착색료는 식품이 지닌 본래의 색을 장기간 유지하는 것이 어려우므로 가공 단계에서 색을 입혀 색조를 조정할 목적으로 사용되어 왔습니다. 또한 식품에 따라서는 착색을 인정하지 않는 것도 있으므로 사용 시 주의가 필요합니다.

착색료는 식품첨가물로 인정된 식용 색소를 사용합니다. 해외에서 수입되는 색소 중에 해외에서는 식품에 대한 사용이 인정되었으나 일본에서는 인정받지 못한 까닭에 수예용으로 판매되는 제품이 있는데, 이러한 제품은 어디까지나 공예과자(슈거아트, 설탕공예 등 먹는 목적이 아닌 것) 등에 사용되는 것일 뿐, 결코 식품에 첨가해서는 안됩니다.

착색료는 천연 색소와 합성 색소를 크게 나눌 수 있으며, 이러한 색소는 분말, 페이스트, 액체 형태로 상품화되어 있습니다.

천연 색소는 적색은 적채, 노란색은 홍화나 치자나무와 같이 천연 동식물에서 추출한 색소로, 종류가 매우 다양합니다. 그중에는 물로 추출하는 제품도 있고, 에틸알코올이나 프로필렌글리콜, 아세톤 같은 화학물질을 사용해 추출하는 제품도 있습니다.

합성 색소는 타르 색소라고도 합니다. 원래 콜타르를 원료로 사용한 것에서 유래된 명칭이지만, 지금은 석유제품을 원료로 화학 합성하고 있습니다. 적색○호, 황색○호라는 식으로 표시되며, 현재 허가된 색소는 모두 12종입니다.

베이킹에서는 천연 색소와 합성 색소 모두 주로 적색, 황색, 녹색, 청색을 사용합니다. 물감처럼 두 가지 이상의 색소를 섞어서 원하는 색을 만들 수도 있습니다.

 **분말 형태의 색소는 직접 뿌려 넣으면 착색이 되나요?**

 **분말 색소는 물이나 알코올에 녹여 사용합니다. 색소를 섞는 대상에 따라 분말 색소를 녹이는 정도를 조절합니다.**

식용 색소는 액체에 녹여 착색하려는 대상에 섞습니다. 분말 색소의 경우 주로 물에 녹여 사용합니다. 알코올 등에 녹이는 경우도 있지만, 색소에 따라 변색될 수도 있으므로 미리 소량을 시험해 본 뒤에 사용하기 바랍니다.

또한 색소를 섞는 대상에 따라 분말 색소를 녹이는 정도를 조절합니다.

마지팬(Marzipan) 등에 넣을 때는 너무 부드러워지지 않도록 매우 소량의 물에 녹여 페이스트 상태로 섞습니다. 아이싱을 착색할 때도 지나치게 부드러워지지 않도록 주의합니다.

머랭이나 액체에 첨가할 때는 쉽게 스며들 수 있을 정도로 녹여서 사용합니다.

 **화이트초콜릿에 색을 입히고 싶을 때는 어떻게 하나요?**

 **초콜릿 전용 유성 색소가 있습니다.**

화이트초콜릿을 착색하고 싶을 때는 전용 유성 색소를 사용하면 됩니다.

분말 형태의 색소는 카카오 버터에 섞어 중탕으로 녹여 사용하고, 미리 카카오 버터에 녹인 상태로 판매하는 고형 색소는 뜨거운 물에 중탕해서 사용합니다. 또 색소를 유성 용제로 반죽한 페이스트 타입의 제품은 녹인 초콜릿에 그대로 넣어 색을 입힙니다.

ㅅ

인용문헌

◎ 그래프 12(211쪽)…나가오 세이치(長尾精一) 편찬,《밀의 과학 小麦の科学》, 아사쿠라쇼텐(朝倉書店), 1995, 88쪽

◎ 그래프 13(232쪽)…사토 야스시(佐藤 泰) 편저,《식란의 과학과 이용 食卵の科学と利用》, 지큐샤(地球社), 1980, 180쪽

◎ 그래프 15(261쪽)…나가오 세이치(長尾精一) 편찬,《밀의 과학 小麦の科学》, 아사쿠라쇼텐(朝倉書店), 1995, 88쪽

◎ 그래프 16(262쪽)…야마자키 기요코(山崎清子)·시마다 기미에(島田キミエ) 공저,《조리와 이론 調理と理論》(제2판), 도분쇼인(同文書院), 1983, 117쪽

◎ 현미경 사진(255쪽)…나가오 세이치(長尾精一), 〈조리과학(調理科学) 22〉, 1989, 129쪽

◎ 현미경 사진(259쪽)…나가오 세이치(長尾精一), 〈조리과학(調理科学) 22〉, 1989, 261쪽

◎ 표 34(246쪽)…야마자키 기요코(山崎清子)·시마다 기미에(島田キミエ) 공저,《조리와 이론 調理と理論》(제2판), 도분쇼인(同文書院), 1983, 292쪽

◎ 표 40(264쪽)…다카다 아키카즈(高田明和)·하시모토 히토시(橋本 仁) 공저, 이토 히로시(감수),《설탕백과 砂糖百科》, 사단법인 당업(糖業) 협회·정당(精糖) 공업회, 2003, 132·135·136쪽(일부 발췌)

◎ 표 41(277쪽)…야마자키 기요코(山崎清子)·시마다 기미에(島田キミエ) 공저,《조리와 이론 調理と理論》(제2판), 도분쇼인(同文書院), 1983, 107쪽

◎ 표 42(277쪽)…다케바야시 야에코(竹林 やゑ子) 저,《양과자 재료의 조리 과학 洋菓子材料の調理科学》, 시바타쇼텐(柴田書店), 1979, 38쪽(일부 발췌)

◎ 표 46 현미경 사진(277쪽)…노다 마사유키(野田正幸)〈Milk Science Vol.48〉(1999) 171쪽 '다카하시 야스유키(高橋康之)·요시다 도시로(吉田利郎)《식품용 유화제와 유화기술(食品用乳化剤と乳化技術)》, 위생기술회(衛生技術会), 1979'

참고문헌

◎ 가와다 마사코(河田昌子) 저,《과자 기술의 과학 ぉ菓子こつの科学》, 시바타쇼텐(柴田書店), 1987

◎ 시마다 아쓰코(島田淳子)·시모무라 미치코(下村道子) 편찬,《식물성 식품 Ⅰ 植物性食品Ⅰ》, 아사쿠라쇼텐(朝倉書店), 1994

◎ 나카무라 료(中村 良) 편찬,《달걀의 과학 卵の科学》, 아사쿠라쇼텐(朝倉書店), 1998

◎ 야마자키 기요코(山崎清子)·시마다 기미에(島田キミエ) 공저,《조리와 이론 調理と理論》(제2판), 도분쇼인(同文書院), 1983

◎ 하치야 이와오(蜂屋 巌) 저,《초콜릿의 과학 チョコレートの科学》, 고단샤(講談社), 1992

◎ 이토 다쓰미(伊藤肇躬) 저,《유제품 제조학 乳製品製造学》, 고린(光琳), 2004

◎ 사단법인 과자종합기술센터 편찬,《양과자 제조의 기초와 실제 洋菓子製造の基礎と実際》, 고린(光琳), 1991

자료제공 · 도움

◎ 큐피 주식회사 연구소

◎ 일본 밀크 커뮤니티 주식회사

◎ 오리엔탈 효모 공업 주식회사

◎ 다이토 카카오 주식회사

◎ 발로나 재팬 주식회사